Venus Urania.

Ueber die Natur der Liebe, über ihre Veredlung und Verschönerung.

Dritten Theils zweyte Abtheilung.

Von

Fried. Wilh. Basil. von Ramdohr.

Leipzig,
bey Georg Joachim Göschen. 1798.

Venus Urania.

Dritten Theils, zweyte Abtheilung.

Dritter Theil.

Neuere Geschichte der Geschlechts-verbindung und Liebe.

Neunzehntes Buch.

Denkungsart der Araber und Perser über Geschlechtsverbindung und Liebe.

Erstes Kapitel.

Einleitung.

Die Ideen der Orientaler über Liebe und Geschlechtsverbindung können mich nur in so fern interessieren, als sie von einer gewissen Bildung des Herzens und des Geistes zeugen, die wieder auf die Bildung des Ideenkreises, worin wir leben, Einfluß gehabt haben kann. Dieß ist der Gesichtspunkt, den ich gleich zu Anfang dieser Geschichte der Liebe und der Geschlechtssympathie angegeben habe, und den ich auch hier nicht verlasse. Wie die rohen Völker am Caucasus über ihr Verhältniß zu dem zärteren Geschlechte gehabt haben mögen; oder welche Begriffe der Bramine und der Mandarin in Indien und China darüber gedacht haben können; das sind für mich Gegenstände einer unfruchtbaren Neugierde. Ich verfolge die Schicksale der Kultur unserer Begriffe über den wichtigen Theil der Sitten, dem dieses Buch gewidmet ist.

Nach diesen Grundsätzen gehe ich bloß auf dasjenige ein, was die Araber und Perser über Geschlechtsverbindung und Liebe gedacht haben. Diesen beyden Völkern legt man einen großen Einfluß auf die Kultur des Abendlandes überhaupt, und besonders auf diejenige Sitte bey, welche wir unter dem Nahmen der Galanterie im nächsten Buche kennen lernen werden. In wie fern dieser Einfluß anzunehmen, und wohin er zu beschränken sey, das muß vorzüglich aus derjenigen Untersuchung erhellen, die wir jetzt anstellen wollen.

Es ist nicht von mir zu erwarten, daß ich die Arabische und Persische Litteratur aus der Grundsprache kennen soll. Ich habe mich an Uebersetzungen und an Auszüge halten müssen. Schade daß dieser bis jetzt nur wenige sind! Aber dieß Wenige habe ich nach bestem Fleiße genutzt. Ich wiederhohle hier den Dank, den ich schon in der Vorrede zum dritten Theile dem Herrn Professor Tychsen gezollt habe. Ihm bin ich die Einsicht der Werke schuldig, die ich zu der folgenden Arbeit genutzt habe.

Zweytes Kapitel.

Ideen der ältern Arabischen Dichter über veredelte Geschlechtsverbindungen.

Mich dünkt, Richardson [1]) und Jones [2]) fehlen beyde darin, daß sie bey der Darstellung der morgenländischen Litteratur und Gebräuche zwey Hauptperioden nicht unterscheiden, von denen die eine vor der nähern Bekanntschaft dieser Völker mit den Schätzen der Griechischen Litteratur und dem Aufleben der neueren Persischen Poesie, die andere nachher angenommen werden muß. Die erste Periode geht vom siebenten Jahrhunderte bis zum zehnten: die zweyte vom zehnten bis zum funfzehnten herunter. Ich werde eine nach der andern einer genaueren Prüfung zu unterwerfen suchen.

Abu Temmam, oder eigentlicher Habib Ebn Aus hat im dritten Jahrhunderte nach Muhammed eine Sammlung alter Arabischer Gedichte verfertigt, die in zehn Rubriken oder Bab's vertheilt war, deren erste von kriegerischer Tapferkeit (Hamasa) handelt, und der ganzen Sammlung den Nahmen gegeben hat. Das vierte Buch soll die Liebesgedichte, das zehnte das Lob und den Tadel der Weiber enthalten. Aber beyde sind mir nicht bekannt geworden, und scheinen auch wenig unter den gelehrten Forschern der orientalischen Litte-

1) Abhandlung über Sprachen, Litteratur und Gebräuche morgenländischer Völker, aus dem Englischen übersetzt von Federau, Leipzig, 1779.

2) Poeseos Asiaticae Commentariorum Libri sex. auctore Jones. Londini 1774

ratur in Europa bekannt zu seyn. Schultens [3]) hat bloß aus den drey ersten Büchern dieses Werks einige Excerpte geliefert.

In diesen erscheint ein kriegerischer Geist, der durch die Blutrache, die steten kleinen Kriege einzelner Stämme und Familien, so wie durch die ganze Verfassung des meist nomadischen Volks genährt und ausgebildet wurde. Dieser Heldengeist ist mit Leidenschaft zum Geschlecht genau verbunden, und giebt dieser den Charakter eines rüstigen, wackern Enthusiasmus.

So singt einer von diesen Dichtern: „Dein dacht' ich, wenn Spieße zwischen uns geschleudert wurden, und schwarze Pfeile unser Blut tranken."

In eben diesem Geschmacke ist eine andere Stelle, die Jones anführt: „Gewiß! ich dachte deiner, wenn Spieße sich von meinem Blute sättigten, und indischer Stahl darin gebadet wurde. Begierig war ich, jene Schwerter zu küssen, die deinen Zähnen gleich, wenn du lächelst, blitzen." [4])

Unstreitig mußte diese rüstige Liebe dadurch noch einen thätigern, unternehmendern Charakter annehmen, daß der Liebhaber bey der eingezogenen Lebensart des Frauenzimmers große Schwierigkeiten zu überwinden hatte, ehe er sich mit seiner Geliebten vereinigen konnte. In einem Gedichte des Amralkeis rühmt sich dieser,

3) Excerpta Anthologiae veterum Arabiae Poetarum, quae inscribitur Hamasa Abi Temmam ab Alberto Schultens. — Hinter Erpenii Grammatica Arabica. Leyden, 1767.

4) Poeseos Asiaticae Commentarii. Londini 1774. p. 359.

daß er, um die Freuden der Liebe bey dem eingeschlossenen Mädchen zu genießen, Nachts durch die Haufen der Wächter und anderer Menschen gedrungen sey, die alle begierig nach seinem Tode gewesen wären. [5])

Ein heißes Blut, ein feuriger Geist, zeichnen ohnehin den Araber aus. Jene Hindernisse, die sich seinen Begierden entgegen setzten, mußten seine Leidenschaft erhöhen, und seine Einbildungskraft doppelt entflammen. Die meisten Gedichte dieser Nation enthalten das Lob der Schönen unter Bildern, an denen die Phantasie ihre ganze Wirksamkeit im Idealisieren äußert. Die Geliebte erscheint dem Araber unter den reitzendsten Gestalten die er kennt: nicht bloß in Blumen und Bäumen, sondern auch in der lieblichen Ghazelle, in dem nützlichen Kameele, und sogar, wie wir eben gesehen haben, in dem Blitzen der Schwerter, die ihm, als Mittel seines Ruhms, so theuer waren. Daher aber auch der elegische Ton in diesen Gedichten, der mit demjenigen so sehr überein kommt, den wir bey allen Nationen antreffen, die etwas mehr als die Befriedigung einer bloß körperlichen Begierde in der Geschlechtsverbindung suchen. Der Liebhaber zeigt seine ganze Abhängigkeit von dem geliebten Gegenstande durch Klagen, die seine Qualen, Aengste, Sehnsucht und Verzweiflung ausdrücken. Oft lebt er nur in Erinnerungen an genossene Freuden, oder in kühnen Hoffnungen; oft ruft er die Naturkräfte, und besonders den Zephyr um Beystand in seinem liebenden Bestreben an.

5) Caab ben Zoheir Carmen Panegyricum in laudem Muhammedis, item Amralkeisi Moallakah. edid. Lette. Lugd. Batav. 1748. Amralkeis lebte zu Muhammeds Zeiten.

„O meine Freunde, singt Ebn Feras, wo finde ich Schutz für meine Qual! Der Glanz der jungen Ghazelle, deren Euter von Milch strotzen, hat mein Herz verwundet. Er verlängert meine Nächte und verkürzt meinen Schlaf!"

„O Nacht, ruft ein Anderer, nie vergesse ich deine Süßigkeit; du vereinigtest alle Arten der Freude. Mein Mädchen lag an meiner Seite, und Amor war in unserer Mitte, bis die Morgenröthe uns grüßte, und ich dir Lebewohl! sagte."

„Ach! wie süß, klagt ein Dritter, würde die Liebe zu ihr seyn, wenn sie die Treue bewahrte, und meine aufrichtige Zärtlichkeit erkennte! Aber Kummer und Schmerz, Treulosigkeit und Leichtsinn werden in der blutigen Liebe zu ihr gemischt!"

Ein Vierter redet den Zephyr an: „Ich beschwöre dich bey Gott, du Duft der Morgenlüfte, bring meinen Gruß den Bewohnern jenes Thals!"

Dieser Zephyr wird an einem andern Orte redend eingeführt: „Durch mich reifen die Früchte, durch mich glänzen die Blumen und wallen die Bäche, durch meinen Hauch werden die Geheimnisse der Liebe verbreitet. Früh verkündige ich die Ankunft des Freundes. Ich bin der Gesandte der Liebhaber an ihre Geliebten, und der Tröster derer, die unter Kummer erliegen!" [6])

Der Arabische Dichter hat also unstreitig seine Geschlechtsverbindungen durch einen geistigen Genuß zu veredeln und zu verschönern gesucht. Es fragt sich: hat er einen Weg verfolgt, den andere Völker vor ihm noch

6) Jones hat diese Stellen gesammelt in Commentariis Poeseos Arabicae p. 361 seqq.

nicht gegangen waren? und wie hoch ist er darauf gestiegen?

Unstreitig würde es etwas Charakteristisches für seine Art zu lieben seyn, wenn er die Idee gehabt hätte, sich durch Heldenthaten auszuzeichnen, um seiner Geliebten würdig zu werden. Denn diese Erhebung des kriegerischen Muths um der Achtung willen, die der Liebhaber dem Weibe zollt, ist etwas der Vorwelt unbekanntes. Allein darüber finden wir durchaus keine sichern Beweise. So viel dürfen wir annehmen, daß der Araber sich durch Abenteuer auszuzeichnen gesucht habe, um seine Geliebte aufmerksam auf seinen Werth zu machen, und daß er keine Gefahren gescheuet habe, um zu ihrem Besitze zu gelangen. Diese Vereinigung des kriegerischen Muths, der Ruhmbegierde und des Unternehmungsgeistes mit der Liebe ist aber gar nichts Auszeichnendes für den Araber. Sie findet sich beynahe bey allen Völkern wieder, die zu gleicher Zeit dem Kriege und den Weibern ergeben sind. Die Bestrebung, sich durch die Vorstellung des Werths seiner Dame über sein niedriges Selbst zu erheben, und durch Bestehung außerordentlicher Gefahren ihrer würdig zu werden, ist weit verschieden von dem Wunsche, die Bewunderung der Schönen auf sich zu ziehen, damit sie unsern eiteln oder sinnlichen Wünschen dadurch geneigter werde. Jenes setzt Achtung der Person, Ueberzeugung von der unmittelbaren Wichtigkeit ihres Beyfalls zum voraus: diese Bemühung kann ein Wesen erwecken, das wir verachten, und findet ihre Belohnung in dem weiter liegenden Zwecke der Befriedigung einer höchst materiellen Begierde.

Nun scheint es allerdings, daß das Arabische Frauenzimmer zu den Zeiten Muhammeds ein gewisses Ansehn genossen habe. Die Weiber zogen mit ihren Männern, Vätern, Brüdern auf die Streifereyen aus, welche diese unternahmen. Sie thaten sich zuweilen durch ihren Einfluß auf die Krieger, durch Anfeurung derselben zum Muth, ja, durch persönliche Proben von Tapferkeit hervor. Man findet Beyspiele von klugen Gattinnen und Müttern, die im Nahmen anderer, und von Fürstinnen, die als Selbstherrscherinnen regiert haben. 7) Es ist glaublich, daß der Araber dem Beyfalle der Weiber, die nicht bloß Zeuginnen sondern auch Beurtheilerinnen seiner Thaten seyn konnten, mit doppelter Begierde nachgestrebt haben werde.

Aber woher kommt es, daß der kriegerische Muth der Frauen, so wie die Vorzüge ihres Geistes und ihres Charakters in den Gedichten der Araber so wenig gepriesen werden? Woher kommt es, daß das Lob, das ihnen ertheilt wird, sich so ganz auf ihre Gestalt einschränkt? Findet man auch nur eine Stelle, worin der Dichter sich um der Liebe, um der Würde seiner Schönen willen, zur Tapferkeit ermuntert und angefeuert hätte? Ich finde von allem diesem nichts, und die sehr geringe Rolle, welche die Weiber im Koran spielen, läßt mich kaum an die große Achtung glauben, in der das zarte Geschlecht im Ganzen gestanden haben sollte. Einzelnen Personen konnte die höhere Stufe des Ansehens dennoch gesichert bleiben.

Aber zugegeben, der Araber sey tapfer gewesen, weil er seiner Dame würdig seyn, und ihren Beyfall erwerben wollte, so ist doch gewiß dieser Beyfall nie Zweck

7) Richardson über morgenländische Sprachen, u. s. w. S. 250. Deutsche Uebersetzung. Er übertreibt aber die Sache.

seiner ganzen Verbindung mit ihr; ja, man darf es dreist behaupten, nicht einmahl Schadloshaltung für Versagung einer engeren körperlichen Vereinigung gewesen. Seine Leidenschaft hatte sinnliche Zwecke, und die Befriedigung gröberer Begierden wird oft auf eine höchst indelicate Art in seinen Gedichten geschildert. [8]) Aber diese Sinnlichkeit stand mit seinem kriegerischen Enthusiasmus in genauem Verhältnisse; er sah seine Tapferkeit als ein Mittel zum Besitz der Schönen zu gelangen, und diesen Besitz als eine Belohnung seiner Tapferkeit an. Eine idealisierende Phantasie und die Füllung des Herzens traten außerdem hinzu, den körperlichen Genuß durch Beymischung von Freuden zu erhöhen, die mehr für die Seele gehören.

Diese Charakteristik der Liebe bey den ältern Arabern scheint mir um so richtiger zu seyn, als die Liebe im Koran gleichfalls sinnlich dargestellt wird. Auch die morgenländischen Erzählungen, deren Sammlung wir unter dem Titel der Tausend und eine Nacht besitzen, kennen keine andere Art von Geschlechtsverbindung.

8) Jam cum aliis, ut tecum, praegnantibus fui congressus,
Lactantesque averti a cura puerorum;
Ut cum pone eam vagiret (infans) seque ad eam converteret,
Tamen latus ejus sub me non verteretur.

S. Amralkeisi Moallakah. Nach der Ausgabe des Lette. Leyden 1748. p. 55. Der Commentator liefert eine andere Stelle p. 177. die eben keine Schonung weiblicher Schamhaftigkeit und Zartheit verräth. Der Liebhaber überrascht seine Schöne im Bade und raubt ihr die Kleider, die sie selbst auslösen muß.

Drittes Kapitel.

Ideen der spätern Araber und der neueren Perser über die Liebe.

Die spätern Araber sind mit den Griechischen Philosophen bekannt geworden, und haben Geschmack an den Dichtungen der Perser gefunden. Beydes scheint einige Revolution in ihren Ideen über die Liebe hervorgebracht zu haben. Wir können inzwischen die höhere Kultur nicht vor dem zehnten Jahrhunderte annehmen. Erst im neunten Jahrhunderte wurden die Araber mit der Philosophie und andern speculativen Wissenschaften bekannt. Der Kalif Al Mamum erstand Griechische Bücher mit ungeheuern Kosten, und ließ sie übersetzen. [9]) Man kann sicher glauben, daß bey der großen Abneigung der Araber gegen eine Aufklärung, die sie nachtheilig für ihre Religion hielten, ein Jahrhundert habe vergehen müssen, ehe sich ihr Einfluß verbreitet habe. Im zehnten Jahrhunderte findet man die ersten Spuren der Persischen Poesie. [10]) Die Verfasser der Persischen Liebesromane datieren aus einer noch spätern Zeit. Nezami lebte zu Ende des zwölften, Katebi im funfzehnten Jahrhunderte. [11])

9) Herbelot Bibliotheque orientale. Article. Mamon. Allgemeine Welthistorie zwanzigster Theil S. 194.

10) Richardsons Abhandlung über Sprachen, Litteratur und Gebräuche morgenländischer Völker. Deutsche Uebersetzung. Leipzig 1779. S. 45.

11) Diese Bemerkungen verdanke ich dem Herrn Professor Tychsen.

Die Araber kannten den Plato, und nannten ihn den Göttlichen. 1. Sie kannten ein Werk des Aristoteles über die Liebe, das wir verloren haben. 2. Averroes, der selbst verliebte Gedichte schrieb, 3. folgte den Peripatetikern, und commentirte über Schönheit und Liebe. 4.

Die erste Veranlassung zur Vergeisterung der Ideen über die Liebe zum Geschlecht hat wahrscheinlich die mystische Liebe zu Gott gegeben. Die Schwärmerey, sich von sinnlichen Dingen gänzlich abzuziehen, und sich in Gott zu verlieren, war die höchste Stufe religiöser Vollkommenheit. Wer dieß an Wahnsinn grenzende Bestreben der Araber, sich zu entkörpern, kennen lernen will, wird eine sehr interessante Darstellung darüber in dem Romane des Ebn Tofail finden. [12]) Der Held dieses Romans saß unaufhörlich im Innersten seiner Höhle, mit niedergesenktem Haupte, mit verschloßnen Augen, abgezogen von allen sinnlichen Dingen und körperlichen Kräften, mit Seele und Gedanken auf das Wesen von nothwendiger Existenz gerichtet. Er vergaß oft alles Andenken an andere Wesen außer dem seinigen. Endlich verlor er auch dieß, und er vernahm weiter nichts, als den Einzigen, Wirklichen, das Wesen ewiger Existenz.

1. Herbelot. l. c. article Afflathoun.
2. Idem article Ketab Eschk.
3. Bayle Dictionaire histor. et critique Article Averroes.
4. Augustinus Niphus de Pulcro Liber cap. 28.

12) Der Naturmensch, oder Geschichte des Hai Ebn Joctan, ein morgenländischer Roman des Abu Dschafar, Ebn Tofail, übersetzt von Eichhorn. Berlin 1782. Der Verfasser war ein Zeitgenosse des Averroes und lebte im zwölften Jahrhunderte.

Herbelot [13]) sagt uns, daß die Araber fünf Stufen der göttlichen Liebe annehmen: die Freundschaft, (amitié) die Liebe, (amour) das Verlangen, (desir) die Begeisterung, (ardeur) und die Entzückung (extase.) Sie erklären, fährt er fort, die Liebe für die Zuneigung des einzigen und wahren Guts zu seiner höchsten Schönheit im Allgemeinen. Diese Liebe hat vier Arten:

1) des Allgemeinen zum Allgemeinen: so liebt Gott, wenn er sein eigenes Wesen in dem Spiegel seiner eigenen Essenz ohne Mittel einer andern Substanz betrachtet, und dann bringt er von Ewigkeit an die erste Liebe hervor.

2) Die zweyte Art ist die Liebe des Allgemeinen zum Einzelnen: nehmlich, wenn Gott eine Unendlichkeit von Blicken auf den Glanz seiner Schönheit wirft, die sich theils in der Vortrefflichkeit seiner Attribute, theils in der Vollkommenheit seiner Werke abspiegelt.

3) Die dritte Art der Liebe findet zwischen dem Einzelnen zum Einzelnen Statt. Die Menschen sind es, die auf diese Art lieben. Sie betrachten den Abglanz der höchsten Urschönheit an den vergänglichen Dingen, finden darin die Quelle ihrer liebsten Beschäftigungen und ihres Glücks, freuen sich, wenn sie diese besitzen, und trauern, wenn sie ihnen entrissen werden.

4) Endlich findet die vierte Liebe zwischen dem Einzelnen zum Allgemeinen Statt. Vermöge dieser entäußern sich die von Gott auserwählten Seelen aller Gedanken und Neigungen zu den irdischen Dingen, und bedienen sich nur der Betrachtung ihrer Eigenschaften,

13) Bibliotheque orientale par Herbelot. Paris 1697. Article Eschk Allah.

um sich zu demjenigen zu erheben, der ihr erster Urquell ist, um sich mit ihm zu vereinigen.

Diese Sätze kommen ziemlich mit denjenigen überein, welche Proklus, Jamblichius, und überhaupt die neueren Platoniker lehren. Sie waren in den Mysticismus der Christen und Juden übergegangen, und mußten um so mehr gefallen, da sie dem Geiste der Religion und des Volkes, das sie ausübte, so sehr angemessen waren.

Nun fand man aber im Koran die Geschichte Josephs, oder Jousoufs, und der Zoleikha, oder Zuleikah, Weibes des Potiphar, die mit jenen Ideen einer geistigen Liebe sehr wenig Aehnlichkeit hätte. Man suchte diese Begebenheit auszubilden, und nach den Begriffen der zugenommenen Kultur zu veredeln. Amak, der im eilften Jahrhunderte lebte, setzte aus dieser Geschichte einen Roman in persischen Versen zusammen. Giami folgte ihm im funfzehnten Jahrhunderte nach. [14])

Es geht mir sehr nah, daß ich von diesem Romane weiter nichts sagen kann, als was Herbelot uns darüber mittheilt. [15]) Er behauptet, daß sich die Muselmänner der Nahmen und des Beyspiels der Helden dieses Romans bedienen, um die Herzen der Menschen über die gewöhnliche Liebe zu erhöhen, und daß sie unter dem Bilde ihrer Verbindung die Erhebung der Seele zu Gott verstehen. Er führt eine Stelle aus dem Hafiz an, worin dieser sagt: ich begreife sehr wohl, wie die außerordentliche Schönheit Josephs das Herz der Zoleikha über

14) Siehe die Artikel Amak und Giami beym Herbelot. Unter dem Artikel Zolaikha legt er diesen Roman dem Nezami bey.

15) Article Jousouf Ben Jacob.

die Grenzen einer gewöhnlichen Liebe emporrücken konnte.

Herbelot behauptet ferner, daß dieser Roman nebst einem andern unter dem Nahmen Megnun und Leile, oder Leileh, eine eigene Classe ascetischer Dichtungen über die göttliche Liebe ausmachen, deren Autorität außerordentlich groß ist, weil sie sich auf Begebenheiten beziehen, die im Koran vorkommen.

In wie fern dieß in Ansehung des letzten Romans wahr sey, kann ich nicht beurtheilen. Mir ist die Geschichte des Megnun aus dem Koran nicht bekannt. [16]) Dieser Nahme soll einer wirklichen Person eigen gewesen seyn, die unter dem Khalifen Moaviah, (der 667 — 679 regierte) und Kais el Ameri hieß. Leileh könnte man für die Schwester des Ibn Abu Leileh halten. [17])

Megnun bedeutet im Arabischen so viel als einen Besessenen, einen Begeisterten. [18]) Die wirkliche Person, welche diesen Nahmen führte, gehört so wie seine

16) Sadi verwechselt diesen Roman mit dem des Jousouf und Zoleikhas, und legt der Leileh bey, was der Zoleikha gehört.

17) Diese Nachrichten verdanke ich dem Herrn Professor Tychsen.

18) Herr Professor Tychsen versichert mich, daß Megnun im Koran in der Bedeutung eines Besessenen vorkommt, der von bösen Geistern (Ginn) begeistert wird. Es läßt sich aber sehr wohl begreifen, wie der Nahme eines Menschen in diesem Zustande auf den leidenschaftlichen Liebhaber von den spätern Mystikern übertragen sey; besonders da nach der Lehre der neueren Platoniker die Leidenschaft der Liebe als Wirkung der Dämonen betrachtet wurde. Unläugbar ist der Nahme Megnun späterhin ehrwürdig geworden.

Geliebte Leileh, in den Cyklus der ersten Begleiter und nächsten Nachfolger des Mahommed. [19]) Diese beyden Umstände haben, wie ich vermuthe, ihren Nahmen und Begebenheiten das große Ansehn unter den Mahommedanern zugezogen.

Ich halte aber die Vorstellung, welche uns Herbelot von der Natur der Liebe und ihrer Behandlung in diesen Romanen giebt, für irrig. Nach ihm sollen die Muselmänner darin eine Allegorie der Liebe der Kreatur zum Schöpfer finden; so wie wir etwas Aehnliches in unserm hohen Liede Salomonis suchen. Allein wenn wir mehrere Stellen, die er darüber anführt, zu Rathe ziehen, so scheint darin nicht bloß eine allegorische Darstellung der unmittelbaren Liebe des Menschen zu Gott, (oder, wie die arabischen Philosophen sich ausdrücken, des Einzelnen zum Allgemeinen:) sondern vielmehr die Darstellung einer Liebe des Menschen zum Menschen (des Einzelnen zum Einzelnen) zu liegen, wovon aber der Grund in mystischen Ideen vom Abglanze der Urschönheit an den vergänglichen Geschöpfen, von den Mystikern gesetzt seyn kann. Zoleikah wird durch die außerordentliche Schönheit des Jousouf. über die Gränzen einer gewöhnlichen Liebe empor gehoben, sagt Hafiz an der von Herbelot angeführten Stelle. Diese erhält ihre nähere Bestimmung aus einer andern, worin eben dieser Dichter sagt: aus jener Schönheit, welche Joseph besaß, und die mit jedem Tage zunahm, habe ich erfahren, daß selbst

19) Moaviah war einer der ersten und angesehensten Nachfolger des Propheten, und Ibn Abu Leileh einer seiner vorzüglichsten Cadis. S. Herbelot unter diesen Artikeln.

die Liebe einer Zoleikah den Schleyer der Keuschheit abwirft. [20])

Herbelot [21]) führt persische Verse an, worin ein Dichter sagt:

„Deine Schönheit, o Gott, deren Glanz sich vergebens unter Schleyern verbirgt, hat eine Menge von Liebhabern und Geliebten hervorgebracht. Dein Reitz war es, den Leileh ausathmete, und der das Herz des Megnun hinriß. Die Begierde dich zu besitzen gab dem Vamek die Seufzer nach derjenigen ein, die er anbetete."

Deutlicher wird dieß noch aus der Stelle eines türkischen Dichters: [22])

„Wer seine Augen auf dich wendet, o Herr, der hält sich nicht länger dabey auf, Leileh zu betrachten. — Leb wohl! Leileh! Ich habe heute meinen Herrn gefunden: deine Liebe hat mich zur Liebe des wahren und einzigen Gutes geführt!"

Offenbar die Lehre der Platoniker! Die Liebe zur Kreatur erhebt zur Liebe Gottes! Dabey liegt weiter keine Allegorie zum Grunde: Jousouf und Leileh sind so wenig Symbole des höchsten Wesens, als Zoleikha und Megnun Symbole der Kreatur sind. Es sind wirkliche Personen, deren Leidenschaft durch den Zug der Kreatur zum Abglanze der Gottheit entschuldigt und veredelt wird.

Gentius liefert uns in seinem Kommentare über den Gulistan des Sadi eine Stelle aus den Auslegern der

20) Specimen Poeseos Persicae, sive Haphyzi Gazelae Vindob. 1771. Gazela 2.

21) Art. Esck Allah.

22) Idem Art. Leileh.

Geschichte des Joseph und der Zoleikha im Koran. Alle Weiber, sagen diese Interpreten, verabscheueten das Weib des Potiphar, daß es besonders in dem Range, den es in der Welt behauptete, durch unanständige Liebkosungen die Unschuld eines Cananäischen Knechtes zu verführen suchte. Um seine Schwäche zu entschuldigen, bat es diese Weiber zu sich, und gab jedem von ihnen ein Messer und einen goldnen Apfel zu schälen in die Hand. In dem nehmlichen Augenblicke ließ es aber auch den Joseph vortreten, und alle Weiber schnitten sich, in der Bestürzung über seine große Schönheit, in die Hand. Bey Gott! riefen sie alle, dieser ist kein Mensch; er ist der Schönste unter den Engeln! Zoleikha ward entschuldigt. [23])

Es läßt sich nach Allem, was ich angeführt habe, nicht glauben, daß die Liebe, so wie sie in diesem Romane vorkommt, rein von Sinnlichkeit gewesen sey. Schon Plato leitete den körperlichen Vereinigungstrieb aus dem Zuge zur Gottheit her. Bey dem Orientaler liegt aber zwischen dem Mysticismus und der Sinnlichkeit noch weniger Widerspruch. Ueberall findet man bey ihnen, wenn ich so sagen darf, Spuren einer verkörpernden Phantasie, einer Vergeistigung der materiellesten Dinge. Die deutsche Bibliothek der Romane [24]) liefert einen Auszug aus dem Romane des Megnun und der Leileh, nach der Uebersetzung des Cardonne. Ich kann nicht beurtheilen, in wie fern er mit dem Originale übereinkommt. Aber er bestätigt völlig meine angegebene Vermuthung. Es ist ein wahrer Liebesroman,

23) Gentii Speculum politicum. Lipsiae 1673. S. 352.

24) Im zweyten Theile. S. 223.

der sogar Vieles von der Oekonomie des griechischen hat. Zwey Liebende, die sich bald vereinigen, werden von ihren Eltern, die sich ihrer Heirath widersetzen, getrennt. Der Liebhaber verliert darüber den Verstand, und erhält dieses Umstands wegen den Nahmen Megnun. Nach mehreren abwechselnden Schicksalen, welche die Liebenden bald näher zusammen führen, bald weiter von einander trennen, wird Leileh an Megnun's Nebenbuhler verheirathet. Aber sie verweigert diesem, treu ihrem ersten Gelübde, die Rechte der Ehe, und endigt ihr Leben vor Schmerz: Megnun folgt ihr bald nach, und die Gebeine des unglücklichen Paars werden neben einander begraben.

Man sieht wenigstens aus dieser Darstellung, so unbefriedigend sie übrigens ist, daß die Liebe hier auf keiner geistigen Vereinigung beruht. Der Zweck der beyden Liebenden ist Ehe, und Leileh setzt den Begriff des Besitzes ihrer Person in der Vereinigung der Körper. Megnun glaubt, daß die Treue, die sie ihm geschworen hat, dadurch gebrochen werde, daß sie in den Armen eines andern ruht, und sie glaubt diese dadurch zu bewahren, daß sie ihrem Gatten die letzte Gunst verweigert.

Wodurch aber kann sich die Liebe, wie sie in diesem Romanen dargestellt wird, von der Liebe in den übrigen Romanen unterscheiden, welche die Orientaler besitzen? Ich glaube durch die Autorität, welche ihre Helden aus dem Zusammenhange ihrer Begebenheiten mit dem Cyklus der heiligen Geschichte der Mahommedaner ziehen. Es sind verliebte Legenden!

Neben jenen Geschichten geheiligter Liebesabentheuer besitzen die Orientaler andere Romane, deren Sujets aus der profanen Welt hergenommen sind. Herbelot führt ihrer fünfe an:

1) Beschir ve Hend von Nagibeddin, Giarbadh Kani.

2) Gemil ve Schemba oder Schambah.

3) Bahram ve Gul-Endam von Katebi,

4) Khosrou ve Schirin von Nezami, und

5) Vamek ve Adra.

Von allen diesen Romanen wissen wir so gut wie nichts.

Gemil und Schambah sollen unter Abdalmalek 684 biß 704 gelebt haben. Dieser Khalife, der viel von diesem Paare gehört hatte, forderte Schambah vor sich. Er fand sie schwarz und mager. Welche Reitze, rief er voll Verwunderung aus, kann Gemil in dir finden, um dir vor so vielen andern Weibern den Vorzug zu geben! Schambah antwortete ihm: „welches Verdienst erkannten die Völker in dir, daß sie dich unter allen zum Regenten wählten? Wisse, derjenige allein verdient die Achtung der Männer, dessen Seele dem fehlerfreyen Diamanten gleicht.“

Dieser Zug läßt auf eine Geschlechtsvereinigung schließen, welche die Vorzüge der Seele für ein stärkeres Band als das der Schönheit hält.

Baharam war ein kühner Abentheurer, der seine Geliebte, Gulendam, eine Königstochter, durch seine Thaten erwarb. Seine Geschichte hat viel Aehnlichkeit mit unsern Ritterromanen. Die Scene wird in die Zeiten Theodosius des jüngern versetzt.

Bey dem Romane Khosrou und Schirin soll die Geschichte der Irene, der Tochter des Kaisers Mauritius zum Grunde liegen, die an Khosroes Parviz, König von Persien, verheirathet wurde. Herbelot führt noch einen andern Roman an: Schirin und Ferhad, und den Vers eines persischen Dichters, worin dieser sagt: „Die Liebe öffnete die Lippen Schirins, und raubte Herz und Verstand dem Khosrou und Ferhad."

Die Orientaler besitzen viele Schriften über die Schönheit und Liebe, welche guten Theils religiösen und metaphysischen Inhalts seyn mögen. Andere scheinen mehr von praktischer Art zu seyn, und sich mit der eigentlichen Geschlechtssympathie zu beschäftigen. [25])

Viertes Kapitel.

Fortsetzung.

Das Wichtigste, was wir über die Liebe der Orientaler haben, finden wir in dem Rosengarten des Saadi oder Sadi. [26]) Das fünfte Kapitel desselben handelt ganz von der Liebe und der Jugend. Der Ausdruck der sinnlichen Begierde steht hier neben Ideen von einer vergeistigten Geschlechtsverbindung.

25) S. die Artikel: Catebi, Nezami, Sahabat, Targeman, Vaslat, Vaschach, (Buch über die Ehe) u. s. w. beym Herbelot.

26) Meine Bemerkungen über den Gulestan des Sadi sind aus der Uebersetzung genommen, die Georgius Gentius unter dem Titel: Speculum politicum geliefert hat. Ich habe eine Leipziger Ausgabe von 1673 vor mir. Sadi lebte zu Ende des zwölften und im Anfange des dreyzehnten Jahrhunderts.

Vieles wird deutlicher, wenn wir wissen, daß Sadi ein Religiose, ein Sofi, war.

Hier fragt man: wie es zugehe, daß ein König, der die schönsten Jünglinge in seiner Begleitung hat, einen minder schönen liebe? Die Antwort ist, weil dasjenige, was der Seele gefällt, auch den Augen schön erscheint. — Ein vornehmer Mann liebt seine Magd mit anständiger Liebe. Einer seiner Freunde macht ihm Vorwürfe darüber: er antwortet: die Liebe hebt den Unterschied der Stände auf. — Ein Religiose ist das Opfer einer Leidenschaft zu einem Mädchen, die ruchtbar wird, und ihm die größten Qualen und Unruhen zuzieht. Vergebens macht ihm Sadi Vorwürfe darüber. Er schützt die unwiderstehliche Macht der Liebe vor: selbst die augenscheinlichste Gefahr des Todes würde in seinen Gesinnungen keine Aenderung hervorbringen. — Ein junger Religiose verliebt sich in eine Königstochter. Auch hier sind alle Ermahnungen seiner Gesellen umsonst. Man hinterbringt der Prinzessin den unglücklichen Zustand des jungen Mannes, der sich sonst durch seine Beredtsamkeit so sehr ausgezeichnet hatte. Sie erräth den Grund, und als sie ihn auf einem Spatzierritte antrifft, wendet sie ihr Pferd zu ihm, und redet ihn an. Anfangs findet er keine Worte, um ihr zu antworten; als sie ihm aber sagt, daß sie selbst eine Anhängerin und Dienerin der Religiosen sey, hebt er sein Haupt aus den Fluthen der Liebe, spricht: welch Wunder, daß ich in deiner Gegenwart mir selbst gegenwärtig bin! und giebt freudig den Geist auf. — Ein Lehrer liebt seinen schönen Schüler. Er fühlt die Gefahr, aber er kann seine Augen nicht von der

Gestalt des Jünglings abwenden. Dieser bittet ihn, ihm seine Fehler zu entdecken. Der Lehrer antwortet: dem Feinde scheint die Tugend selbst ein Fehler: der Freund sieht, wenn sein Geliebter bey siebzig Fehlern nur eine Tugend hat, nur diese Tugend. — Sadi erhält einen nächtlichen Besuch von seiner Geliebten. Er stürzt ihr entgegen, und von dieser schnellen Bewegung erlischt seine Handfackel. Sie fragt ihn, warum er sie bey ihrem Anblick ausgethan habe? „Weil ich glaubte, daß die Sonne aufgegangen sey! antwortet Sadi sehr galant.

Mehrere witzige Repartien scheinen anzuzeigen, daß die Perser bey ihren Geschlechtsverbindungen einen großen Werth auf die schönere Form des Ausdrucks ihrer Empfindungen legten. Sadi macht seiner Freundin Vorwürfe darüber, daß sie so lange sich seiner Sehnsucht entzogen habe. Besser Sehnsucht als Ueberdruß, ist die Antwort. Ein andermahl wirft sie ihm vor, daß er während seiner Abwesenheit ihr keinen Boten gesandt habe. „Ich ertrug es nicht, antwortete er, daß ein Anderer deines Anblicks genöße, während ich desselben entbehrte. Ich bin neidisch, wenn dich Jemand bis zur Sättigung betrachtet: und dann sag' ich mir wieder: Niemand kann von deinem Anblicke gesättigt werden.“ —

Ich habe, sagt Sadi, einen Religiosen gesehen, der eine anständige Liebe hegte, und dem es genügte, mit seiner Geliebten zu sprechen. Er stand unglaubliche Qualen aus, und zeigte eine außerordentliche Geduld. Ich ermahnte ihn. Ich weiß, sagte ich, daß die Befriedigung der Lüsternheit nicht der Zweck deiner Leidenschaft ist, und daß keine schändliche

Absicht bey deiner Liebe zum Grunde liegt. Aber es ziemt sich demungeachtet nicht für den hohen Rang, den du unter den Lehrern einnimmst, dich verdächtig zu machen, und der Leidenschaft roher Menschen zu huldigen. O Freund! antwortete dieser, oft habe ich mir diese Ermahnungen selbst gegeben, aber ich habe gefunden, daß es leichter sey, jede Qual um der Geliebten willen zu erdulden, als das Auge ganz von ihrer Betrachtung abzuwenden.

Sadi liebt seine Geliebte um ihrer schönen davidischen Stimme und ihrer josephischen Schönheit willen. Aber es mißfällt ihm etwas an ihren Sitten, und er verstößt sie. Sie geht von ihm mit den stolzen Worten: Wenn gleich der Abendstern beym Glanze der Sonne nicht sichtbar ist, so wird dadurch der Werth dieses Glanzes nicht vermindert. Bald empfindet Sadi die Wahrheit dieser Worte durch die Entbehrung ihres Umgangs. „Kehre wieder, ruft er, und tödte mich! Es ist besser, in deiner Gegenwart zu sterben, als fern von dir ein elendes Leben hinzuziehen.“ Sie kehret wieder: aber Stimme und Schönheit sind verloren, und Sadi flieht sie: er liebt nur die Blüthe der Jugend.

Man legte einem Religiosen folgende Frage vor: Wenn Jemand mit dem schönsten Mädchen allein in einem Zimmer sitzt, die Thüren sind verschlossen, die Wächter schlafen, die Sinne sind gereitzt, und die Lüsternheit erwacht; kurz! wenn nach dem Ausdruck des Arabers die Dattel reift, und der Gärtner das Abbrechen nicht wehrt; Wie dann? Wird das fromme Gefühl der Pflicht den Sofi vor dem Falle bewahren können? Die Antwort ist: wenn ihn das Mädchen unversehrt läßt, so werden ihn die Zungen der Lästerer zerreißen.

Sadi hat in seiner Jugend ein Mädchen mit wahrer Liebe geliebt. Seine Schönheit war für ihn wie die Morgengegend, zu der man sich beym Gebete wendet, und die Unterredung mit der Geliebten machte den ganzen Gewinn seines Lebens aus. Engel können vielleicht schöner seyn, aber Menschen sind es nicht. Keiner wird ihr gleich geboren. Die Liebe, die er für sie empfunden hat, macht ihn unfähig, eine ähnliche für andere zu empfinden. Sie starb! Mehrere Tage brachte er klagend auf ihrem Grabe zu. Von dieser Zeit an floh er den Umgang mit der Jugend, und krümmte sich in seinem Schmerze wie eine verwundete Schlange.

Einem arabischen Könige wird hinterbracht, daß Megnun alle Geschäfte vernachlässigt, seine Talente ruhen läßt, und nur für Liebe lebt. Er macht ihm darüber Vorwürfe. Ach! sagt Megnun, du solltest meine Leileh sehen! Der König läßt sie kommen, findet aber in ihr nur eine ganz gewöhnliche Gestalt. Er schweigt. Megnun erräth ihn. Ach! spricht er, du müßtest mit Megnun's Augen sehen!

Ein Jüngling von guten Sitten liebte ein ehrliches und schönes Mädchen mit keuscher Liebe. Sie fuhren übers Meer, und litten Schiffbruch. Ein Schiffer wollte den Jüngling retten. Aber dieser bat ihn, seine Geliebte aus dem Wasser zu ziehen, und sank unter. Der Kommentator führt in den Noten an, daß ein Jüngling in Balsora sich von einem Thurme herabgestürzt, und vorher gerufen habe: „Liebe wird erst durch den Tod versiegelt!"

Sadi sagt am Schlusse: er habe die Wege und die Weise zu lieben so gut gekannt, daß wenn Leileh und Megnun wieder auflebten, sie von ihm die Geschichte und die Kunst zu lieben lernen könnten.

So weit Sadi!

Felecki, ein anderer persischer Poet redet den Zephyr an, der seine Richtung nach dem Hause seiner Geliebten nahm: „Ich bezahle dich mit meinem Leben, wenn du in dem Augenblicke, worin du vor dem Hause meiner Geliebten vorbeyfliegst, ihr sagst; ich habe an der Ecke dieser Straße einen verzweifelnden Liebenden gesehen, der vor äußerster Begierde nach deinem Anblicke in Begriff ist, sein Leben aufzugeben." — Ein andermahl sagt er: „das Vergnügen, das ich empfunden habe, den Ton deiner Tritte zu hören, o du! die du auf öffentlichen Wegen den Verstand deiner Anbeter raubst; dieß Vergnügen hat mein Herz auf die Spitze meiner Augäpfel, und meine Seele an das Thor meiner Ohren gebracht." — Wieder singt eben dieser Dichter: „Glaube nicht, o Geliebte, daß ich je einen Augenblick deine Abwesenheit mit Geduld ertragen könne! Aber, was sag' ich! Ist es nicht das Schicksal wahrer Liebenden, immer zu leiden?" Und in diesen Grundsätzen erhält ihn auch seine Dame. „Bis du ganz verloren seyn wirst, sagt sie zu ihm, mußt du nie den Arzt um Hülfe anrufen, so tiefe Wunden die Liebe dir auch immer schlagen mag. Fürchte also kein Uebel, keinen Verlust in der Liebe; erst dann, wann du aufhören wirst zu seyn, wirst du ein vollkommener Liebhaber werden. [27])

27) Herbelot art. Felecki.

Ein anderer persischer Dichter spricht ganz im Tone des Petrarka: [28]) „Traurig und niedergeworfen fliehe ich zu unbewohnten Plätzen. Ohne dich wird mir die Stadt beschwerlich. Ich suche die Einsamkeit der Wildniß. Seit ich deinen treuen Busen verlassen habe, sind mir alle angenehmen Empfindungen fremd geworden. Umgeben von hundert Freunden fühle ich mich allein, und in der trockensten Einöde nicht einsam. Wo ich gehe, steht mir dein geliebtes Bild zur Seite: ich suche dich an allen Orten. Gefesselt von Liebe ist es mir Elenden gleichgültig, auf Rosen und seidenen Teppichen zu wandeln; sie würden zum dornigen, felsichten Pfade für mich werden, wenn mich der Weg nicht zu dir führte. Ich sagte zu meinem Geiste: verlaß mich! ich will kein längeres Daseyn ohne diejenige, die ich liebe! Er antwortete: Sey ruhig, o Jami! Dein Leben ist am Vorabend seiner Abreise!"

Zuletzt habe ich noch vom Haphyz oder Hafiz zu reden, dem Anakreon der Perser, der um das Jahr 1394 gestorben ist. [29])

Dieser Dichter hat die Liebe weniger ernsthaft als die bisher angeführten betrieben. Seine Ghazelen oder Oden sind von munterer Natur. Er schließt aus der

28) Persian Miscellanies by William Ousely. Das angezogene Gedicht habe ich im Critical Review. March 1796. gefunden.

29) Ich habe folgende beyden Uebersetzungen dieses Dichters zu Rathe gezogen: Reviczky specimen Poeseos Persicae, sive Muhammedis Schems — eddini, notioris agnomine Haphyzi Ghazelae, sive Odae sexdecim ex initio Divani depromptae. Vindobonae 1771. und Select Odes from the Persian Poet Hafez, by John Nott. London 1787.

Kürze des Lebens auf die Verbindlichkeit, keine Blume desselben auf die Erde fallen zu lassen. Inzwischen verläugnet er nicht den Geschmack seiner Landesleute an einem übertriebenen Ausdruck begeisterter Liebe. Seine Grundsätze in diesem Punkte sind nur in so fern leicht zu nennen, als man sie mit denen vergleicht, die in den Bruchstücken anderer persischen Dichter vorkommen.

Haphyz zeigt sich überall als ein zügelloser Derwisch, dessen Hauptvorzug darin besteht, daß er kein Heuchler ist. Er ist der ausschweifenden Liebe zu Lieblingen ergeben, und an diese sind alle seine Gedichte gerichtet.

Das Merkwürdigste in diesen sind die sonderbaren, weit hergehohlten Bilder. „Die Liebe, sagt er unter andern, die mir anfangs leicht und unschuldig erschien, ist mir zuletzt beschwerlich gefallen. Für wenig Moschusduft, den das Haupthaar des Geliebten ausgeduftet hat, und den die Zephyre aus seinem duftenden Haupthaare herausbliesen, wie viel Blut ist nicht aus jedem Knoten seiner wohlriechenden Locken in das Herz der Liebhaber geflossen!“ —

„Wenn der liebliche Mundschenk mir hold wäre, so würde ich mit den Haaren meiner Augenbraunen den Boden seiner Behausung kehren.“ —

„Der Wind berührte deine Haarlocken, und vor Eifersucht verfinsterte sich die Welt über mir.“ —

„Der Vogel meines Herzens hatte sich der Beute meiner Fassung bemächtigt; aber du entfaltetest dein Haar, und sie entfiel seinen Klauen.“

„O Weinschenk! entzünde meinen Becher mit blitzendem Weine! Wißt ihr, warum ich so gern trinke? Ich habe in meinem Becher den Wiederschein der Wangen meines Lieblings gesehen!" —

„O Haphyz! Laß einen Tropfen von Thränen aus deinen Augen fallen, damit der geliebte Vogel, dadurch gekörnt, in meine Netze falle!" —

Dieß sind Stellen, die in verschiedenen Oden vorkommen. In den wenigsten herrscht ein leichter Zusammenhang. Es sind mehrentheils abgebrochene Empfindungen, Sprüche u. s. w.

Eine von denjenigen, worin noch die mehrste Ordnung herrscht, setze ich ganz hierher: [30]) „O Liebling! Des Mondes Glanz leuchtet aus deinem Gesichte hervor, und in der Grube deines Kinns liegt ein Quell von Reitzen! Wann, o Herr, wird die Zeit kommen, in der meine Seele beym Fall deiner Locken ihre Fassung behalte! Meine Seele verlangt nach deinem Anblicke, und schwebt auf meiner Zunge! Von deinem Befehle hängt es ab, ob sie mich verlassen, oder zurückkehren soll. Mein Herz ist seinem Untergange nahe: sagt es ihm, meine Freunde, dem Geliebten, denn ihr theilt meine Empfindungen. Nimm, Geliebter den Saum deines Gewandes auf, wenn du bey mir vorübergehst, denn der Pfad, den ich wandle, trieft vom Blute deiner Opfer! Wer mag sich seiner Keuschheit rühmen vor deinem Anblick! Vielleicht erwacht mein schlafendes Glück, wenn deine Schönheit seine Augen mit Wasser bespritzt. Sende mir mit dem Zephyr einen Strauß von den Blumen deiner Wangen, damit ich den Duft deines Gartens einathme. Seyd lange glücklich, ihr Zecher an des Königs Tische, wenn gleich eure Becher leer vom Weine

30) Es ist die vierzehnte beym Reviczky.

bleiben. Zephyre! sagt den Einwohnern der Stadt Jezdi, daß Undankbarkeit auf den Kopf der Undankbaren zurückfalle. Selbst entfernt von euch denke ich oft an euch zurück! Ich diene einem Könige mit euch, und wünsche euch Heil! O König, geboren unter einem glücklichen Gestirne, gewähre mir durch Gott die Gnade, daß ich die Erde deines Palastes küsse, und mich in den Himmel versetzt wähne. Haphyz bittet darum! Höre es Liebling! und sprich Amen! Möge es mein Schicksal seyn, immerfort deinen zuckersüßen Mund zu küssen!"

Fünftes Kapitel.

Fortsetzung.

Endliche Bestimmung des Charakters edlerer Liebe unter den spätern Arabern und Persern.

Man kann nach diesen Proben an der Veredlung und Verschönerung nicht zweifeln, welche die neueren Araber und Perser den Geschlechtsverbindungen zu geben gesucht haben.

Reine Seelenliebe, Beschränkung der Wünsche auf einen bloß geistigen Genuß, besonders in der Voraussetzung, daß körperliche Begierden entehren, darf hier nicht gesucht werden. Alles, was dahin beym Sadi zu deuten scheint, findet seinen Grund in den Regeln des Anstandes und der Schicklichkeit, welche den Religiosen die Befriedigung ihrer Begierden unter gewissen Lagen um so mehr verbot, als diese oft von der Schönheit der Lieblinge angezogen wurden.

Also eine gezwungene Enthaltsamkeit war den Orientalern allerdings bekannt, und ihre strengeren Religionslehrer und Philosophen behaupteten unstreitig, daß alle Liebe zum einzelnen Abglanze der Gottheit, (zur Kreatur) der Liebe zum Allgemeinen, (zur Gottheit selbst,) nachstehen müßte. Aber der Regel nach scheint ihre edlere und schönere Liebe zum Menschen den Zusatz der Sinnlichkeit nicht ausgeschlossen, vielmehr als Grund und Zweck vorausgesetzt zu haben.

Das Charakteristische dieser Liebe scheint mir zuerst in der Begeisterung bis zum Wahnsinne zu liegen, welche die Lehrer derselben von dem Liebhaber forderten, dann in dem abentheuerlichen, bilderreichen, oft auch nur spitzfindigen Ausdruck der Empfindungen.

Jene Begeisterung stand mit dem religiösen Mysticismus der Orientaler in der genauesten Verbindung. Ihre größten Heiligen waren Schwärmer, die in ihrem Eifer, sich mit Gott zu vereinigen, bis zum Wahnsinn fortschritten. Die Dichter, deren Stellen ich angeführt habe, waren entweder Religiosen, oder sie beschäftigten sich doch mit der Theologie, welche bey den Muhammedanern mit allen ihren übrigen Kenntnissen, und besonders mit dem Talente der Dichtkunst in genauester Verbindung stand.

Im Koran fanden sie sinnliche Liebe. Der christliche Mysticismus, der alle Sinnlichkeit verdammt, würde diese geradezu zur göttlichen Liebe hinauf allegorisiert haben; so hat er es mit dem hohen Liede Salomonis gemacht. Der muhammedanische fand einen Mittelweg. Er entschuldigte diese Sinnlichkeit als die erste Stufe, um zur reinen göttlichen Liebe zu gelangen. Aber in wie fern konnte sie mit dieser

Aehnlichkeit haben? In so ferm beyde zur Erhebung über die Selbstheit, zur Abhängigkeit von andern Wesen, und zur Aufopferung für diese einladen, und den Zustand der Entzückung befördern. Der leidenschaftliche Liebhaber menschlicher Schönheit ist eben so wohl bereit, sein ganzes Leben hindurch in Qualen und Kummer hinzuschmachten, als der Derwisch, Fakir, oder Sofi: beyde werden durch die Wonne einer hinschmelzenden Begeisterung, durch den Stolz auf ihre Niedergeworfenheit schadlos gehalten: beyde entäußern sich Alles dessen, was das Leben angenehm macht, und sind fähig, dieß Leben auf den Wink eines äußern Wesens hinzugeben: beyde empfinden den höchsten Reitz in der Spannung ihrer Phantasie mit Bildern des Abwesenden, noch nicht Erreichten, aber Gehofften: beyde fühlen dadurch eine Erhebung über sich selbst, und über das Gegenwärtige: beyde werden an ihren Zusammenhang mit Wesen erinnert, die durch äußere und innere Schönheit selbständigen Werth haben: beyde leiden endlich einen innern Brand in ihrer Seele, der ein unauslöschbares Mahl darin zurückläßt!

Der Zustand von Besessenheit, der dem leidenschaftlichen Liebhaber menschlicher Schönheit so gut eigen ist, als dem entzückten Liebhaber Gottes, dieser war es, den die Orientaler so äußerst schätzten. Schon der Nahme Megnun, der einen Besessenen, einen Wahnsinnigen bedeutet, und dem Modell der Liebhaber beygelegt wird, muß darauf zurückführen. „Der erste Schritt auf dem gefährlichen und mühsamen Wege, der zum Hause der Leileh führt, sagt Giami, besteht darin, Megnun zu werden;“ das heißt: man muß sich selbst vergessen und begeistert seyn, um durch vollkommene Liebe Gegenliebe zu verdienen. [31]) Die Tulpe Laleh ist bey den Orientalern das Symbol eines leidenschaftlich Liebenden, weil ihre rothen Blätter seinen Wangen, ihr schwarzer Samenstöpsel dem verbrannten Herzen ähnelt. [32]) Beynahe alle Wörter, womit Liebe im Arabischen und Persischen angezeigt wird, bedeuten zugleich Schwermuth Raserey und Tod. [33])

Der übertriebene, oft abentheuerliche Ausdruck dieser Leidenschaft ist ihrem innern Wesen völlig angemessen: es ist die Sprache und die Handlungsart begeisterter Menschen.

So wie also die edlere Geschlechtsliebe der ältern Araber mit ihrem Heldenenthusiasmus in näherer Verbindung stand; so stand die der neueren mit ihrer religiösen Schwärmerey in näherem Verhältnisse.

Diese Schwärmerey nahm zuweilen durch verhaltene Begierden einen höheren Schwung: zuweilen war sie nur der Ausdruck körperlicher Begierden: sie ward zuweilen wirklich empfunden, zuweilen nur erlogen. Aber der Geschmack der guten Gesellschaft an ihrer Darstellung war allgemein, und selbst diejenigen, welche wie Haphyz sich nur ein leichtes Geschäft aus der Liebe machten, konnten nicht umhin in diesen Ton mit einzustimmen.

31) Herbelot Article Jousouf Ben Jacob.

32) Herbelot, Article Laleh.

33) Richardson's Abhandlung über Sprache, Litteratur und Gebräuche morgenländischer Völker. S. 251.

Sechstes Kapitel.

Ueber den Einfluß der griechischen Ideen über die Liebe auf die Denkungsart der Araber und Perser.

Ich kann nicht behaupten, daß die Araber und Perser die schönere Litteratur der Griechen gekannt haben, weil es mir darunter an hinreichenden Nachrichten fehlt; aber daß sie die Philosophen dieses Volks, und besonders den Plato und Aristoteles, gekannt haben, das ist unläugbar. Es bleibt wieder zweifelhaft, ob die arabischen und persischen Liebesdichter mit diesen Philosophen Griechenlands unmittelbar bekannt gewesen sind. Aber gewiß ist es, daß der muhammedanische Mysticismus auf ihre Ideen von der edleren Liebe zur Kreatur gewirkt hat, und daß dieser aus den Schulen der griechischen Philosophen herzuleiten ist, wenn er auch vorher durch noch so unreine Kanäle der Kabbalisten, u. s. w. zu den Orientalern hingeflossen seyn mag.

Siebentes Kapitel.

Spuren der Rittergalanterie unter den Persern und Arabern.

Wenn man den Geist der Rittergalanterie darin setzt, daß die Achtung des zärteren Geschlechts, oder wenigstens die Begierde, sich vor dessen Augen auszuzeichnen, unmittelbarer Anreitz zu Heldenthaten für den Abentheurer gewesen sey: daß dieser zu Ehren der Schönen Zweykämpfe aufgesucht, Unholde bekämpft, den Preis in Tournieren davon getragen habe: und daß er endlich die Hingebung für seine Gebieterin mit einer Art von ceremoniöser Anbetung öffentlich zu erkennen gegeben habe; so wird man von dieser Galanterie sehr wenig oder gar keine Spuren bey den Orientalern finden.

Jene Vereinigung von kriegerischem Muthe mit sinnlicher Liebe, wovon die älteren arabischen Gedichte zeugen, können für keine Rittergalanterie gehalten werden. Man findet sie bey allen nomadischen Völkern wieder, welche die erste Stufe der Kultur verlassen haben.

Dasjenige, was Herbelot unter dem Artikel Motassem anführt, verdiente eher hierher gezogen zu werden. Eine Frau von der Familie der Abassiden ward von einem griechischen Ritter entführt. Sie rief aus: Motassem, hilf mir! Der Entführer antwortete aus Spott: Da kommt er auf seinem Schecken! und führte sie mit sich weg. Man hinterbrachte dem Motassem diese Geschichte. Er schwur, das Weib zu erretten, und hielt Wort. — Allein dieser durch den

Spott des Griechen gereitzte Ehrgeitz setzt nicht einmahl Mitleid mit der Unglücklichen, viel weniger Achtung für ihr Geschlecht, oder ihre Person zum voraus.

Unter dem Artikel Baharam meldet Herbelot, daß dieser persische König auf Abentheuer ausgegangen sey, ohne seinen Stand zu erkennen zu geben, und daß er durch seine Heldenthaten sich dergestalt im Dienste eines Königs ausgezeichnet habe, daß dieser ihn durch seine Tochter belohnen zu müssen glaubte. Es ist Schade, daß wir den Liebesroman nicht besitzen, zu dem diese Geschichte den Stoff hergegeben hat, und der oben unter dem Titel Baharam ve Gulendam von mir angeführt ist. Allein gesetzt auch, daß hier die Liebe den Abentheurer beseelt hätte, so würde doch eine so einzelne Erscheinung — die auch dem Heldenalter der Griechen nicht fremd war, — nichts für eine allgemeine Sitte beweisen.

Die Heldenromane der Orientaler scheinen übrigens nach demjenigen, was uns Herbelot darüber mittheilt, nur sehr wenig von Liebe zu enthalten. Unter dem Artikel Manougeher finde ich ein Liebesverständniß zwischen Zal, dem Vater des Rostam, und Roubadah. Diese beyden Personen verlieben sich in einander auf den bloßen Ruf von ihrer wechselseitigen Schönheit und ihren übrigen Vorzügen. Sie kommen heimlich zusammen, geben sich einander ein förmliches Heirathsversprechen, und vollziehen dieß mit Einwilligung ihrer Eltern nach Ueberwindung einiger Schwierigkeiten.

Einige andere Züge, woran Liebe Antheil hat, trifft man unter dem Artikel Caikaus an. Dieser persische König verliebt sich in Saudabah, Tochter des Königs Zulzogar, auf den Ruf von ihrer Schönheit. Er überzieht ihren Vater mit Krieg, und die Geliebte ist der Preis des Friedens. Sie wird die zweyte Gemahlin des Caikau, verliebt sich in dessen Sohn Siavesch, der ihre Anträge mit Abscheu zurückweist, und beschuldigt diesen bey seinem Vater, daß er ihr habe Gewalt anthun wollen. Aber eine Feuerprobe befreyet ihn von dem Verdachte und stellt Saudabah als die Schuldige dar. — Dieß macht eine kurze Episode in einem langen Heldenromane aus.

Ueberhaupt dürfte das Institut der Ritterschaft und ihr Geist schwerlich aus dem Oriente herzuleiten seyn. Daß es dort kühne Abentheurer gegeben habe, deren Ruf auf die Abendländer gewirkt habe, daß solche Abentheurer sich zu einzelnen Korporationen gebildet haben können, das wird Niemand läugnen [34]) Aber eines Theils wird dadurch die zunftmäßige, an ein gewisses Ritual gebundene Verfassung nicht erwiesen; zweytens fragt es sich noch sehr, ob die Abendländer ihre Ideen über die Pflichten und Gebräuche der Ritterschaft nicht den Orientalern mitgetheilt haben? Es ist wahr, die Zweykämpfe waren unter den Arabern sehr gewöhnlich: [35]) aber sie sind auch den Alten nicht unbekannt gewesen. Es ist ferner wahr, daß das Ringelrennen bereits im Jahre der Hegire 295 unter den Orientalern bekannt gewesen

34) Herbelot, Article Bathal, und Douaz deh Rokh. Vergleiche Richardson a. a. O.

35) Richardson a. a. O. S. 240—248 der Deutschen Uebersetzung.

ist; [36]) allein ein Tournier sieht einem bloßen Karoußel nicht ähnlicher, als den gymnastischen Spielen der Alten. [37]) Wir wissen bestimmt, daß die Lateiner die Tourniere zuerst nach Konstantinopel gebracht haben, [38]) und daß sie lange vor den Kreuzzügen bekannt gewesen sind.

Uebrigens finden wir keine Spur davon, daß der Araber die Huldigungen, welche er der Schönen darbrachte, öffentlich, und unter dem Schutze der guten Sitte ihr habe darbringen dürfen, wenn er nicht durch die bevorstehenden Bande der Ehe dazu berechtigt war. Oeffentliche Verbindungen mit verheiratheten Frauen von Stande waren gewiß nicht geduldet, wenn diese auch bloß auf Ruhmbegierde gegründet und beschränkt worden wären. Wir treffen nichts von jenem Hofmachen, von jenen Verständnissen an, die, wenn auch noch so materielle Absichten dabey zum Grunde liegen, äußerlich den Schein einer bloßen geselligen Unterhaltung, eines bloßen Austausches von Eitelkeitsgewährungen, oder auch einer begeisterten Verehrung der Schönheit und der Tugenden einer vornehmen Dame annahmen, und unter dem Schutze dieses Scheins von der guten Gesellschaft gebilligt werden. Kurz! von Allem demjenigen, was wir in der Folge Charakteristisch in der Galanterie der Abendländer finden werden, liefern

36) Herbelot Article Mostader.

37) Du Cange Dissertations sur l'histoire de St. Louis. Diss. VIII.

38) Ibidem Diss. VII.

die Gedichte und Romane der eigentlichen Orientaler keine Spur.

Was die Mauren in Spanien von einer ähnlichen Sitte zeigen, und was gemeiniglich als die glänzendste Art der Galanterie bezeichnet wird, ist auf das eigentliche Morgenland, auf die ursprünglichen Besitzungen der Saracenen gar nicht anwendbar. Wenn die Spanier, und durch diese das übrige Europa, viel von den Mauren angenommen haben, so haben diese hingegen den Einfluß ihrer Nachbarn gleichfalls empfunden, und ein großer Beweis dafür, daß die Galanterie von ihnen nicht zu den Abendländern hinüber gekommen ist, ist der gänzliche Mangel einer Beziehung auf maurische Sitten bey den ältesten Schriftstellern des Mittelalters über Liebe und Geschlechtsverbindung.

Ich will daher dasjenige, was Richardson [39]) von der ungemeinen Hochachtung sagt, welche die Mauren in Granada dem schönen Geschlechte bey ihren Ringelrennen bewiesen haben sollen, nicht abläugnen, so unsicher auch die Quelle scheint, aus der er geschöpft hat; [40]) Aber die Sitten dieses Stamms der Saracenen beweisen nichts für die übrigen, und ohnehin beschränkt sich sein Beweis auf den Umstand, daß bey den Caroußels oder Fertas de las Canas die Bildnisse der Geliebten des Mantenadors, oder des Herausforderers, aufgehangen sind. Daß die Frauenzimmer selbst, unverschleyert, als

39) Am a. O. S. 248 der Deutschen Uebersetzung.

40) Historia de las Guerras Civiles de Grenada.

Richterinnen und Austheilerinnen der Preise dabey zugegen gewesen wären, wird dadurch um so weniger bewiesen, als es mit den übrigen Sitten der Orientaler, besonders zu der damahligen Zeit, im Mißverhältnisse steht.

Zwanzigstes Buch.

Denkungsart des Abendlandes über Liebe und Geschlechtsverbindung im zwölften und dreyzehnten Jahrhunderte. Erster Keim der Galanterie.

Erstes Kapitel.

Einleitung.

Nächst derjenigen Veredlung, welche die Schule des Sokrates den geselligen, auf Geschlechtssympathie beruhenden Verhältnissen gegeben hat, hat keine so viel Anspruch auf unsere Aufmerksamkeit, als diejenige, die wir als eine Geburt des Instituts der Ritterschaft ansehen, und mit dem Nahmen der Galanterie bezeichnen.

Diese Galanterie lebt noch, wiewohl in einem hinsterbenden Zustande, in der Cicisbeatura der Italiäner und Spanier fort, und wir suchen in ihr, vielleicht nicht mit Unrecht, den Grund zu den Regeln des Anständigen und Schicklichen im Umgange zwischen beyden Geschlechtern, die wir von allen kultivierten Ländern heut zu Tage angenommen finden.

Inzwischen scheint der Begriff, den man mit dieser Galanterie verbinden muß, bis jetzt nicht hinreichend aufgeklärt und bestimmt zu seyn. Die Züge, welche uns die Geschichte davon aufbewahrt hat, sind in geringer Anzahl, schwankend, unbefriedigend. Jedermann ist berechtigt, nach der Anlage seines Herzens, in Gemäßheit seiner Erfahrungen, nach dem Einflusse seiner Launen, sich ein eigenes Bild von dieser geselligen Einrichtung zu entwerfen, und bald ihr übertriebener Lobredner, bald ihr eben so unbilliger Tadler zu werden.

„Nie, ruft der eine, ist das weibliche Geschlecht so sehr verehrt worden, als in den Zeiten des Mittelalters. Nie erschien die Liebe in einer edleren Gestalt! Damahls entschied der Ausspruch edler Frauen über den Werth des Mannes, und ihr Beyfall war die höchste Belohnung der Thaten des Helden! Lieben hieß achten: und um geachtet zu werden, mußte man lieben! Jeder Ritter wählte eine Dame seiner Gedanken, der er, gleich dem höchsten Wesen, alle seine Gefühle, alle seine Handlungen zum Opfer darbrachte. Diese war sinnlicher Antrieb für ihn zu allem Edlen und Schönen: sie war eine Heilige, sie war die verkörperte Tugend selbst! Ihrem Dienste war sein ganzes Leben geweiht: mit Aufopferung des Liebsten, was er hatte, gehorchte er ihren Wünschen! Ihrer werth zu seyn, im Rufe seiner Thaten bis zu ihr zu dringen, ihren Stolz durch seine Anbetung zu heben, ihren Nahmen zugleich mit dem seinigen im Munde des Volks und der Höfe, bey Tournieren und Gelagen, preisen zu hören, und so sich in ihr, sie in ihm doppelt geschätzt, doppelt schätzungswerth zu fühlen, — das waren die letzten Wünsche, die äußersten Hoffnungen des Liebhabers! Niedrige, sinnliche Begierden schwiegen, und wenn sie sich meldeten, wurden sie edel bekämpft, und glücklich überwunden. Darum zogen auch diese Verbindungen den Antheil, die Billigung, die Bewunderung aller wohlerzogenen Menschen an sich. Man gab sich Beweise ausgezeichneter Achtung und Zärtlichkeit unter den Augen des Gatten, in Gegenwart der versammelten Menge, unter dem Schutze des Anstandes, und der Gesetze! Kurz! die Liebe war damahls, wie Montaigne sagt, die Unternehmerin großer Thaten, und ihr Ausdruck trug den Charakter des Erhabenen, der Unbefangenheit, und der Feinheit der Gesinnungen an sich, die dem ganzen Institute der Ritterschaft eigen waren!"

Während daß einige Enthusiasten die Phantasie des Unerfahrnen durch solche Darstellungen von der Galanterie entflammen, suchen andere bald aus Mangel eines Herzens und einer Einbildungskraft, die sich in fremde Zeiten und Sitten hinein zu versetzen weiß, bald aus Unmuth über betrogene Erwartungen, bald endlich in der Schwäche träger Sinnlichkeit, den Glauben an das Gute in dieser Sitte des Mittelalters möglichst zu untergraben, oder gar ihr Daseyn selbst abzuläugnen.

„Nein! sagen diese letztern, jene Anbetung des weiblichen Geschlechts war weiter nichts, als der Ausdruck einer steifen und ungebildeten Höflichkeit: ein nichts bedeutendes Ceremoniel, eine nichts sagende Etiquette, die für die innere Achtung des Mittelalters für die schwächere Hälfte unserer Gattung eben so wenig zeugen mögen, als die Formulare des sogenannten guten Tons, für allgemeine Menschenliebe, und Anerkennung des Menschenwerths in unserm egoistischen Jahrhunderte. Jene excentrische Liebe hat nie existiert, außer in Romanen, und sollten einige Schwärmer sie in der wirklichen Welt zur Anwendung gebracht haben, so giebt dieß mehr einen Beweis von der Verirrung ab, zu der sich der menschliche Verstand hinreißen lassen kann, als von der Veredlung, deren das Herz und die Liebe fähig sind. Spitzfindigkeit der Ideen ward mit Zartheit der Gefühle, Abentheuerlichkeit der Gesinnungen mit Größe verwechselt; Schwulst im Ausdruck galt für Erhabenheit, Plattheit für Naivetät. Die Natur ward in einen erschwerten Streit mit einer konventionellen Tugend verwickelt, deren Blende beyde das Laster und die Schwäche nutzten, jenes um die Unschuld desto sicherer zu berücken, diese um das Willkührliche des Fehltritts von sich abzuwälzen."

Gleich entfernt von Schwärmerey und Spottsucht, suche ich Billigkeit und Behutsamkeit bey der Beurtheilung dieses geselligen Verhältnisses zu üben! Ich unterscheide die Zeiten: ich unterscheide die Denkungsart des Pöbels von der guten Sitte, und beyde von dem Ideale, das einige Edle in ihrem Umgange und in ihren engeren Verbindungen mit dem schönen Geschlechte vor Augen gehabt haben: ich unterscheide besonders das Bestreben, sich diesem Ideale zu nähern, von der wirklichen Ausfüllung desselben. 1)

1) Ich habe über den ersten Ursprung des Worts Galanterie aller Nachforschung ungeachtet keinen Aufschluß erhalten können. Ich selbst habe es in keinem Werke gefunden, dessen Verfertigung über das sechzehnte Jahrhundert hinauszusetzen

Zweytes Kapitel.

Unsichere Spuren einer charakteristischen Denkungsart über Liebe und Geschlechtsverbindung im nördlichen Europa vor dem zwölften Jahrhunderte.

Zu allen Zeiten hat es gewisse Begriffe von dem Sittlichen und Anständigen in dem Umgange zwischen beyden Geschlechtern, sowohl in ihrem allgemeinen

wäre. Herr Hofrath Eschenburg, an den ich mich um eine Aufklärung über diesen Punkt gewandt habe, hat mir folgende interessante Antwort ertheilt:

„Ueber die eigentliche Entstehungszeit des Worts „Galanterie" weiß ich Ihnen doch, nach allem Nachsuchen, keine gewisse Auskunft zu geben. In der Provenzalsprache aber war es wohl ganz gewiß nicht" (Millot braucht es in einigen Uebersetzungen der provenzalischen Gedichte; da er die Originale aber nicht beyfügt, so kann man nicht beurtheilen, ob es sich in diesen findet.) „Auch habe ich, fährt Herr Eschenburg fort, des bekannten Alain de Chartrier Gedichte durchblättert. Von Courteoisie und Loyauté fand ich genug darin; aber das Wort Galanterie nirgends; selbst das Wort g a l a n t nicht. Dieß letztere soll indeß nach Patru in einer Note zu den Remarques de Vaugelas T. 3. p. 150. im Roman de la Rose vorkommen. Er führt zum Beweise die Stelle gegen das Ende des Romans an: Quand la douce saison viendra, Seigneurs galants qu'il conviendra. In meiner Ausgabe dieses Romans (Amstr. 1735 3 vol. 8.) steht aber seigneurs varlets — — Menage hat Allerley über den etymologischen, nicht aber historischen Ursprung des Worts. Von dem sel. Reiske steht eine Abhandlung vom Urspr. des Worts Gala in den Schriften der Leipz. Ges. d. fr. Künste B. 3. S. 3. ff. wo er das Wort für arabisch hält, und von Challah, Feyerkleid, herleitet. Möglich indeß, daß gala und galant nichts mit einander gemein haben.

Verkehre, als in ihren engeren Verbindungen mit einander gegeben. Wenn man wenige, und außerdem nicht hinreichend bekannte Nationen ausnimmt, so haben weibliche Schwäche, weiblicher Reitz, weibliche Pflege und Emsigkeit überall Schonung, Beystand, Gefälligkeit bey dem Manne gefunden: so haben männlicher Muth, männliche Geschicklichkeit in eben dem Maße Dankbarkeit und die Bewunderung des Weibes auf sich gezogen. Ueberall ist Schönheit der Anreitz und der Preis der Tapferkeit des Mannes; sein Schutz, seine Werthschätzung für die Sittsamkeit des Weibes Belohnung gewesen. Die ältesten Urkunden des Menschengeschlechts zeigen uns Hirten, die durch beharrliche Dienstleistungen das Herz der Hirtentöchter gewonnen; Helden, die durch bestandene Abentheuer um die Hand der Heldentöchter geworben haben.

Die Völker brauchen nicht weit über die erste Stufe der Kultur hinaus geschritten zu seyn, um den Werth der Treue, der Aufopferung, und des Genusses, den die Seele, neben dem Physischen, aus den engeren Verbindungen zwischen beyden Geschlechtern zieht, zu fühlen. Hindernisse, welche die Schamhaftigkeit und das Schicksal der gänzlichen Vereinigung zweyer Liebenden entgegen setzen, verengen die Bande zwischen diesen selbst, und erhöhen das Interesse für ihre Verbindung bey andern, die darum wissen.

Eben so wenig wird ein hoher Grad von Verfeinerung der Sitten erfordert, um die Beweise des

Aus den Ritterzeiten hat dieß letztere Wort wohl gewiß seinen Ursprung. Im Englischen hat sich der Begriff tapfer von gallant als Hauptbedeutung erhalten."

Schutzes und der Gefälligkeit, die der Mann dem zärteren Geschlechte in seinen entfernteren Verhältnissen mit ihm darbringt, an eine gewisse Form zu binden, wodurch er sich artig zeigen, daß heißt, Gefühle des Schönen neben denen des Guten erwecken will. Die bloße herumschweifende Begierde ist bereits bey Thieren mit dem Wunsche, durch kosende Geschmeidigkeit zu gefallen, verbunden, und Niedlichkeit der Formen, so wie Hülfsbedürftigkeit der Lagen, laden sogar die rohesten Männer zu einem schmeichelnden Betragen, nicht bloß gegen das zarte Weib, sondern gegen Kinder ein.

Diese natürliche Folge einer aus der ersten Rohheit entwickelten Geschlechtssympathie mag, wenn man will, Galanterie genannt werden, und dann haben alle Völker im Süden und im Norden gleichen Anspruch auf ihre Hervorbringung. Simson und Herkules sind dann Paladine; die Delila's und Omphalen die Damen ihrer Gedanken, der Erzvater Jakob ist ein Celadon, und seine Rahel eine Astrea.

So lächerlich diese Behauptung klingt, so hat sie doch ihre Vertheidiger gefunden, [2]) und uns wird sie wichtig, weil sie die Nothwendigkeit lehrt, der Galanterie nicht eher ein Daseyn einzuräumen, und den besondern Ursachen ihrer Entstehung nachzuspüren, als bis wir in den Aeußerungen der Zärtlichkeit und der Urbanität der Abendländer im Mittelalter etwas so charakteristisch Verschiedenes von den Sitten anderer Völker und Zeiten in eben diesen Verhältnissen antreffen, um jene als etwas für sich Bestehendes zu erkennen, das sich aus

2) Ueber den Geist und die Geschichte des Mittelalters. Gotha 1786.

allgemein wirkenden, in der Natur der Sache selbst liegenden Gründen nicht erklären läßt.

Vor dem Anfange des zwölften Jahrhunderts läßt sich schwerlich unter den Abendländern in Europa irgend ein charakteristischer Zug in dem Betragen der beyden Geschlechter gegen einander auffinden, der dieß von dem Betragen aller übrigen Völker unterschiede, die in der Kultur der Geschlechtssympathie die erste Stufe überschritten haben. Wenn er aber vorhanden gewesen ist, wovon ich das Gegentheil nicht zu behaupten wage, so entgeht er, bey dem Mangel aller Nachricht, gänzlich unsrer Kenntniß.

In dem zehnten und eilften Jahrhunderte war die Verdorbenheit der Sitten aufs Höchste gestiegen. Besonders übte man die äußersten Gewaltthätigkeiten gegen das zärtere Geschlecht aus. Dieß war damahls überhaupt sehr verachtet. [3]) Man legte den Weibern etwas Unheiliges und Verunreinigendes bey, verbot ihnen, das Altartuch zu berühren, und machte es ihnen zur Pflicht, beym Empfang des Abendmahls Handschuhe anzuziehen. Es war den Ehemännern durch Gesetze erlaubt, ihre Weiber zu stäupen, und sie sogar zu verwunden, wenn sie nur nicht an ihren Gliedmaßen durch Verstümmelung oder gänzliche Lähmung litten. Der Vater durfte seine Tochter selbst nach der Verheirathung thätlich züchtigen, und die Statuten der Stadt Bourdeaux setzten fest, daß wenn der Ehemann im Zorn oder in der Heftigkeit des Schmerzes seine Gattin umbrächte, aber nachher schwören würde, daß es ihn von Herzen

3) Auf dem Concilio zu Mâcon, (im sechsten Jahrhunderte) stritt man noch weitläuftig darüber: ob die Weiber Menschen wären.

reue, alsdann die Strafe ihm erlassen seyn solle. [4] Der Weiberraub war äußerst häufig. In weniger als funfzig Jahren wurden allein drey Königstöchter gewaltsam entführt. [5] Ehemänner, die ihrer Gattinnen überdrüssig waren, verschmähte Liebhaber, eifersüchtige Stiefmütter und Nebenbuhlerinnen verläumdeten die Unschuld, welche sogar Otto der Erste an seiner einzigen Tochter durch einen Zweykampf mußte rechtfertigen lassen. [6] Dazu kamen die häufigen Streifereyen der Normänner, Hunnen, Saracenen, wobey die Weiber wie andre Beute fortgeschleppt wurden.

In solchen Zeiten wird es schon Tugend, des allgemein Bedrängten zu schonen, und der Beystand, den einige Wenige der gekränkten und wehrlosen Unschuld leihen, giebt diesen den höchsten Anspruch auf allgemeine Verehrung, so wie auf die besondere des weiblichen Geschlechts. Wer also in diesen Zeiten die Geraubte befreyete, die Bedrohten und Angeklagten mit Gut und Leben schützte, der weigernden Schamhaftigkeit schonte, der war ein sittlich ausgezeichneter, ein edler Mann, in Beziehung auf sein Betragen gegen die zärtere Hälfte der Menschen.

Folglich gab es unstreitig bereits in diesen Jahrhunderten einige Helden, deren Muth von sympathetischen

4) S. Alexander history of Woman T. 1. Fabliaux et Contes du douxieme et troisieme Siecle par le Grand. T. II. p. 354.

5) Schmidts Geschichte der Deutschen. Drittes Buch 7tes Kap. Meusels Geschichte von Frankreich: Allgemeine Welthistorie Th. 35. S. 139. 151.

6) Schmidt a. ang. O. im 10ten Kap.

Gefühlen geleitet, der Barbarey vieler Räuber und Unholden Einhalt that. Es ist nicht unwahrscheinlich, daß ihre Denkungs- und Handlungsart bereits an eine gewisse charakteristische Form gebunden gewesen sey, die sie von den Halbgöttern des alten Griechenlands und ihrem Betragen gegen die Dejaniren, Ariadnen, u. s. w. deutlich unterschieden haben.

Der Halbgott tritt unter einer ganz rohen Nation auf, bestimmt selbst die Form und den Zweck seiner Denkungs- und Handlungsart; sein Betragen ist also der Natur angemessen, und hat keinen andern Charakter als denjenigen, der in der Sache selbst liegt. Nicht so der Edle, der unter Nationen hervorgeht, die ehemahls kultiviert gewesen sind, und in deren Barbarey sich allemahl noch Spuren einer ehmahligen Kultur zeigen. Solche Völker sind nicht sowohl roh, als entartet. Bey ihnen finden sich bereits religiöse Gebräuche, eine bürgerliche Organisation, Konventionen über Angelegenheiten des geselligen Lebens, gewisse Methoden in der Erlernung, gewisse Manieren in der Behandlung der Wissenschaften und Künste: alles dieß freylich einzeln, und von dem großen Haufen wenig ausgeübt, und schlecht beobachtet. Aber der Edle, der sich auszeichnet, tritt doch nicht so unbefangen auf, als bey einer ganz rohen Nation: er erkennt einige wenige andere Edle als Richter seiner Handlungen und sogar ihrer Formen an: seine Ueberzeugung von dem Zweckmäßigen und Schmückenden ist nicht seine einzige Führerin; Nein! er schmiegt sich in die herrschenden Ideen seiner Zeit hinein, denkt und handelt edel und schön, in Gemäßheit der Begriffe seines Zeitalters über Adel und Schönheit.

Ich wiederhohle es daher: es ist nicht unwahrscheinlich, daß schon vor der Mitte des zwölften Jahrhunderts gewisse Regeln des Sittlichen und Anständigen, so wie gewisse Ideale des Edeln und Schönen für den Umgang zwischen beyden Geschlechtern mögen festgesetzt gewesen seyn. 7) Allein sichere Zeugnisse haben wir darüber gar nicht, und wenn wir uns nicht an bloße Hypothesen halten wollen; so müssen wir eingestehen, den Charakter der Galanterie vor der Mitte des zwölften Jahrhunderts gar nicht angeben zu können. 8)

Diejenigen, welche behaupten, die Galanterie, so wie sie das Mittelalter zeigt, sey im Norden immer einheimisch gewesen, und habe daselbst von frühen Zeiten an geherrscht, scheinen ihre Behauptung nicht rechtfertigen zu können. 9)

7) Dieß ist um so glaublicher, da Europa durch die griechische Prinzessin Theophania, die Gemahlin Otto des Zweyten, mit dem griechischen Hofceremoniell bekannt geworden war. An diesem Hofe waren die Damen wegen ihrer Kultur in großem Ansehn. Mehrere Fursten nahmen das Ceremoniel des kaiserlichen Hofes an.

8) Und nicht bloß den Charakter der Galanterie, sondern auch der Ritterschaft überhaupt, ihrer Erziehung, Pflichten, Beschäftigungen, Tourniere, u. s. w. kann man vor dem angegebenen Zeitpunkte nicht bestimmen. Alles, was man von Zeugnissen über ihr früheres Daseyn beybringt, beweiset weiter nichts, als daß es zu allen Zeiten eine gewisse militärische Erziehung und Adoption, (Wehrmachung,) gewisse Grade im Militair, und gewisse kriegerische Vorübungen im Frieden gegeben hat.

9) Mallet histoire de Dannemarc. St. Foix Essays historiques sur Paris. Rolland Prérogatives des Dames

Es sey wahr, daß deutsche Weiber an der Seite ihrer Männer gestritten, diese, wenn sie flohen, in die Schlacht zurückgetrieben, und gefangen vom Feinde, ihre Unschuld und Freyheit mit Aufopferung des Lebens erkauft haben; finden wir nicht ähnliche Beyspiele von weiblichem Edelmuth unter den Spartanern und andern südlichen Völkern? Es sey wahr, daß Weiber unter unsern Voreltern, den Deutschen, geweissagt, dem Gottesdienste vorgestanden, gerichtliche Händel entschieden, Krankheiten geheilt, Völker regiert haben; finden wir nicht Beweise einer eben so rühmlichen Bestimmung einzelner Weiber bey dem Homer, jenem Dichter, der so oft wegen der Herabwürdigung des zärteren Geschlechts angefeindet ist? Wie viel muß außerdem von der Glaubwürdigkeit der Zeugnisse solcher Schriftsteller abgerechnet werden, die vor ihrer eigenen, in ihren Sitten ausgearteten Nation die benachbarte zum Muster oder zum Vorwurf aufgestellet haben? Wie viel muß von dieser anscheinenden Achtung gegen das weibliche Geschlecht auf Rechnung des Aberglaubens abgesetzt werden, der unter wenig kultivierten Völkern in dem schwächern Wesen, und in seiner reitzbaren Phantasie, die mit der Gottheit vertrautere Seele ahndet!

Die Liebe, wie sie beym Ossian erscheint, ist treu, ist zärtlich bis zur Aufopferung, besonders bey den Weibern. Aber gesetzt, die Gesänge dieses Dichters wären in ihrer ursprünglichen Echtheit bis zu uns gekommen; sollten dann die Penelopen, die Andromachen, die Pantheen, die Thisben, und so viele griechische und asiatische

chez les Gaulois. Warton's History of Englisch Poetry, Meiners Geschichte des weiblichen Geschlechts, und Mehrere.

Weiber, die unsers liebenden Antheils, unserer Bewunderung so würdig sind, den Lorma's, Dar — Thulas, den Cuthonas und Minonas weichen müssen?

Mit mehrerem Anscheine würden die Sagen der Nordländer für den ersten Ursprung der Galanterie in diesen Gegenden angeführt werden können, wenn ihr Alter höher hinaufgesetzt werden möchte. [10]) Aber es ist jetzt ausgemacht genug, daß sie aus einer Zeit herrühren, worin diese Insel schon mit dem übrigen Europa in Verbindung stand, und den romantischen Geschmack von diesem bereits angenommen hatte. [11])

Doch! gesetzt, diese Sagen wären völlig glaubwürdig; gesetzt, sie reichten wirklich in die Zeiten hinauf, worin die Normänner durch ihre Streifereyen noch nicht mit den romantischen Ideen bekannt waren, die im südlichen Europa herrschten; wie wenig gallant, ja! wie grausam in ihrer Behandlung des weiblichen Geschlechts zeigen sich nicht eben diese Normänner überall, wo sie in der früheren Geschichte erscheinen? [12]) Und was können dann jene einzelnen Sagen beweisen? Weiter nichts,

10) Dahin gehören die Erzählungen von Regner Ladbrog, Prinzen von Dännemark, und von Harald mit den schönen Haaren, beym Mallet introd. dans l'histoire de Dannemarc chap. 12. p. 293. Edit. de Geneve 1763. in 12.

11) Herrn Hofraths Eichhorn Allgemeine Geschichte der Kultur und Litteratur, erster Band. S. 251. u. ff.

12) Als Beyspiele mögen Königs Magnus Ladulás Weiberfriede gegen die in Schweden so häufigen Entführungen, und die ebendaselbst hergebrachten Brautbegleiter dienen, welche das junge Ehepaar bewaffnet zur Kirche hin und zurückführen, und vor der Kirche Wache halten mußten, weil die Entführungen junger Frauenzimmer so häufig waren.

als dieß, daß im Norden so wie im Süden die Schönheit zuweilen der Preis der Tapferkeit gewesen, daß die Liebe überall zuweilen den Muth zu entflammen, Talente zu entwickeln im Stande sey, und daß Eigensinn, Herrschsucht und kluge Vorsicht der Geliebten die Leidenschaft des Liebhabers überall auf die Probe gesetzt haben.

Drittes Kapitel.

Herrschende Denkungsart im zwölften Jahrhunderte.

Erst im zwölften Jahrhunderte finden wir bey den Abendländern Spuren einer Denkungsart über die Liebe, und über den geselligen Umgang zwischen beyden Geschlechtern, die sich auffallend von derjenigen unterscheidet, die wir in früheren Zeiten angetroffen haben. Ein zusammenhängendes System, ein bestimmtes Ganze, dürfen wir jedoch nicht erwarten. Um aber diesen einzelnen Zügen besser auf die Spur zu kommen, müssen wir ein Bild der herrschenden Ideen in diesem Zeitalter überhaupt entwerfen.

Vom eilften Jahrhunderte an führt Alles auf ein Bestreben hin, eine bessere Ordnung der Dinge einzuführen, oder, wie ich es nennen möchte, die menschliche Gesellschaft in ihren Verhältnissen gegen Kirche, Staat, Sitten und Wissenschaften zu organisieren. Den nächsten Stoß zu dieser Bewegung hat wahrscheinlich Gregor der Siebente dem menschlichen Geiste durch seine planmäßigen Bemühungen gegeben, die Gewalt der Kirche auszubreiten, und die weltliche Macht zu untergraben. Allein die entferntere Veranlassung dazu mag in der aufs Höchste gestiegenen Unordnung und Anarchie gelegen haben. Wenn diese zu dem Gipfel gelangt, daß sie alle geselligen Bande aufzuheben, und eine völlige Ungewißheit in den Grundsätzen des Betragens, und des Beurtheilens nach sich zu ziehen drohet; so findet sich der Mensch von selbst gedrungen, gewisse Regeln seines Verhaltens gegen andere Menschen festzusetzen, und der Vernunft eine gewisse Methode vorzuschreiben, die sie bey ihrem Wirken beobachten soll.

Deutlich erhellet dieß aus der in diesem Jahrhunderte aufgekommenen Treuga dei, oder Gottesfrieden, wodurch Hülfsbedürftige gegen die Gewaltthätigkeiten der Befehdungen der Mächtigern unter einander von der Kirche in Schutz genommen wurden. Es erhellet aus der Organisation, welche die Hierarchie in diesem Zeitraume erhielt; es erhellet aus der häufigen Entstehung von Sekten und einzelnen Verbindungen, welche zur Verbesserung der Religionslehre und der Sitten gestiftet wurden; [13]) endlich aus den Spuren einer zunftmäßigen Einrichtung, der die Stände der Geistlichen, der Ritter, der Gelehrten, der Künstler, und der Handwerker, besonders gegen das Ende dieses Jahrhunderts, unterworfen wurden. [14])

13) S. Eichhorns Geschichte der Kultur. S. 435.

14) S. Fischers Geschichte des deutschen Handels. Hannover 1785. Erster Theil. S. 381. Schon im Jahre 1106 zeigen sich landesherrlich bestätigte Innungen in Deutschland.

Vielleicht ist zu allen Zeiten dieß Bestreben nach einer bessern Ordnung der Dinge mit Schwärmerey verbunden gewesen, und vielleicht ist diese wieder eben so unzertrennbar vom Geschmack an dem Abentheuerlichen, als die Ausübung einer neuen Sitte von Pedanterey.

Zu Anfang des zwölften Jahrhunderts aber kamen noch einige besondere Ursachen hinzu, welche diesen eben angedeuteten Geist unterstützten.

Ueberall war die Idee ausgebreitet, daß der Mensch unter der unmittelbaren Führung der Gottheit stände, daß seine guten Handlungen durch ihren unverkennbaren Schutz bereits in diesem Leben belohnt, seine bösen durch ihre Rache schon hiernieden bestraft würden. Diese Idee, welche damahls so nothwendig war, um ausgeartete Menschen bey dem Mangel angewöhnter Anerkennung bürgerlicher Gesetze, und bey der Schwäche ihrer Handhaber, zur Befolgung gesellschaftlicher Pflichten anzuhalten, ward durch eine Menge von Wundergeschichten und Ceremonien unterstützt, welche auf die Sinne wirkten, und die Einbildungskraft spannten. Die Entscheidung streitiger Rechtsfälle, sogar d i e streitiger Rechtsfragen, ward dem Ausspruche Gottes überlassen, der durch den Ausfall der Duelle, der Wasser- und Feuerproben und anderer Gottesgerichte verkündigt wurde. Hier mußten feyerliche und schreckenvolle Vorbereitungen das Gewissen rühren, den Muth des verhärteten Verbrechers schwächen, und den reuigen zum Geständnisse seiner Schuld bringen. Frömmigkeit bestand in unbedingtem Glauben an diese wunderbare Führung der Gottheit, und in ängstlicher Beobachtung sinnlicher Andachtsübungen, nach einer vorgeschriebenen Form. Der Tempeldienst war mit Ceremonien überhäuft, die zum

Theil aus dem heidnischen Ritus aufgenommen, zum Theil aus den Gebräuchen der orientalischen Kirche entlehnt waren. Jene hatten ihre ursprüngliche Bedeutung verloren, und ließen daher der Imagination freyes Spiel, ihr Mythen von eigener Erfindung unterzulegen: diese trugen sofort den Stempel excentrischer Schwärmerey der morgenländischen Phantasie an sich.

Der Heilige der damahligen Zeiten war derjenige, der sich unter dem unmittelbaren Schutze der Gottheit, unter ihrer besondern Leitung befand, und gleichsam von ihr begeistert ward: der Gottgeweihete, der Inspirierte. Aberglauben und Andächteley waren die einzigen Mittel, diesen Vorzug zu erwerben. Was opferte man nicht auf, um sich dem Himmel angenehm zu machen! Welche Gefahren konnte man fürchten, welche Mühseligkeiten scheuen, welchen Verlust an Gut und Blut bedauern, um dahin zu gelangen! Nein! um Gottes Auserwählter zu seyn, bekämpfte man Ungläubige und Ketzer, wallfahrtete ins gelobte Land, verschenkte seine Güter an die Kirche, und endigte sein Leben unter Bußübungen und Enthaltsamkeit von Allem, was den Sinnen schmeichelt! Aber dann machte man auch diesen Vorzug vor seinen Brüdern geltend, und die theuer erkaufte Eitelkeit, der Liebling des Himmels zu seyn, fand auf dieser Erde bereits einen Vorschmack der Seeligkeit in der Erhebung über den größern Haufen durch sinnliche Zeichen der Absonderung von den übrigen Mitgliedern der Kirche. Daher die eigenthümlichen Trachten gewisser Orden: daher die dem Körper eingeprägten Merkmahle der Gottesweihe!

So stand es mit dem Begriffe von den Pflichten des Menschen in seinen Verhältnissen gegen das höchste

Wesen. Derjenige, den man sich von Bürgertugend machte, war ihm nicht unähnlich. Eigentlicher Gemeingeist war nirgends anzutreffen. Die verschiedenen Glieder eines Staats machten kein Ganzes unter sich aus: sie gehörten nur in so fern zusammen, als sie einen gemeinschaftlichen Oberlehnsherrn anerkannten, dem sie alle zum Gehorsam, oder zur Dienstleistung verpflichtet waren. Ein König hatte mehrere Herzoge, Grafen, oder andere mächtige Vasallen von verschiedenen Nahmen unter sich, und diese wieder andere minder mächtige Vasallen, und so weiter herab bis zum Leibeigenen. Diese Stufenleiter von Ständen brachte eine Menge einzelner Staaten im Staate hervor, die sich unter einander oft bekriegten, oft sich gegen ihren Oberlehnsherrn auflehnten, oft durch keine äußere Zwangsmittel zur Ruhe und Ordnung zurückgeführt werden konnten. Daher wurden die Gefühle der Ehre, der Treue, des Biedersinns, eben so wichtig als sie selten waren. Daher suchte man aber auch diese Gefühle recht tief einzuprägen, die Gelübde, deren Erfüllung auf ihrer Stärke beruhte, so feyerlich, so sinnlich, und demjenigen, der sie einmahl übernommen hatte, so gegenwärtig als möglich zu erhalten. Daher die umständlichen Gebräuche bey den Lehnsinvestituren, bey den Huldigungen: daher die Aufwartungen bey Hofe, die geschenkten Paniere, Wappenschilder, Gnadenzeichen, das Tragen der Farben des Lehnsherrn. Auch hier Formen, Ceremonien in Menge, die für uns den Schein des Schwärmerischen, des Abentheuerlichen, des Pedantischen annehmen.

Wo die Beobachtung der Pflichten gegen den Staat und gegen die Menschheit bey Ermangelung hinreichender Zwangsmittel dem moralischen Gefühle eines Jeden überlassen bleiben muß, da pflegt zwar der große Haufe oft dagegen zu fehlen, aber die Wenigen, welche seine innere Stimme hören, sind um so gewissenhafter in ihrer Befolgung, werfen eine größere Verachtung auf diejenigen, die ihr zuwider handeln, und suchen durch eine ängstliche Aufmerksamkeit auf ihre Handlungen den Verdacht der Unredlichkeit, bis auf den geringsten Schatten, zu entfernen. Daher die spitzfindige Gewissenhaftigkeit der Edlen der damahligen Zeit, gewisse Pflichten der Ehre und des Biedersinns gegen den Lehnsherrn und Waffenbruder zu beobachten, während daß sie andere, durch Gesetze verpoente Verbrechen, ohne Scham und innern Vorwurf begingen. Daher aber auch die repräsentierende Anmaßung, mit der sie Tugenden, die von ihrer Willkühr abzuhängen schienen, in Worten, Geberden und Handlungen äußerten.

Die Pflichten gegen die örtliche Gesellschaft, die Regeln des Betragens im geselligen Umgange, konnten keine große Bestimmtheit, Leichtigkeit und Ungezwungenheit bey der Ausübung in Ländern erhalten, wo alle Einwohner entweder sehr reich, oder ganz arm waren: wo die Vornehmern den größten Theil ihres Lebens auf ihren weit aus einander liegenden Burgschlössern, oder auf Kriegszügen zubrachten, und die Städter ihre Bestimmung auf die Vertheidigung ihrer Mauern, oder auf den Handel, oder auf Handwerke beschränkten. Die Urbanität, das städtische Wesen der Alten, verschwand, und ward zur Courteoisie, zur höfischen Sitte. Diese war steif, abgemessen, übertrieben in Geberden und Worten. Achtung äußerte sich durch Knechtschaftsbezeugung, und Wohlwollen kleidete sich in sinnreichen Ausdruck. — Nur Wenige waren im Besitz dieser Bildung.

Die Gelehrsamkeit war ein Gewebe von Vorurtheilen und Spitzfindigkeiten, durch deren dichten Schleyer die Wahrheit nur wenige ihrer Strahlen durchschimmern lassen konnte. Die Lehrmethode war zunftmäßige Umständlichkeit, die Behandlung der Wissenschaften selten praktisch, und nie rein von pedantischer Charlatanerie. Aber auch dieser Vorzug, so gering er war, ward nur Wenigen zu Theil.

Je unbeträchtlicher die Bildung für die Gesellschaft und die Masse der Kenntnisse ist, um derentwillen der Mensch, der sie besitzt, von einem noch ungesitteteren und unwissendern Menschen angestaunt wird, um desto mehr sucht er ihren Gehalt durch ein äußeres Gepränge zu heben, und andern den Weg, sich ihm an die Seite zu stellen, durch Vorschriften unnützer Vorübungen und Formen bey der Anwendung zu erschweren. Wie erklärbar wird dadurch die steife Förmlichkeit, die Pedanterey, das Abentheuerliche der damahligen Hofleute, Gelehrten, Künstler, Handwerker, u. s. w.

Und dieser Geist der Unbehülflichkeit, der Ueberspannung, der Eitelkeit, der ist es nun, der das Mittelalter in allen Verhältnissen, und so auch in denen der beyden Geschlechter gegen einander auszeichnet.

Viertes Kapitel.

Entwickelung des Ganges, den die Veredlung der Begriffe über Geschlechtsverbindung und Liebe im zwölften und dreyzehnten Jahrhunderte nach dem herrschenden Charakter des Zeitalters hat nehmen müssen.

Ich werde mich aber bey der Denkungsart des Pöbels über Geschlechtsverbindung und Liebe nicht weiter aufhalten, da diese zu allen Zeiten und in allen Ländern beynahe die nehmliche ist. Ich werde dagegen die Denkungsart der guten Gesellschaft über den angezeigten Punkt desto sorgfältiger entwickeln.

Ehe ich zu den bestimmten Nachrichten übergehe, die aus diesen Zeiten auf uns gekommen sind, will ich den Gang zu zeichnen suchen, den die Denkungsart der damahligen guten Gesellschaft über die angezeigten Gegenstände nach der Lage der Dinge überhaupt, und der beyden Geschlechter gegen einander besonders, hat nehmen müssen.

So wenig Spuren einer ausgezeichneten Achtung für das weibliche Geschlecht im Ganzen das zwölfte Jahrhundert liefert, so gewiß ist es doch, daß einige Edle den Werth einzelner Weiber geschätzt haben, welche sich durch Tugenden, die der Geist des Zeitalters anerkennen konnte, auszeichneten. Diese einzelnen außerordentlichen Weiber mußten um so stärker auf die Imagination der Männer wirken, da die geselligen Zusammenkünfte zwischen beyden Geschlechtern höchst selten waren, kaum anders als bey öffentlichen Festen Statt fanden, und die Damen, welche daselbst erschienen, größtentheils verheirathet, und von hohem Stande waren. Diese Lage war der Begeisterung äußerst förderlich: sie hinderte aber auch die Politur der Sitten im geselligen Umgange. Die Vernunft ward nicht genug durch Erfahrung unterstützt, um das Zweckmäßige im Betragen gegen das zärtere Geschlecht auszufinden: und die Anwendung der Gesetze, die sie vorschrieb, konnte nicht das Schlanke, Ungezwungene, Leichte, erhalten, das zur Grazie so nothwendig ist, und das ohne frühe und häufige Anwendung so schwer zu erreichen steht.

Wie begreiflich wird es nun, daß der beschirmende Beystand, die menschenfreundliche Schonung, Gefälligkeit, Achtung, welche die hülflose Unschuld, die reitzende Sittsamkeit zu allen Zeiten, und die ausgezeichnete Fürstin besonders in der damahligen Periode von dem gebildeteren Manne erfuhren, den allgemeinen Charakter der sittlichen Verfeinerung angenommen haben, nehmlich den der Ueberspannung und unbehülflicher Förmlichkeit.

Wie begreiflich wird es ferner, daß dieser Geist sich auch in die engeren Verhältnisse zwischen bestimmten Personen eingeschlichen habe; daß die Aeußerungen der Liebe gleichfalls überspannt und förmlich geworden sind, und daß die Geschlechtssympathie einen Hauptgenuß in befriedigter Eitelkeit durch Auszeichnung vor andern Männern von Seiten der schönsten, sittigsten, und vornehmsten Weiber gesucht habe!

Und wodurch sollte der Edle diese Auszeichnung von Seiten eines Geschlechts verdienen, das er selten anders, als bey feyerlichen Gelegenheiten sah, das folglich durch eine an einander hängende Reihe von Aufmerksamkeiten, Dienstleistungen, Befriedigungen einer kleinlichen Eitelkeit, und einer unbestimmten Sucht nach Belustigung und Zerstreuung, nicht so wie heut zu Tage gewonnen werden konnte? Er hat suchen müssen, auf die Imagination der Schönen durch den Ruf seiner Thaten, durch solche Talente, die zum allgemeinen Vergnügen größerer und feyerlicher Zusammenkünfte dienten, und endlich durch den abentheuerlichen Ausdruck, einer ihn ganz verzehrenden Leidenschaft, zu wirken.

Muth im Kriege, Geschicklichkeit in Waffenübungen, das sind Vorzüge, welche zu allen Zeiten von dem zärteren Geschlechte geachtet sind. Aber in diesen unpolicierten Zeiten mußten sie den Schönen unmittelbar und doppelt wichtig werden. Der Ritter errettete oft ihre Personen aus der Hand der Räuber, oder vertheidigte ihre Unschuld im gerichtlichen Zweykampfe. Nicht selten waren diese Damen zugleich durch ihren hohen Stand ausgezeichnet, oder gar Erbinnen reicher Häuser, deren Besitz zunächst die Folge und die Belohnung des Sieges ward; und so mußte die an sich schon natürliche Idee, daß das Weib den Mann vorzüglich um der Tugenden willen schätzt, die ihm unter seinem eigenen Geschlecht Gewicht und Ansehn geben, durch alle diejenigen besondern Gründe unterstützt werden, welche den Hülfsbedürftigen an den Helfer, und diesen an das Mittel seines Ruhms, seines Glücks, und der Spannung seiner Kräfte knüpfen. So konnte der Grundsatz entstehen, daß der Held durch außerordentliche Beweise von Tapferkeit, im Dienste seiner Dame abgelegt, am sichersten den Weg zu ihrem Herzen finde: so konnte sich mit der Liebe jener rüstige, wackere Enthusiasmus vereinigen, der den Gefahren des Lebens trotzt, und durch Beharrlichkeit und Muth sein eigenes Schicksal lenkt: so konnte mit einem Worte Ruhmsucht und jede feinere Art der Selbstheit auf Geschlechtssympathie geimpft, und aufs genaueste mit ihr verbunden werden.

Oft aber setzen sich dem tapfern Liebhaber Schwierigkeiten entgegen, die sein leidenschaftliches Streben nicht überwindet. Das Zeitalter legt einen besondern Werth auf den ledigen Stand, auf das abgelegte und beobachtete Gelübde ewiger Keuschheit: die Ungleichheit der Geburt, verbotene Grade, der verheirathete Stand derjenigen Damen, denen er sich noch am mehrsten nähern kann, setzten ihm andere Hindernisse entgegen. Die Natur ist mehr als jemahls im Streite mit der Pflicht: die Leidenschaften erhalten eine ungewöhnliche Spannung. Wallfahrten und Kreuzzüge, Bekanntschaft mit fremden, zum Geschmack an übernatürlichen Kräften und Begebenheiten so geneigten Völkern, erhöhen die Imagination. Der Mensch fühlt, daß selbst in dem Zustande des Strebens, und in der Begeisterung, die dieser Zustand ihm einflößt, ein hoher Genuß nnd etwas Edles liegt. Er trotzt nicht bloß den Gefahren des Lebens, nein! er entäußert sich alles Anspruches auf ein einseitiges Glück für den Wunsch, mit seiner Geliebten glücklich zu seyn. Sein Herz wird dadurch für sympathetische Empfindungen erweicht, und für Menschenliebe und Sittlichkeit überhaupt empfänglicher. Das Bestreben, der eingeschlossenen Geliebten seine Gesinnungen zu erkennen zu geben, macht ihn sinnreich: flößt ihm neue Talente ein, und bildet ihn zum Dichter und zum höflichen Manne: die Bilder, die er sich in der Abwesenheit von seiner Dame entwirft, füllen seine Phantasie: das Interesse, welches seine Leiden bey andern erwecken, erhöht ihn vor seinen eigenen Augen: Der Geist, damahls so arm an Stoff zum Nachdenken, gewöhnt sich an die unterhaltende Beschäftigung der Intrigue, das Herz an die Spannung einer hinschmelzenden Begeisterung! Die vollkommene Liebe zu Gott, so lehrte es der religiöse Mysticismus, bestand in Niederwürfigkeit, Zerknirschung, Entäußerung aller Freuden des Lebens! Sollte der Dame, diesem vergötterten Wesen, nicht ein gleicher Dienst gefallen? Sollte die Vollkommenheit der Liebe zu ihr nicht nach gleichen Aeußerungen abgemessen werden?

Wie nah dieß Alles! Wie natürlich die Idee, daß selbst in Qualen unerhörter Liebe Wollust liege, und daß derjenige Mann der edelste und der vollkommenste Liebhaber sey, der nicht bloß im Kriege sein Leben, sondern auch im Zustande der Muße und des Friedens jeden Anspruch auf Genuß des Lebens für ein angebetetes Wesen hinopfern könne!

Tapfer und empfindsam zugleich genannt zu werden, die doppelte Seelenerhöhung zu erreichen, welche die Erhebung über unsere niedrige Sinnlichkeit, und die Unterwerfung unserer ganzen Selbstheit unter ein anderes verehrtes Wesen gewährt; das mußte nothwendig das Ideal eines Mannes werden, an dem das Zeitalter, das zwischen Kultur und Barbarey schwankte, den größten Antheil nahm.

Neben dem Anspruch auf diese zugleich rüstige und hinschmelzende Begeisterung besteht auch der, durch solche Talente zu gefallen, welche durch ihren Einfluß befördert werden, und bey öffentlichen Gelegenheiten zur Unterhaltung des großen Haufens, aber auch zur Verbreitung des Ruhms der Geliebten, und zur Verkündigung einer Leidenschaft des Liebhabers dienen, die übrigens wenig Gelegenheit findet, sich verständlich zu machen. Es ist begreiflich, daß die Geschicklichkeit bey Tournieren, die Poesie in Verbindung mit der Musik, oder die sogenannte muntere Kunst, und überhaupt die Courteoisie, oder die Fertigkeit, sich nach den Begriffen der damahligen Zeit höflich, oder artig im geselligen Umgange zu zeigen, Talente seyn mußten, welche mit zu dem Begriffe des vollkommenen Liebhabers gehörten.

Was sollte aber dieser edle Liebhaber wohl bey seiner Geliebten gesucht haben? Läßt es sich von diesen, in ihrer geistigen Bildung so sehr vernachläßigten Menschen erwarten, daß sie ihre Verbindung willkührlich auf den Genuß der Seele beschränkt, und die Freuden des Körpers, wenn sie Gelegenheit dazu fanden, als entehrend für die höhere Würde des Menschen verschmäht haben sollten? Gewiß nicht! Aber läßt es sich nicht denken, daß diese Edeln, wenn sie an verheirathete Frauen von hohem Stande hingen, oder wenn andere unüberwindliche Hindernisse sich ihren Wünschen nach gänzlicher Vereinigung entgegen setzten, in dem Bewußtseyn, wiedergeliebt zu werden, in der Befriedigung ihrer Ruhmsucht und Eitelkeit, endlich in der Unterhaltung und Spannung, welche ihnen Intrigue und Begeisterung gaben, Schadloshaltung gefunden haben mögen?

Allerdings! Ohne Besorgniß, sich zu weit von der Wahrheit zu entfernen, wird man den Begriff einer Verbindung zwischen beyden Geschlechtern annehmen können, die auf Ruhmsucht beruhte, deren Zweck, in Ermangelung einer näheren Vereinigung, in einer wechselseitigen Auszeichnung, in einem Austausche von Eitelkeitsgewährungen lag, und deren Form denjenigen steifen und pedantischen Charakter an sich trug, der damahls alle Sitten auszeichnete. Nach diesem Begriffe hat der höchst tapfere und zugleich höchst empfindsame Liebhaber — (oder, was einerley ist, der Mann, der gleich edel im Kriege und im Frieden gesinnt war,) — die Gunst einer Dame von hohem Stande und unversehrtem Rufe durch abentheuerliche Unternehmungen, und einen eben so abentheuerlichen Ausdruck seiner Leidenschaft zu erringen, seine Huldigung mit einer Art von religiöser Verehrung und lehnsmäßiger Aufwartung darzubringen, und durch die Talente der Courtevisie, der Poesie und Musik angenehm zu machen gewußt. Nach diesem Begriffe hat die Dame die Kunst verstanden, den Dienst ihres Liebhabers lange mit zurückhalten der Hoheit zu erwiedern, und den endlichen Sieg, den er durch das Bewußtseyn erhielt, vor allen andern Dienern ihrer Schönheit ausgezeichnet zu werden, desto kostbarer zu machen.

Diesen Schwung in der Denkart über die Liebe darf man von der damahligen Ausbildung des menschlichen Geistes erwarten. Aber man darf ihn nicht außerhalb der Höfe suchen, wo damahls der einzige Sitz der guten Gesellschaft war. Man darf ihn auch hier nicht zu allgemein annehmen, und am wenigsten voraussetzen, daß Verbindungen, welche diesem Begriffe angemessen waren, sehr häufig in der wirklichen Welt angetroffen wurden. Nein! man darf nur so viel vermuthen, daß es im Geschmack des Zeitalters lag, an solchen Idealen einer edleren Liebe Gefallen zu finden: daß Dichter und Romanenschreiber, die sie in ihren Werken nutzten, das Interesse vermehrt haben, welches die gute Gesellschaft daran nahm: und daß einige schwärmerische Köpfe sie zu realisiren gesucht, und die Zeitgenossen zur Nachahmung mit der ganzen Gewalt hingerissen haben, welche eine gespannte Phantasie, und ein ausgefülltes Herz allein zu gründen im Stande sind. Da, wo dieser leidenschaftliche Charakter nachließ, da hat der Geschmack an dieser Art von Verbindungen noch alle diejenige Macht beybehalten können, welche eine angewöhnte Sitte und die Verbindlichkeit, gewisse Förmlichkeiten zu beobachten, über Menschen ausübt, die bey einer einförmigen Lebensart wenig gesellige Zerstreungen kennen: eine Macht, die um so erklärbarer in denjenigen Lagen wird, wo jener Geschmack mit gewissen Ideen von sittlichem Adel, und eitler Auszeichnung vor dem rohern Haufen zusammenhängt, und zu prächtigen Festen, prunkvollen Aufzügen, und sinnreichem Zeitvertreibe einen wichtigen Beytrag liefert.

So hat nach und nach diese Art, über die Liebe zu denken und sie zu behandeln, eine höfische Gesinnung und Sitte, eine Ausfüllung der Langenweile werden können, die man in der Nähe der Großen immer empfindet. Und hier hat sie erst im engsten Sinne eine zum Galla gehörige gesellige Einrichtung, oder Galanterie werden müssen. Hier hat erst der Angriff des Herzens, seine Vertheidigung, seine Uebergabe, seine Besitzergreifung, seine Erhaltung, kurz! Alles, was in den engeren Verhältnissen zwischen zwey Liebenden vorkommen kann, einen bestimmten Gang, eine gewisse Form erhalten, und bald mit dem Ernst einer wahren Beschäftigung, bald mit der spielenden Leichtigkeit eines bloßen Zeitvertreibes betrieben werden mögen.

So läßt sich der Gang der Denkungsart des Mittelalters über die edlere Liebe bis zu der höchsten Stufe der Ausbildung verfolgen, die wir ihr zutrauen mögen. Ihr Wesen würde in Ruhmsucht und Befriedigung des Triebes nach Spannung und Unterhaltung bestanden haben: ihre Form eine ceremoniöse und abentheuerliche Huldigung des zärteren Geschlechts gewesen seyn. In so fern erschiene die Verbindung, welche sie empfiehlt, als geistig, und mit den Vorschriften einer strengeren Sittlichkeit bestehend. — Laßt uns diese Vorstellungs- und Behandlungsart die ruhmsüchtig geistige Galanterie nennen!

Aber neben dieser höheren Art über die Liebe zu denken darf man eine etwas niedrigere, wiewohl von zügelloser Ausgelassenheit und verworfenem Leichtsinn noch sehr entfernte annehmen, welche zwar die körperliche Vereinigung nicht ausschließt, aber sich dieser durch lange Aufwartung, Treue, und Verschwiegenheit würdig macht. Man wird diese mit gutem Fuge als die gewöhnlichere annehmen und sie unter dem Nahmen der anständig sinnlichen Galanterie, von der ersten unterscheiden dürfen.

Eine völlige Enthaltsamkeit von körperlichen Freuden, eine Beschränkung auf bloße Gewährungen der Ruhmsucht und des Triebes nach geselliger Unterhaltung läßt sich nur von wenigen Menschen erwarten, und kaum scheint sie bey einer längeren Dauer der Verbindung unbedingt von der guten Sitte gefordert werden zu können. Es ist daher genug, wenn nur des äußeren Anstandes geschont, und der Fall mit der Schwierigkeit des Kampfs und mit glänzenden Folgen entschuldigt wird, um der ungesetzlichen Verbindung Nachsicht, und sogar Interesse bey der guten Gesellschaft zu sichern.

Dieß scheint der Fall zu seyn, wenn der Liebhaber sich um die letzte Gunst einer Dame von hohem Stande bewirbt, und sein Glück tapfern Thaten, achtungsvollen Huldigungen und langen Prüfungen seiner Beharrlichkeit, Aufrichtigkeit und Verschwiegenheit verdankt. Dann gewinnt das heimliche, und auf Sinnlichkeit beruhende Verständniß eben so sehr an Reitz für die Liebenden selbst, als es an Sträflichkeit vor den Augen der guten Gesellschaft verliert. Diese wird durch die Bürgertugenden, die eine solche edlere Intrigue hervorbringen kann, und durch den Einfluß, den sie auf die Vervielfältigung, Verfeinerung, Erhöhung der geselligen Vergnügungen, so wie auf die Milderung der Sitten überhaupt haben mag, versöhnt: jene, die Liebenden, genießen neben der Befriedigung gröberer Begierden, die ganze Spannung und Unterhaltung des Geistes, welche die Ueberwindung großer Hindernisse, die Besorgung einer heimlichen Verbindung, und das Interesse, was sie an sich selbst nehmen, und andern einflößen, mit sich führen.

Der Geist solcher Geschlechtsverbindungen würde sich von der Denkungsart der Griechen, Römer und Araber über diesen Gegenstand hinreichend unterscheiden. Nach diesen Begriffen würden die edleren Verhältnisse zwischen beyden Geschlechtern den Schein eines auf Befriedigung der Ruhmsucht und des Triebes nach Begeisterung und geselliger Unterhaltung abzweckenden Verständnisses mit Damen von hohem Stande und unbescholtenem Rufe an sich tragen, und unter Bewahrung dieses Scheines würden diese Verbindungen sogar öffentlich zur Schau ausgestellet werden können. Wir wollen nun sehen, ob die Begriffe der damahligen Zeit wirklich mit derjenigen Darstellung übereintreffen, die wir jetzt nach der bloßen Wahrscheinlichkeit entworfen haben.

Fünftes Kapitel.

Ideen der provenzalischen Dichter über diesen Gegenstand. Vorläufige Untersuchung der Frage: woher ihr Geschmack seine Bildung zunächst erhalten habe.

Die nördlichen Länder von Europa haben eben sowohl wie die südlichen von frühen Zeiten her Dichter gehabt, die bald mehr bald weniger diesen Nahmen verdient haben. Sie bewahrten die Thaten der Vorzeiten in ihren Gedichten auf, ermunterten zum Streit in der Schlacht und zur Fröhlichkeit bey Gelagen. Oft vereinigten diese Dichter alle diejenigen Talente in sich, die zur Belustigung roher Völker dienen: Sie deklamierten mit einer gewissen Mimik: sie waren Musikanten, Possenreißer, Taschenspieler, u. s. w. Oft aber hatten sie auch besondere Personen in ihrer Begleitung, welche die Deklamation ihrer Gedichte durch Ausübung dieser Künste unterstützten. [15])

15) Daher ihre verschiedene Nahmen. Sie hießen bald Inventores, Trubadores, Trouverres; (eigentliche Dichter,)

Diese Dichter nun sind keinesweges zuerst in denjenigen Gegenden erschienen, in denen die provenzalische Sprache herrschend war; aber hier haben sie sich zuerst zu demjenigen Grade von Vollkommenheit gehoben, der sie unsrer Aufmerksamkeit würdig macht. Fragt man

bald Joculatores, Mimi, Cantores, Chanteurs, Conteurs, Jongleurs, Singer, — (eigentliche mimische Declamateurs) — bald Ministeriales, Menestriers, Minstrells, Fiedler, (eigentliche Musiker, welche die abgesungenen Lieder mit blasenden und Saiten-Instrumenten begleiteten.) S. histoire litteraire des Troubadours, vom Abbé Millot, T. 1. discours preliminaire, und dann besonders den Article Giraud Riquier im dritten Theile p. 329. worin dieser Troubadour selbst die verschiedenen Nahmen angiebt, und sie nach Rang und Würden ordnet.

Im gemeinen Leben nannte man sie bald mit diesem bald mit jenem Nahmen, welches aber die eigentlichen Troubadours sehr ungern sahen. Die ältesten Geschichtschreiber nannten sie Mimos, Mimen. Witichind S. 636. beym Schmidt, Geschichte der Deutschen p. 373. Es ist eine ganz unerwiesene Behauptung, welche der Herr Hofrath Eichhorn in der Geschichte der Kultur des neuern Europa in den Erläuterungen und Beweisen p. 49. äußert, daß sie von Adel gewesen, und ihren Nahmen „Menestriers, Minstrells," von der lateinischen Benennung des Dienstadels, „Ministeriales," erhalten hätten. Die hist. des troubadours zeigt, daß sehr viele unter ihnen von geringem Stande gewesen sind, und die Benennung „Menestrier," welche offenbar davon herkommt, daß sie dem Talent der Deklamateurs und Sänger behülflich waren, diesen accompagnierten, (ministrare,) war an sich verächtlich, und ward von den Troubadours nicht gern angenommen.

S. den angeführten Giraud Riqier in der hist. des troubad. T. 3. p. 329. und Velly hist. de France. T. 3. p. 239. Du Cange Dissert. V. sur Joinville nennt sie quasi parvos ministros, — petits officiers de l'hôtel du Roi.

daher: ob die provenzalischen Dichter ihre Kunst von den Morgenländern entlehnt haben? so kann dieß weiter nichts heißen, als: ob sie den höhern Grad an Ausbildung, den wir in ihren Gedichten bemerken, der Bekanntschaft mit der arabischen und persischen Poesie verdanken? Die Bejahung dieser Frage hat viele anscheinende Gründe für sich. Ich selbst habe lange in dieser Meinung gestanden. Allein bey der genauern Prüfung scheint wenigstens ein so vertrauter Umgang der Troubadours mit den morgenländischen Musen nicht Statt gefunden zu haben, daß ihre Werke ihnen zu Vorbildern hätten dienen können.

Gesetzt, daß die Erlernung fremder Sprachen auch nicht mit den Schwierigkeiten verknüpft gewesen wäre, die man damahls, besonders bey Völkern von ganz verschiedenen Stämmen, annehmen muß; so zeigt dennoch die grobe Unwissenheit der Abendländer in allem, was die Sitten und die Religion der Muhammedaner anbetrifft, wie wenig sie sich mit diesen bekannt gemacht haben müssen. Ueberall, und selbst bey den Troubadours, werden die Saracenen mit den Heiden verwechselt, und der Glaube an Muhammed als Gott, ja! an mehrere Götter, von denen einige sogar aus der alten Mythologie der Griechen und Römer entlehnt sind, wird ihnen an mehreren Stellen beygelegt. [16])

Viel wichtiger aber ist der Grund, daß der Geist, der in den Gedichten der Perser und Araber herrscht, so ganz von demjenigen abweicht, den wir in den

16) Hist. des troubadours, article Guillaume de Bergedan. Dieser Troubadour, der die Muhammedaner der Vielgötterey beschuldigt, war noch dazu aus Catalonien.

Gedichten der Provenzalen antreffen. Jene ersteren haben einen Ueberfluß an poetischen Bildern und Gleichnissen, die von einer mit der stärksten Sinnlichkeit verwandten Phantasie zeigen. Alles was sie denken, alles was sie empfinden, nimmt einen Körper an. Die Vernunft zügelt so wenig ihre Einbildungskraft als ihr Herz. Ordnung, Regelmäßigkeit, Zusammenhang, werden oft in dem Gange ihrer Ideen und Empfindungen vergebens gesucht. Ihre Lieder bestehen gemeiniglich aus einzelnen Strophen, die jede für sich als eine abgerissene moralische Sentenz, als ein einzelnes Gemählde, als Ausdruck eines augenblicklichen Affekts bestehen könnten. Uns Abendländern kommt ihre Poesie pomphaft, schwülstig, mit Bildern überladen vor. In Prosa übersetzt würde sie zum Theil für die Sprache eines Besessenen oder Fieberkranken gelten.

Bey den Troubadours ist dieß Alles anders. Sie haben mehr Witz als Phantasie: mehr Herz als Sinnlichkeit: mehr Leichtigkeit und Feinheit als Energie. Der Morgenländer kleidet simple Ideen und Gefühle in abentheuerliche Bilder ein: der Provenzale sucht nach abentheuerlichen Ideen und Gefühlen, und drückt sie matt und kraftlos aus. Es herrscht in den Kompositionen des letztern eine Ordnung, eine Verständlichkeit, die mehr Geschmack aber weniger Begeisterung anzeigt. Seine besten Gedichte in Prosa übersetzt, können durch den wahren und naiven Ausdruck rühren, der jede Aeußerung zärterer Gefühle und richtiger Beurtheilung in ungebundener Redeform dem Herzen und dem Verstande schätzbar macht. Diese Nüchternheit der Phantasie, diese Mäßigung im poetischen Ausdrucke, widerspricht aber ganz der Vermuthung, daß die Troubadours

Vorbilder vor Augen gehabt haben, die sich durch einen pomphaften, bilderreichen Styl auszeichneten. Denn für Völker, die durch Nachahmung ihre Poesie kultivieren, ist dieser Schimmer in ihren Vorbildern äußerst verführerisch, und es liegt in der Natur des Nachahmers, daß er überall, und mit doppelt grellen Farben mahlt.

Der eben angegebene Grund erhält dadurch seine größte Stärke, daß sich eine näher liegende Quelle angeben läßt, aus welcher die Troubadours ihre Bildung geschöpft haben. Diese floß zunächst aus den lateinischen Gedichten der damahligen Zeit, und diese flossen wieder aus den klassischen Autoren der Römer, besonders aus dem Ovid. Es ist eine ganz falsche Vorstellung, wenn wir glauben, daß die klassische Litteratur der Römer jemahls ganz in Vergessenheit gerathen sey. Es läßt sich dieß nicht einmahl von der griechischen Litteratur mit Gewißheit behaupten. Ausgebreitet war diese Kenntniß freylich nicht, aber einzelne Gelehrte besaßen sie, besonders in Klöstern. 17)

17) S. was Deutschland anbetrifft: Schmidts Geschichte der Deutschen Th. 2. S. 370. ff. Edition von 1784. Daß die deutsche Aeneide des Heinrich von Veldek, der 1170 lebte, aus dem Französischen übersetzt sey, und diese französische Uebersetzung wieder aus einer provenzalischen herstamme, zeigt Bodmer in den neuen kritischen Briefen S. 89. Adenes, ein französischer Romanendichter übersetzte sogar den Aesop aus dem Griechischen ins Lateinische. Eichhorns Geschichte der Kultur. S. 86. Die Italiäner liebten besonders das Studium der ältern Autoren. Wilgard, ein Lehrer der Grammatik zu Paris, behauptete, daß die klassischen Autoren den Schriften der heiligen Väter vorzuziehen wären. Schmidts Gesch. d. Deutschen, Th. 3. S. 189. Daß die Mönche den Minstrells vorgearbeitet

Daß unter den Dichtern der damahligen Zeit, die in ihrer Landessprache Verse machten, mehrere mit der Litteratur der Alten vertraut gewesen sind, beweist schon das Beyspiel Abälards, der zu Ausgang des eilften, und im Anfange des zwölften Jahrhunderts lebte. Es ist bekannt genug, daß seine Gedichte in Jedermanns Munde waren, und die Schriften, die bis zu uns gekommen sind, zeugen für seine Kenntniß der alten Litteratur. Unter den Troubadours sind mehrere Geistliche gewesen, die folglich die Klostererziehung, und den Unterricht in der lateinischen Sprache genossen haben müssen. Pierre de Corbian rühmt sich, die Mythologie aus dem Ovid zu kennen, und Anspielungen auf diese Mythologie, so wie auf die alte Geschichte, sind häufig bey allen Troubadours anzutreffen. Ja! ganze Stellen aus dem Ovid sind

haben, darüber siehe Herrn Hofrath Eschenburgs Gesch. der englischen Poesie in den Beyträgen zum Sulzer, im ersten Bande, 2ten Stücke. Vergl. Sprengels Geschichte von Großbrittanien: Allgemeine Weltgeschichte 47ster Theil. S. 230. u. ff. Bayle Dict. hist. critique, Artikel Averroes. Schon 1209 wurden auf einem Concilio zu Paris einige Bücher des Aristoteles zum Feuer verdammt, die aus dem Griechischen ins Lateinische übersetzt waren. Ich hatte bereits diese Note ausgearbeitet als ich des Herrn Professors Heeren Geschichte des Studiums der klassischen Litteratur. Göttingen 1797 zu Gesicht bekam. Ich finde darin nicht allein meine Vermuthung, daß die klassische Litteratur nie ausgestorben sey, bestätigt, sondern ich werde sogar durch die von ihm angegebenen Data auf die Vermuthung geführt, daß der ganze Geist der späteren Sophisten und Grammatiker sich fortdauernd in den Schulen des Abendlandes erhalten, und von Konstantinopel aus immer neue Verstärkung bekommen habe.

in ihre Gedichte übertragen. Besonders aber bürgt für die Behauptung, daß die Troubadours die römischen Elegiker vor Augen gehabt haben, jene Nüchternheit des Geschmacks, von der ich oben geredet habe.

Wenn die Poesie eines unkultivierten Volkes eine gewisse Herrschaft der Vernunft über die Phantasie verräth, so läßt sich dieß nicht gut anders, als aus der Nachahmung solcher Muster erklären, die von einem gebildeten Geschmack hervorgebracht sind. Die Folge pflegt aber dann zu seyn, daß die Nachahmung der regelmäßigen, wohlgeordneten Originale, eben weil die Phantasie dadurch gezügelt wird, matt und kraftlos ausfällt. Dieß ist der Fall bey den Troubadours. Ihre Werke haben wenig dichterischen Geist. Dagegen ist ihnen die Gabe, sich mit Klarheit, Ordnung, Zusammenhang der Ideen auszudrücken, und mit wohlklingenden Worten zu mahlen, nicht abzusprechen: Vorzüge, die das Talent des Nachahmers geschmackvoller Muster leichter erreicht, als der Nachahmer genievoller, aber unregelmäßiger Produkte.

Endlich enthält die Art, wie die Troubadours die Liebe in ihren Gedichten behandeln, wirklich nur eine Ausbildung derjenigen Intrigue, aus welcher die römischen Elegiker ihre mehrsten Situationen hernehmen.

Beyde haben das mit einander gemein, daß sie lose, auf keine gesetzmäßige Verbindung abzweckende Liebesverständnisse zu den Situationen ihrer Darstellungen wählen. Beyde setzen daher freye Willkühr des Herzens, aber zugleich Hindernisse zum Voraus, welche sie zu überwinden haben. Beyde hänzen gewöhnlich an verheiratheten Weibern: beyde sind zu einer heimlichen Besorgung ihres Liebesverständnisses verbunden. Aber Beyde sehen auch ihre Geliebten bey größeren geselligen Zusammenkünften, und finden daselbst eben sowohl die Gelegenheit, ihren Schönen unter den Augen der Männer ihre Huldigungen darzubringen, als einen Genuß für die Eitelkeit und die gesellige Unterhaltung. Beyde scheinen in ihren Klagen oft von der uneigennützigsten Liebe beseelt zu seyn, die sich in dem Dienste einer Gebieterin gänzlich aufzuopfern im Stande ist, und zur Belohnung nur das Bewußtseyn fordert, daß die Grausame mit ihren Qualen Mitleiden empfindet. Ruhmsucht, Spannung der Phantasie, Beschäftigung des Witzes sind also bey Beyden Mittel, um die Befriedigung gröberer Begierden reitzender zu machen. Besonders haben Beyde von der eigentlichen Kunst zu lieben, oder von dem Inbegriff der Vorschriften, wodurch ein Herz besiegt, erhalten, und der Genuß des heimlichen Verständnisses vervielfältigt wird, die nehmlichen Begriffe. Bey den Troubadours sowohl als bey den römischen Elegikern finden wir die doppelten Sekten, von denen die eine die Liebe als eine ernste Angelegenheit, die andere wie ein Spiel behandelt.

Wenn wir den Umstand gehörig in Anschlag bringen, daß der römische Elegiker an den Weibern der Freygelassenen hing, daß hingegen der Troubadour seiner Fürstin, oder doch den Gattinnen der Großen seine Huldigungen darbrachte; wenn wir nicht vergessen, daß der Römer nur den Eigensinn und die Habsucht der Schönen, allenfalls die Wachsamkeit des Mannes, der Anverwandten, und der Nebenbuhler zu besiegen hatte, daß hingegen der Troubadour auch gegen Begriffe von innerer Würde und äußerem Anstande bey seiner Dame ankämpfte; so lassen sich die Abweichungen, die wir in der Denkart Beyder über die Liebe antreffen, beynahe alle erklären. [18])

Haben denn die Morgenländer gar keinen Einfluß auf den Geschmack der Troubadours und ihre Ideen über die Liebe gehabt? Ich wage dieß nicht zu verneinen. Aber Alles, was man Aehnliches unter ihnen antrifft, läßt sich aus den Verhältnissen der Abendländer für sich erklären, ohne daß man nöthig hätte, auf die Sitten der Orientaler zurückzugehen. Niemahls wird man doch die Aehnlichkeit so stark finden,

18) Vielleicht aber haben die Troubadours auch gar keine bestimmten Muster unter den klassischen Autoren vor Augen gehabt; vielleicht hat sie nur der Ton geführt, der aus den Schulen herausschallete. Dieß ist gar nicht unwahrscheinlich. Ihre Ideen, ihr Ausdruck haben viel Aehnlichkeit mit demjenigen, was wir beym Philostrat, Aristenät, Alciphron und den griechischen Erotikern antreffen. Wie wenn die Nachfolger dieser Sophisten, die neueren Rhetoren, welche den Schulen vorstanden, die einmahl darin angenommene Vorstellungs- und Darstellungsart, selbst nach dem Verlust der Originale, beybehalten, sie in die Redeübungen wozu sie Anleitung gaben, übertragen hätten, und diese wieder durch einen oder mehrere ihrer Schüler, die sich in der Landessprache versuchten, nach der besondern Lage des Troubadours und seines Publikums verarbeitet, diesem letzten überliefert wären! Es ist damahls gewiß Mehreres aus den Schulen in die wirkliche Welt übergegangen, als wir gemeiniglich glauben. Die Briefe der Heloyse an Abeilard, sind sicher nach einer nahen oder fernern Kenntniß der Liebesbriefe im Geschmack der Sophisten verfertigt; und höchst wahrscheinlich sind die sogenannten Tençons Nachbildungen gewöhnlicher dialektischer Uebungen in den Schulen.

um eine genaue Bekanntschaft mit der schönen Litteratur der Araber und Perser, eine Nachahmung ihrer Meisterstücke, vorauszusetzen. Es ist hinreichend, wenn wir eine gewisse allgemeine Kenntniß von den Sitten des Orient, welche auf die Imagination und das Herz der Abendländer im Ganzen wirkten, annehmen, um den gleichgestimmten Ton in den Liebesgedichten beyder Nationen zu erklären. Eben so wird es nur mündlicher Ueberlieferungen, und einer oberflächlichen Kenntniß fremder Ideen bedurft haben, um den Troubadour mit gewissen Dichtungsarten, und mit dem Stoff zu manchen Erzählungen, Bildern, Mythen, fabelhaften Wesen, u. s. w. [19]) der Orientaler bekannt zu machen. Auffallend bleibt es jedoch, daß wir von den arabischen und persischen Fabeln nur so wenig Spuren bey den provenzalischen Dichtern antreffen: auffallend ferner, daß die mystisch religiöse Idee der späteren Orientaler, nach welcher der Liebende sich durch die Liebe zur Kreatur näher mit Gott verband, — eine Idee, die dem Troubadour in seinen Verhältnissen so sehr brauchbar gewesen wäre, — so viel ich weiß, nirgends von ihm genutzt ward.

Woher kam es aber, daß die Provenzalen, welche die nächsten Nachbarn der Araber in Spanien waren, die Poesie gerade zuerst zu einer höheren Stufe der Ausbildung gebracht haben? Man kann darauf antworten, weil ihre Sprache, welche unter allen damahls lebenden der lateinischen am nächsten kam, am ausgebildetsten war: weil überhaupt in den Ländern, worin sie gesprochen wurde, ein großer Wohlstand,

19) Eichhorns Geschichte der Kultur. S. 29.

und eine mehr aufgeklärte Denkungsart als in dem übrigen Europa, sowohl in Rücksicht der religiösen als politischen Denkart herrschte; weil in Spanien, dem südlichen Theil von Frankreich, und dem obern Theile von Italien die klassische Litteratur selbst in den finstersten Jahrhunderten mehr als anderswo getrieben wurde; [20]) und weil endlich der Hof der Berengarn die Musen liebte und unterstützte. Man kann auch mit gutem Grunde zweifeln, ob nicht das übrige Frankreich und andere Länder, welche von den arabischen Besitzungen in Spanien noch entfernter lagen, eben so gute Dichter aufzuweisen gehabt haben, deren Werke nur nicht bis zu uns gekommen sind. Doch! wir wollen gern einräumen, daß die Politur der Maurischen Höfe in Spanien zu derjenigen, die wir an den benachbarten Höfen um diese Zeit bemerken, beygetragen haben könne. Nur wird uns diese mitwirkende Ursach um so weniger hinreichend scheinen, die orientalische schöne Litteratur als ein unmittelbares Vorbild der provenzalischen zu betrachten, als sich sonst schwerlich begreifen ließe, warum erst im zwölften Jahrhunderte diese Mittheilung des Geschmacks eingetreten sey, da die morgenländische Poesie schon lange vorher geblühet hatte.

20) Z. B. Es traten hier die ersten Reformatoren der Kirche auf: die Albigenser, u. s. w.

Sechstes Kapitel.

Fortsetzung.

Nach dieser Einleitung, welche über den Geist der provenzalischen Dichter bereits einige Aufschlüsse geben wird, wende ich mich jetzt zu der Prüfung ihrer Ideen über Liebe und Geschlechtsverbindung.

Wir müssen uns wohl hüten, die Nachrichten über die Lebensumstände der einzelnen Dichter, die uns der Abbé Millot [21]) geliefert hat, unbedingt für wahr anzunehmen. Sein Werk ist zwar mit mehr Kritik geschrieben, als diejenigen, welche uns frühere Schriftsteller über diese Materie geliefert haben; demungeachtet ist es mit großer Behutsamkeit zu gebrauchen. Die mehrsten Lebensumstände der Dichter beruhen auf ungewissen Traditionen, die oft keinen andern Grund für sich haben, als die Situationen, in welche der Dichter sich bey der Verfertigung seines Gedichts hineinversetzt hatte. Dieses darf nur an irgend eine Gräfin oder Fürstin gerichtet seyn, um dem Verfasser sogleich ein Liebesverständniß mit ihr zuzuschreiben, dessen Begebenheiten die Imagination des Biographen zum Theil mit Zügen ausgefüllt hat, die in Zeiten hineingehören, worin die Sitte der Galanterie bereits ihre völlige Festigkeit und eine Art von systematischem Zusammenhange erhalten hatte. Wir wollen uns bloß an die Stellen der Dichter selbst halten, welche uns Millot aufbewahrt hat.

Inzwischen ist doch so viel im Allgemeinen für gewiß anzunehmen, daß wenn auch einige Personen

21) Hist. litt. des Troubadours. Paris 1774.

von dem höchsten Range und den größten Reichthümern, ja Könige und Fürsten sich damahls mit der Poesie abgegeben haben, bey weitem der größte Theil der Dichter aus Personen bestand, die von der Freygebigkeit der Fürsten lebten, an deren Höfen sie sich aufhielten. Ihre Talente machten das einzige edlere Unterhaltungsmittel der damahligen Zeit aus. Das Frauenzimmer in den höhern Ständen nahm besonders einen großen Gefallen daran, und empfand den Eindruck und die Wirkung ihrer Kunst in einem Grade von Stärke, wovon wir uns kaum einen Begriff machen können. Keine Sorgen, keine Beschäftigungen, welche die Führung des Hauswesens bey beschränkteren Umständen aufleget, raubte ihnen die Muße und den Wohlstand, welche zur Befriedigung des Geschmacks an geselligen Vergnügungen nothwendig sind. Aber kein Taumel anhaltender Zerstreuung hinderte auch den Eingang zärterer und edlerer Gefühle zu ihrem Herzen. Ihre Sittsamkeit durfte an den Gelagen der Männer keinen Theil nehmen: ihr Geist konnte aus den gewöhnlichen Gegenständen der Unterhaltung des stärkern Geschlechts, Jagd und Krieg, keine Nahrung schöpfen, und ihrer Zartheit ekelte vor seinen muthwilligen Scherzen.

Unter allen Völkern, bey denen der Geschmack an den schönen Künsten hervorgeht, pflegen es die Gattinnen der Großen zu seyn, welche ihnen den Eingang zum geselligen Zeitvertreibe bahnen. Nichts war daher natürlicher, als daß der Troubadour den Damen huldigte, die Antheil an seinen Talenten nahmen, und daß das Lob, welches er ihnen ertheilte, mit aller der Uebertreibung und Förmlichkeit gezollt wurde, die dem Geiste des Zeitalters und dem Ceremoniel der Höfe eigen waren.

So mußte schon der bloße Ausdruck der Dankbarkeit und der Ehrfurcht den Schein einer Bewunderung und Anbetung annehmen, die sonst nur Wirkung der Leidenschaft zu seyn pflegt. Aber wie natürlich war es nun auch, daß wirklich zärtere Gefühle in dem Herzen der Troubadours für die Damen gegründet wurden, um deren Unterhaltung sie sich so wesentlich verdient machten. Das Herz des schönen Genies ist ohnehin so weich und so empfänglich für zärtere Empfindungen, und Eitelkeit pflegt eine ihm sehr gewöhnliche Schwäche zu seyn. Wie war es möglich, von Liebe vor schönen Prinzessinnen zu singen, ihr Lob mit dem Ausdrucke der Abhängigkeit und Anbetung in diese Gesänge einzuweben, ohne daß der Dichter sich unvermerkt an die Stelle des Liebenden, die Dame an die Stelle der Geliebten geschoben hätte! Dadurch erhielten ja erst seine Werke den mächtigen Zauber der Wahrheit und der Individualität. Wie leicht ward auf der andern Seite der Beyfall, den die Dame dem unterhaltenden Talente des Troubadours schenkte, mit der Wirkung eines interessantern Eindrucks verwechselt, und dem armen Troubadour, der ihn durch seine Person hervorgebracht zu haben glaubte, vollends der Kopf verrückt! Kurz! Beynahe alle Troubadours waren entweder wirklich in die Damen verliebt, an deren Höfen sie von Liebe dichteten, oder schienen es wenigstens zu seyn.

Hier aber mußten sie in ihren Aeußerungen eine Behutsamkeit, in ihren Wünschen eine Beschränkung zeigen, welche diesen Gedichten oft den Anstrich der platonischen Liebe gab. Unverheirathete Damen wurden selten zu den Festen zugelassen, bey denen die Dichter erschienen. Es waren gemeiniglich gebundene Frauen, nicht selten die Gemahlinnen ihrer Wohlthäter und Beschützer, an welche sie ihre Verse richteten.

Man fühlt sehr leicht den Einfluß, den die Absonderung des Standes, und das Verhältniß zu der gebundenen Lage der Dame auf den Ausdruck und die Behandlungsart der Liebe haben mußte. Hatte man vielleicht im gemeinen Leben der Liebe darum eine abentheuerliche Gestalt gegeben, weil es im Geschmack des Zeitalters lag, sie allem zu geben, was man veredeln und verschönern wollte, so mußte der Dichter es darum thun, weil die Dame, die er sich als den Gegenstand seines Gedichts dachte, nicht auf die gewöhnliche Art verehrt werden durfte. Liebe und Eitelkeit wurden erfinderisch in den Mitteln, eine geheime Leidenschaft oder ihren Schein zu äußern, und sich einen nicht gefährlichen Genuß zu sichern. Worte, die nichts zu sagen schienen, weil sie zu viel sagten, wurden von denen, die sie brauchten, und die sie anhörten, nach Gefallen ausgelegt; der Ernst erschien als Spielerey, die Spielerey als Ernst; Allegorien und Symbole verdeckten oft geheime Wünsche, waren oft Zeichen ihrer Erhörung, und konnten doch für die Sache selbst ohne weitere versteckte Bedeutung angenommen werden. Daher muß man es sich erklären, daß Folquet und der Mönch von Fossan von der heiligen Jungfrau als von einer Geliebten sprechen, und ihre Devotion in das Gewand der Leidenschaft kleiden konnten. [22])

Der innere Gehalt dieser Verbindungen war unstreitig sehr verschieden. Eitelkeit und Trieb nach einer dem Zeitalter angemessenen Unterhaltung lag wohl vor allen Dingen dabey zum Grunde. Die Damen wollten besungen seyn, und beyden war wahrscheinlich die Spannung und die Beschäftigung angenehm, welche Einbildungskraft und Geist dadurch erhielten.

In denjenigen Verhältnissen, welche auf solchen Gründen beruhen, werden oft die geringsten Merkmale einer auszeichnenden Gunst wichtiger als die engste physische Vereinigung es für denjenigen werden könnte, der nur die Befriedigung gröberer Begierden zum Zweck hätte.

Guillaume de St. Gregory wirft in einem Wettstreite die Frage auf: wer den Vorzug verdiene, eine vornehme Dame, die einige Freuden der Liebe ausnehme, oder ein Frauenzimmer von geringem Stande, das alle ohne Ausnahme gewähre? „Die Leiden der Liebe, die ich erdulde," sagt Savary de Mauleon, „würden mir lieblich scheinen, wenn meine Dame mir nur ihren Handschuh schenken wollte!" — „Sie wird mich sterben lassen," sang ein Anderer, "und doch könnte sie mir mit einem Faden aus ihrem Handschuhe, mit einem Haare ihres Pelzes das Leben retten!" [23])

22) S. Hist. des Troubadours unter diesen beyden Artikeln.

23) Aehnliche Ideen liefern schon Philostrat und Aristenät. S. das 18te Buch.

Bald mußte nun auch die Idee entstehen, daß man nur durch ausgezeichnete Vorzüge die Gunst der Dame verdienen, und wenn die Verbindung einmahl gegründet wäre, sie durch Ausbildung dieser Vorzüge ehren müsse. Pierre Roger führt in einem seiner Gedichte die Liebe redend ein; sie ermuntert ihn, durch ausgezeichnete Vorzüge sich den Reitzen einer Dame würdig zu machen, die an Rang und Verdiensten so weit über ihn erhaben sey. Vaqueiras, Sohn eines armen Ritters, liebt eine Dame von großem Stande. „Seyd mir willkommen,“ läßt er die Dame in einem seiner Gedichte zu ihm sagen, „seyd mir willkommen; sucht immer mehr Werth zu erlangen in Worten und Werken! Habt ihr jemahls gesucht liebenswürdig zu seyn, um geliebt zu werden, so verdoppelt jetzt eure Bemühungen!“ Blancas spricht in eben diesem Geiste: „das Verdienst allein giebt ein Recht, von der schönsten Dame geliebt zu seyn!“ „Wenn ich einigen Werth habe,“ sagt Carbonel, „wem verdank' ich es, als meiner Dame?“

Ganz nahe lag nunmehro auch die Idee, daß der Liebhaber, der den Ruhm seiner Dame beförderte, und durch ihre Auszeichnung berühmt wurde, sich mit diesem Lohne begnügen, und ihr nicht solche Gunstbezeugungen abfordern dürfe, die ihrer Unschuld und ihrem Rufe gefährlich werden könnten. „Du, der du nach Verdienst strebst,“ singt Montagnogout, „baue deine Hoffnung auf Liebe; sie erhebt uns zu großen Thaten, sie ladet uns zu einer anständigen Aufführung ein: sie verscheucht den Verdruß und ermuntert zur Freude. Wer liebt, der hintergeht nicht! Du liebst nicht, du verdienst keine Gegenliebe, wenn du der Dame deines Herzens Gunstbezeugungen abforderst, welche die Tugend verdammt. So brennend deine Begierden immer seyn mögen, so fordre nie etwas, was gegen die Ehre deiner Geliebten anstößt. Liebe ist eine mit dem Willen des geliebten Gegenstandes übereinstimmende Neigung nach allem demjenigen, was seinen Ruhm vermehren kann. Wer etwas anders sucht, verläugnet den wahren Charakter der Liebe. Der edle Liebhaber liebt mit Vernunft, und überläßt sich nicht der Leidenschaft. Die Vernunft hält die Mittelstraße zwischen dem zu vielen und zu wenigen. Dieß ist der Weg, den wahre Liebhaber wandeln; wer ihn geht, den segnet Gott: wer ihn verläßt, betrügt! Nie kam mir der Wunsch ein, etwas zu thun, was der Schönen, der ich mein Herz geschenkt habe, zuwider seyn könnte. Ich kann kein Vergnügen genießen, das ihre Ehre befleckt. Der wahre Liebhaber wünscht hundertmahl mehr das Glück der Geliebten, als sein eigenes!" 24)

Diese edle Sprache führen die Troubadours noch an mehreren Stellen. Inzwischen dürfen wir daraus keinesweges auf eine Denkungsart schließen, nach welcher sie den körperlichen Genuß als erniedrigend für die Würde des Menschen und der Verbindung, worin sie mit ihren Damen standen, betrachtet hätten. Vielmehr ging der Sinn ihrer Enthaltsamkeit nur dahin, daß der Liebhaber nicht wider den Willen seiner Geliebten auf Kosten ihrer Unschuld und ihres Rufs

24) Im Grunde sind alle diese Ideen den christlichen Griechen nicht fremd gewesen. Man sieht dieß aus den Aethiopicis des Heliodorus.

die letzte Gunst fordern dürfte. „Ich liebe eine Dame," singt Sordel, „die an Werth über alle andere erhaben ist; ich diene ihr lieber ohne Lohn, als einer andern, die mir ihre ganze Gunst schenken würde. Aber was sag' ich, ohne Lohn? Derjenige ist genug belohnt, der sein Herz an eine Dame voller Ehre und Tugend hängt. Das Vergnügen, ihr zu dienen, ist mir statt alles Gewinnstes! Mehr verlang' ich nicht! Aber gäbe sie mir mehr, wie gerne würd' ichs nehmen!" 25)

Häufig sind die Klagen dieser dem Anschein nach so rein liebenden Dichter über zu lange Prüfungen und einen zu lange hinausgesetzten Lohn treuer Liebe. „Meine Dame, schreibt Rudel, unterwirft mich einer strengen Diät; ich gehe dabey zu Grunde!" Giraud de Calanson liebt seine Dame mit mehr Treue, ohne die letzte Gunst zu erhalten, als ihr Ehemann, der sie genießt. Aber er bittet sie, ihm ihre zarten Blicke zu ersparen, die ihn vor Verlangen, sie zu besitzen, bersten lassen. Ein Glück, das er den Freuden des Paradieses vorziehen würde. Vidal singt: „wenn ich viel um meiner Dame willen litt, so werde ich end-

25) Der Marquis Malaspina verlangt Proben der Liebe und der Treue von seiner Geliebten. „Freund, antwortet ihm diese, durch Geduld und Unterwerfung gelangt man zum Ziele!" Er beklagt sich über die Unerträglichkeit seines Uebels; sie giebt ihm einen Kuß auf Abschlag. Allein der Liebhaber bittet in Demuth und mit gefalteten Händen um etwas Höheres. „Marquis," sagt ihm die Dame, „ihr treibt die Anmaßung zu weit!" — „Das rührt von dem Uebermaße meiner Liebe her! Ich sterbe vor der Begierde euch zu besitzen," erwiedert der Liebhaber. — „Ich will mich wohl hüten," antwortet die Dame.

lich von der Liebe erhalten, was man von ihr erhalten kann: Blatt, Blüthe und Frucht!" Elias de Barjols klagt sich seiner Verwegenheit wegen an: „Meine Dame hat mir eine Gunst gewährt, warum habe ich größere verlangt?"

Es findet sich kein Beyspiel einer willkührlichen Enthaltsamkeit in den Werken der Troubadours. Schwierigkeiten, die in der Sorge der Damen für ihren Ruf, oder in dem Gefühle ihrer gebundenen Lage zu suchen sind, flößten den Dichtern ihre Genügsamkeit ein. Clara d' Anduse sagt: „Verläumder, Auflaurer und Mißgünstige, zwingen mich durch üble Nachreden, mich von dir zu entfernen. Liebe, die mich ganz für dich beherrscht, befiehlt mir, mein Herz dir allein aufzubewahren. Wie gern gehorch' ich ihr! Könnt' ich meinen Körper stehlen, so würde der, der ihn hat, ihn niemahls besitzen!" Aimeri de Péguilain, dessen Gedichte sonst viel von jener reinen, uneigennützigen Liebe enthalten, kann demungeachtet die Frage aufwerfen: ob der Schwur der Enthaltsamkeit gebrochen werden dürfe, wenn die Dame dem Liebhaber durch unvorsichtige Annäherung Gelegenheit giebt, ihn zu brechen?

Dieß ist die edelste Gestalt, welche die Liebe in den Werken der Troubadours annimmt, und wornach sie in Ermangelung einer engeren körperlichen Vereinigung sich auf Befriedigung der Ruhmsucht und des Triebes nach Spannung der Phantasie, und Unterhaltung des Witzes, als letzten Zweck, zu beschränken scheint. Es ist nicht unmöglich, daß eine solche Liebe in der wirklichen Welt zwischen dem Troubadour und der vornehmen Dame, der er mit seinen Gedichten huldigte, hin und wieder Statt gefunden habe. Es ist begreiflich, daß der Regel nach der Gemahl so wenig wie das Publikum bey Verhältnissen dieser Art etwas zu erinnern haben konnte. Die Verschiedenheit des Standes flößte damahls eine natürliche Abneigung gegen eine zu enge Verbindung zwischen den Frauen der Großen mit dem Manne ein, der an Geburt oder Rang weit unter ihnen war. Die Gelegenheiten, sich ohne Zeugen zu sehen, waren selten. Die Anbetung, welche der Troubadour der Dame zollte, deren Reitze er besang, ward für eine Dichtung, für eine sinnreiche Erfindung gehalten, welche den Ruhm ihrer Schönheit bey allen kultivierten Nationen der damahligen Zeit verbreitete. Sie schmeichelte der Eitelkeit des Gatten, und trug zur allgemeinen Unterhaltung bey. Der Mann von Talent und exaltierter Phantasie hat ohnehin das Vorrecht, nach einem eigenen Maßstabe gemessen zu werden, und die Auszeichnungen, die ihm von Seiten der Damen wiederfahren, werden auf Rechnung eines bloßen Antheils an ihren Talenten gesetzt.

Allein wir würden sehr irren, wenn wir in der damahligen Zeit schon eine völlig organisierte Galanterie, Cicisbeatur, oder eine Sitte annehmen wollten, nach der eine jede Dame unter den Augen des Mannes und mit seiner Einwilligung einen Liebhaber haben durfte. Gewiß gehören die mehrsten Gedichte der Troubadours, worin sie ihre Empfindungen für Damen schildern, zu denen sie ihre Wünsche nicht erheben dürfen, und noch mehr diejenigen, worin sie von dreisten Hoffnungen und beglückter Liebe reden, zu fingierten Situationen der Dichterwelt, die schwerlich auf wahren Verhältnissen beruhen.

Noch weniger dürfen wir annehmen, daß es allgemeiner Ton gewesen sey, so geistig zu lieben, als es von mir bis jetzt geschildert ist. Schon früh im zwölften Jahrhunderte, von der ersten Zeit an, worin wir Spuren von den Werken der Troubadours finden, klagen diese bereits darüber, daß wahre Treue und edle Liebe aus der Welt verschwunden sey, und diese Klagen dauern fort, so lange uns noch Ueberbleibsel von ihren Gedichten aufbewahrt sind; zum sichern Beweise, daß diese Liebe wohl hauptsächlich in einzelnen Fällen, oder gar nur in der Dichterwelt Statt gefunden habe.

Neben jenen Zügen einer edleren Liebe finden wir Spuren der größten Ausgelassenheit der Sitten, und, einer völligen Vernachlässigung des Anstandes, und was höchst merkwürdig ist; wir finden sie gerade da, wo der Liebhaber durch seinen Stand berechtigt zu seyn glaubte, sich über Sittlichkeit und Achtung für das zärtere Geschlecht hinauszusetzen. Die Fürsten aus dieser Zeit, welche sich mit der Poesie abgaben, sind äußerst zügellos in ihren Gedichten. [26]) Es war daher den Damen von geringerm Stande nicht rühmlich, mit vornehmern Herrn in Verbindung zu stehen. Azalais de Pourçairagues sagt: „die Weiber sind Thörinnen, die sich mit großen Herren einlassen. Solche Verbindungen sind eine Quelle von Demüthigung und Verachtung!“

26) Guillaume IX. Comte de Poitou — Rambaud d'Orange.

Verschiedene Stellen deuten auf einen Unterschied zwischen den Verbindungen mit vornehmern Damen und denen mit Weibern aus einer niedrigern Klasse hin. Guillaume de St. Gregory wirft in der schon angeführten Stelle die Frage auf: welche Personen den Vorzug in der Liebe verdienen, eine vornehme Dame, die gewisse Freuden ausnimmt, oder ein Frauenzimmer von gewöhnlichem Stande, das Alles, ohne Einschränkung hingiebt? Deudes de Prades sagt von sich: er sey in eine Dame verliebt, von einer Person aus dem Mittelstande geliebt, und er finde noch außerdem sein Vergnügen bey den Freudenmädchen. Peyrols rühmt sich seiner Weisheit, seinen Ehrgeitz beschränkt, und sich von einer vornehmen Dame zurückgezogen zu haben. Er findet sich weit behaglicher bey einer Frau von niedrigem Stande, die oft von ihrem Manne Schläge bekommt, und dann Trost in seinen Armen sucht.

Nur unter der eben angenommenen Voraussetzung, daß nehmlich jene edlere Liebe hauptsächlich zur Unterhaltung der Höfe diente, und den Stoff zu denjenigen Gedichten hergab, die unmittelbar an die Fürstinnen und an andere Damen von hohem Stande gerichtet waren, oder wenigstens als an sie gerichtet angesehen werden konnten, läßt sich die außerordentliche Verschiedenheit der Grundsätze in den Gedichten eines und des nehmlichen Troubadours erklären. Es mußte nehmlich in den verliebten Gedichten bald eine eigene Gattung von Situationen ausmachen, wenn der Dichter sich in die Stelle eines Liebhabers von geringem Herkommen setzte, der eine Dame von höherm

Stande anbetete. [27]) Neben diesem Liebhaber bestand derjenige, der durch keine anderen Hindernisse von einer gänzlichen Vereinigung mit seiner Geliebten abgehalten wurde, als diejenigen, welche ihm die Sprödigkeit seiner Geliebten und die Sorge für ihren Ruf entgegen setzte.

In den Gedichten, welche diese letzte Art von Situationen wirklich eingab, oder einzugeben schien, findet man nun diejenige Denkungsart über die edlere Liebe wieder, die ich oben die anständig sinnliche Galanterie genannt habe, und welche auf einer verfeinerten Sinnlichkeit beruht.

Allgemein war die Idee, daß ein zu leichter Sieg der Liebe schade, und ihren höchsten Reitz abstumpfe. „Eine Dame, die sich zu leicht entflammt," sagte Savary de Mauleon, „weiß nicht zu lieben, und fehlt eben so sehr gegen die Klugheit als gegen die Pflicht der Liebe." — „Eine Dame, die durch lange Prüfungen ihres Liebhabers sich von der Aufrichtigkeit seiner Leidenschaft überzeugen will, ist bey gleichen Vorzügen einer andern vorzuziehen, die Alles gewährt, ohne sich lange bitten zu lassen," sagt Guillaume de la Tour. — Nach eben diesen Grundsätzen sagt Hugo Brunet: „der allzubald befriedigte Liebhaber verliert die Reitzungen seiner Begierden. Warum? Weil ein Geschenk, das die anständige Liebe lange zurückhält, tausendmahl mehr werth ist, als dasjenige, welches die andere Liebe verschwendet." [28])

27) So konnte sogar der König Alphonsus von Aragonien sagen: qu'il avoit mis son coeur en trop haut lieu.

28) Aehnliche Grundsätze habe ich aus dem Aristänet im achtzehnten Buche angeführt. Sie liegen auch bey den mehrsten griechischen Romanen zum Grunde.

Man setzte den höchsten Werth der Liebe in jene Spannung der Phantasie, in jene Beschäftigung, welche die Ueberwindung eines weiblichen Herzens und seiner Bedenklichkeiten hervorbringt. Daher rührt auch die Meinung, daß der körperliche Genuß die Liebe tödte, und daß der Stand des Liebhabers unendlich glücklicher sey, als der des Mannes. [29])

Bald mußte die Intrigue nach dem Geiste der Zeit eine gewisse regelmäßige Form, wenigstens in der Dichterwelt, erhalten. Es wurden die Regeln beym Angriff, bey der Vertheidigung, bey der Dauer des Verhältnisses festgesetzt; kurz! es entstand eine Art von Taktik der Liebe. Es ward sogar die Zeit festgesetzt, wie lange der Liebhaber harren dürfe, ehe er die letzte unnennbare Gunst zu fordern berechtigt sey. Sieben Jahre mußte er warten nach dem Beyspiele des Erzvaters Jakob, der sieben Jahre um Rahel gedient habe. Ließ ihn aber seine Dame alsdann unbelohnt, so durfte er brechen, und sich an eine andere wenden. [30]) Unterdessen ward seine Treue, und besonders seine Verschwiegenheit auf die Probe gesetzt. Diese Lehren wurden zuweilen in sinnreichen Allegorien vorgetragen, und lange ehe Guillaume Loris seinen Roman von der Rose in Frankreich schrieb, [31]) hatte Pierre Vidal eine Kunst zu lieben in einem sinnreichen Gespräche zwischen sich und dem Amor, in Begleitung der Dame Mercy, der Demoi-

29) Artikel: Gui D'uissel, Alamanon, und Peyrols.

30) Artikel: Comtesse de Die, und Raimond Vidal de Besodin.

31) 1229.

selle Pudeur, und dem Ecuyer Loyauté entwickelt. „Die Liebe, sagt er darin," entsteht im Herzen, wo sie vom Willen ernährt wird, wenn der Gedanke sie geboren hat. Sie lebt von Freude und Frohsinn: sie entzündet sich, und geräth in Flammen durch die Verfolgungen treuloser Nebenbuhler. Sie wächst und vervollkommnet sich, wenn die Falschheit dieser letzten aufgedeckt wird. Sie verdankt dem zärtlichen Blicke ihr Daseyn, und wenn Freude und Zufriedenheit hinzutreten, ist sie in ihrem größten Wachsthume. Der Schildknappe der Liebe, Loyauté durchbohrt den träumenden, nachdenkenden Liebhaber mit seinem Pfeile. Er dringt mit den Seufzern zwischen Ohren und Augen ein, und, o Wunder! der Streich trennt nicht die Herzen, er vereinigt sie, und bildet aus zweyen eins. Aber seine Pfeile können unter Männern und Weibern nur diejenigen erreichen, die ein offenes, biederes Herz haben. Menschen, die für Geld Weiber nehmen, Weiber, die sich für Geld hingeben können, sind keine Unterthanen der Liebe. — Der Ritter ist berechtigt, seine Dame zu verlassen, und sich nie wieder mit ihr auszusöhnen, wenn sie nach dem Geschenke der unnennbaren Gunst noch für einen andern die nehmliche Gefälligkeit hat. Dieß Laster kann nicht abgewaschen werden. Denn so wie die Tugend den höchsten Reitz der Frauen ausmacht, so giebt es nichts Schändlicheres, als ihre Ausschweifung. Die Damen sind das Modell der Courteoisie. Man muß sie außerordentlich ehren, wenn ihre Aufführung untadelhaft ist."

Giraud de Calanson sagt in den Vorschriften, die er den Troubadours giebt: „Lehre die Regeln der Liebe, ihre Privilegien, ihre Gegenmittel. Erkläre ihre verschiedenen Stufen: wie sie schnell wächst, wovon sie lebt, wie sie abnimmt, wie sie betrügt und ihre Diener verzehrt!"

In diese Kunst zu lieben brachte man die Förmlichkeit der damahligen Zeit. Man weihte sich dem Dienste der Damen, und ward von ihnen darin aufgenommen, unter gewissen Ceremonien, die von der Lehnsinvestitur entlehnt waren. [32]) Man trug Gürtel, Ringe, Aermel der Dame, und sie nahm wieder solche Zeichen der Liebe von ihrem Liebhaber an. [33]) Man ließ Messen lesen, und brannte Kerzen, um die Spröde zu erweichen. [34]) Man ließ sich, wenn man brechen wollte, durch einen Priester die Absolution geben, [35]) oder die neue Geliebte forderte wenigstens eine Erlassung des Schwurs von der Verlassenen, [36]) ehe sie die Aufwartung des vorhin gebundenen Liebhabers annahm.

So erscheinen die edleren Geschlechtsverbindungen von der gewöhnlicheren Art in der Dichterwelt der Troubadours, und bestehen neben denen von der höheren, geistigeren Art. Sie geben Veranlassung zu einer Menge von elegischen Situationen. Es fragt sich: waren sie in die wirkliche Welt übergegangen? und dann: waren sie allgemein verbreitet?

Es ist nicht unwahrscheinlich, daß dieser oder jener Ritter oder Troubadour mit seiner Dame wirklich in solchen Verbindungen gestanden habe. Aber häufig

32) Raimond Jordan, Vicomte de St. Antoni und Guillaume de St. Didier.

33) Raimond Vidal de Besodin.

34) Arnaud Daniel.

35) Guillaume de Balaun

36) Bertrand de Born.

sind sie gewiß nicht gewesen, diese Verbindungen, und nirgends finden wir sichere, aus den Werken der Troubadours selbst genommene Beweise, daß dergleichen Verhältnisse zwischen einer verheiratheten Dame und ihrem Liebhaber unter Autorität der Sitten, und mit Genehmigung des Gatten bestanden hätten. [37]) Vielmehr finden wir häufige Klagen über die Eifersucht der Männer, und die Verläumdung der Auflaurer.

Alle Schilderungen der Sitten der damahligen Zeit, womit die Sirventen der Troubadours so häufig angefüllt sind, beweisen ihre Verdorbenheit. Jene langen Prüfungen der Liebhaber, ihre Beharrlichkeit, Treue, Discretion, werden vom Anfange des zwölften Jahrhunderts an, bis zu Ende des dreyzehnten hin, als längst veraltete Vorzüge geschildert. Häufige Satyren auf die Weiber stellen diese in dem schlechtesten Lichte dar: einem Jeden feil für Geld, ausschweifend in ihren Begierden, ausgelernt in den Künsten der Koquetterie. Eben so häufig sind die Klagen über Ehebruch, und die Ungewißheit der Väter, ob die Kinder, welche ihre Gattinnen ihnen zuschieben, auch die ihrigen wären. [38])

Kein Wunder also, wenn jene edleren Verbindungen selbst den Dichtern, die sie zum Stoffe ihrer Kom-

37) Was Millot unter dem Artikel: Guillaume de St. Didier anführt, beweiset gerade das Gegentheil. Der Vicomte de Polignac sang seiner Gattin Verse vor, worin der Mann in die Intrigue einwilligt, aber ohne zu wissen, daß sie für ihn gemacht waren. Ohnehin ist das Ganze offenbar eine Dichterfiktion.

38) S. besonders die Artikel: Arnaud de Carcasses, Pierre de Corbian, Gavaudin le vieux, Vaqueiras, Savary de Mauleön, Folquet, und andere mehr.

positionen brauchten, oft lächerlich wurden; wenn Scherz und Ernst zuweilen in ein und das nehmliche verliebte Gedicht gemischt wurden! Manche Elegien haben einen so skurrilischen Anstrich, [39]) daß man den Schalk, der im Herzen lacht, während Mund und Auge weinen, nicht verkennen kann. Daher denn auch jene dritte Art, über die Liebe zu denken, die wir neben den beyden ersten zuweilen in den Werken eines und desselben Troubadours antreffen. Denn wenn er bald von einer bloß auf Ruhm und Ehre gebaueten Liebe begeistert zu seyn scheint, so wird er bald darauf von den kühnsten Hoffnungen, oder von Dankbarkeit für die genossene Frucht seiner Beharrlichkeit belebt; und endlich versichert er: „man müsse in der Liebe die Sache nicht zu ernsthaft nehmen, darüber lachen und scherzen, nie bitten, ohne zugleich zu nehmen, und besonders jene Verwegenheit nicht vernachlässigen, ohne welche in der Liebe nichts auszurichten sey!" [40])

Unstreitig hat es also damahls bereits Ketzer gegeben, welche an der Wirklichkeit der hohen Bestimmung der Liebe gezweifelt, und in ihr eine bloß sinnliche Leidenschaft, einen durch Beymischung von etwas Witz und Gefühl zur geselligen Unterhaltung dienenden Zug zwischen beyden Geschlechtern gesehen haben. Daher die häufigen Tenzons über die Fragen: ob eine Dame, die Allen gefällig wäre, derjenigen vorzuziehen sey, die nur die Aufwartung eines einzigen Liebhabers leide, aber

39) S. besonders Bernard de Ventadour, und Doria, und Cigala.

40) Giraud de Borneil, Deudes de Prades, Faidit, u. a. m.

gegen diesen grausam sey? [41]) ob der Ruhm, den man vor den Augen der Geliebten gewinne, den leicht zu erwerbenden sinnlichen Genuß aufwiege? [42]) Ob das lange Harren, oder der leichte Sieg den Vorzug verdiene? [43]) u. s. w. Daher die höchst sittenlosen Gedichte, die sehr schlüpfrigen Erzählungen und Pastorellen worin berückte Männer und leicht errungene Siege geschildert werden: Granet, Folquet, Marcabas, Hugues de St. Cyr, Guillaume de Bergedan, Arnaud de Carcasses, Pierre de Corbian, Figuieras, u. a. m. Daher endlich jene ruhmredigen eiteln Aufzählungen von besiegten Damen, unwiderstehlichen Vorzügen, und Verführungskünsten der Troubadours. Sordel und Arnaud de Marsan.

Kurz! Alles beweiset, daß wenn die edlere Art über die Liebe zu denken den Stoff zu einer höheren Gattung verliebter Gedichte hergab, diese dennoch keinesweges allein herrschender Ton in der Dichterwelt, und noch weniger in der wirklichen gewesen sey. Nirgends aber finden wir die Idee, daß der sinnliche Genuß entehrend für die Würde des Menschen und der Liebe sey, und daß der edlere Mensch, wenn die Umstände es gestatteten, sich dennoch desselben freywillig enthalten müsse. —

41) Folquet.

42) Sordel.

43) Guillaume de la Tour.

Siebentes Kapitel.

Ideen der Dichter unter den übrigen Nationen von Europa über Liebe und Geschlechtsverbinduug.

Im nördlichen Frankreich finden wir die Spuren derjenigen Denkungsart, wornach die Liebe eine bloß auf geistigen Genuß beschränkte Verbindung seyn sollte, viel weniger häufig. Dagegen ist diejenige, wornach die Liebe in einer verfeinerten Sinnlichkeit gesetzt wurde, hier ausgebildeter als im südlichen Frankreich anzutreffen. Ihr Wesen ist besonders von Wilhelm Loris in dem Roman der Rose, der ums Jahr 1260 geschrieben wurde, auseinander gesetzt worden. Er enthält eine allegorische Darstellung der Schicksale einer auf Galanterie gegründeten Verbindung, und er hat einen zu großen Einfluß auf den Geschmack seiner Zeitgenossen und der nachfolgenden Generationen gehabt, um nicht eine kurze Idee davon zu geben. 44)

Ein Jüngling wird beym Anblick einer Rose von Amors Pfeilen durchbohrt. Er sinkt ohnmächtig hin, aber bald ermuntert er sich wieder, und stürzt voll schnöden Verlangens durch die verwachsene Dornenhecke, um die Rose zu pflücken. Vergebens! Seine Verwegenheit wird mit unzähligen Stichen bestraft. Er würde auf immer geflohen seyn, aber Amor will den Vasallen nicht fahren lassen; er durchbohrt ihn mit einem neuen Pfeile beau semblant. Dieser schlägt

44) S. Corps d'extraits des Romans de Chevalerie par le Comte de Tressan. Paris 1782.

zwar eine neue Wunde, führt aber auch einen Balsam mit sich, der ihre Schmerzen lindert.

D'une part m'oingt, d'autre me cuit,
Ainsi il m'aide, ainsi mé nuit.

Amor gesellt ihm einige Gehülfen bey: doux penser, doux regard, doux parler. Zugleich öffnet ihm bel accueil, fils de Courtecisie, den Weg durch die Dornenhecke zur Rose, aber unter der ausdrücklichen Verwarnung, sie nicht zu pflücken, nicht einmahl ein Verlangen darnach zu äußern. Unnütze Vorsicht! Kaum hat sich der Liebhaber der Rose bis auf einige Schritte noch genähert, so streckt er schon die Hand nach ihrem Besitze aus. In dem nehmlichen Augenblicke stürzt ein Ungeheuer auf ihn los, mit Nahmen Dangier, und verjagt bel Accueil und den Liebhaber. Zitternd flieht bel Accueil, und sein Freund zieht sich verzweiflungsvoll in einen Winkel, woraus seine Augen kaum den Ort entdecken mögen, der seine Geliebte umschließt. Dame Raison unternimmt es, ihn von seiner Liebe zu heilen; aber umsonst! Williger leiht er sein Ohr dem Trost und dem Rath eines jungen Mannes, Nahmens Ami. Dieser ermuntert ihn, zum Dangier zurückzukehren, und das Ungeheuer zu besänftigen, durch reuige Thränen, und heilige Versicherungen mehrerer Enthaltsamkeit wieder Eingang zu gewinnen. Der Liebhaber folgt dem Rathe. Dangier empfängt Anfangs Beyde mit Vorwürfen und schrecklichen Drohungen: aber auf die Länge widersteht er nicht ihren vereinigten Bitten. Franchise und Pitié, zwey sanfte, liebenswürdige und überredende Nymphen sprechen endlich den Dangier ganz zur Ruhe. Er zieht sich zurück, und läßt den Liebhaber unter den Händen des bel Accueil, der nur auf diese Gelegenheit gelauert hatte, um seinen Liebling bey der Rose wieder einzuführen. Der Liebhaber findet sie schöner als jemahls. Geblendet von ihrem Glanze, senkt er seine Augen nieder, erhebt sie bald aber zu neuer Bewunderung. Eine Zeitlang steht er in sich selbst verloren. Sein Herz schlägt hoch auf, und dem halbgeöffneten Munde entfahren brennende Seufzer. In diesem Augenblicke fährt Venus in ihrem mit Tauben bespannten Wagen vorüber. Die Schönheit, die Lage des Jünglings rühren die gutherzige Göttin. Sie nimmt ihn unter ihren Schutz, führt ihn selbst zum Rosenbusch, beugt ihm den Zweig, der die Rose trägt, entgegen, und der Glückliche drückt den feurigsten Kuß auf ihre Blätter. Noch kleben seine Lippen darauf, schon röthet eine höhere Farbe die Rose, — als ein widriges Geschrey zu früh dieses himmlische Entzücken stört. Es ist die Verläumdung Malebouche, die es erhebt. Sie hat das Glück der Liebenden mit schelem Blicke belauscht: Venus flieht erschrocken davon. Drey Ungeheuer, Furcht, Scham, Neid, angezogen durch die Losung ihrer Gefährtin Malebouche, eilen dagegen heulend herbey. Sie schleifen den Liebhaber, der ohnmächtig zu den Füßen des Rosenstocks niederstürzt, zugleich mit Bel Accueil in die Höhle, welche Dangier auf immer bewacht. Hier bauen sie für Beyde einen Thurm zum ewigen Gefängniß: hier beladen sie den Liebhaber mit Ketten. Verdammt zu unendlichen Qualen liegt er hier, und fleht vergebens den Himmel um Vernichtung an. Gramvolle Erinnerung,

Schmerz, Vorwürfe, martern ihn mit jedem Augenblicke zu Tode, um ihn im folgenden zu noch härtern Qualen wieder zu erwecken.

So weit der erste Verfasser dieser ingenieusen Allegorie, die in der Folge von einem andern mit minderem Glücke geendigt ist.

Ihr Sinn geht dahin, den Gang, den ein edleres Liebesverständniß zu nehmen pflegt, zu beschreiben. Die Schönheit zieht an, und erweckt sinnliche Begierden. Aber der Liebhaber zieht sich bey den Schwierigkeiten, die sich ihrer Befriedigung entgegen setzen, zurück. Ein gütiger Blick der Dame giebt ihm neue Hoffnungen, und er sucht ihre Gunst durch ein einnehmendes Betragen und längere Aufwartungen zu gewinnen. Diese öffnen ihm auch den Weg zu ihrem Herzen, jedoch unter der Bedingung, daß er ihrer Unschuld schonen soll. Die Sinne verleiten ihn bald zu verwegenen Angriffen, und die Furcht vor den Folgen bewegt seine Geliebte, ihn aus ihrer Gegenwart zu vertreiben. Er ruft seine Vernunft zu Hülfe; aber umsonst! Ein Freund räth ihm, zu seiner Geliebten zurückzukehren. Seine Reue, sein Biedersinn, bewegen die Schöne zum Mitleid, ihre Besorgnisse verlieren sich, sie schenkt ihm ihre vorige Freundschaft wieder, zu der sich bald Gegenliebe gesellet. Die engste Vereinigung erfolgt: aber sie wird auch bald von der Verläumdung wieder gestört, und beyde Liebende werden ein Raub dauernder Qualen. 45)

Die Grundsätze dieser Art über die Liebe zu denken waren in der Dichterwelt des nördlichen Frankreichs

45) Das Original dieses Romans enthält mehrere Stellen, welche den Anstand auf das gröblichste beleidigen, die Tressan aber verwischt hat.

die nehmlichen, wie in der des südlichen. Der Liebhaber muß sich durch ruhmwürdige Thaten vor den Augen seiner Geliebten auszuzeichnen suchen: dafür darf er öffentliche Beweise ihrer Gunst fordern, die seiner Eitelkeit schmeicheln, dem tapfern Ritter darf sich die Schöne ergeben: er muß aber seiner Seits verschwiegen, und von unverbrüchlicher Treue seyn. [46])

Daneben bestand eine sehr leichtsinnige Art, über die Liebe und über den Werth der Weiber zu denken. [47]) Ich kann der Versuchung nicht widerstehen, die Grundsätze, welche Gujart, ein Dichter aus dieser Periode, in seiner Kunst zu lieben vorträgt, hierher zu setzen, da sie die Aehnlichkeit mit denjenigen, welche in der Kunst zu lieben des Ovid enthalten sind, beweisen. [48])

46) Beweise findet man beym Le Grand, Fabliaux, ou Contes du douxieme et troisieme Siecle: in den Geschichten: die drey Ritter mit dem Hemde: das Gespenst: das Lied von Laval: und das Thal der Ungetreuen. Ganz in diesem Sinne sind auch die Regeln der Liebe, die uns St. Palaye aufbewahrt hat. Es heißt unter andern darin: „Je freygebiger die Dame mit ihrer Gunst gegen euch ist, um so eifriger müßt ihr versichern, daß sie euch nichts gewährt. Laßt euch nie durch das Andringen eurer Freunde zur Verrätherey bewegen. Rühmt um so lauter die Tugend der Dame, je williger sie ist, euch damit ein Opfer zu bringen.“ S. 3ter Th. S. 399. in der deutschen Uebersetzung.

47) Diese Denkungsart ist bey den Fabliers die häufigere. Man sehe die Erzählungen: das bezauberte Schwert: der übelgeschnittene Mantel: der Scharlachrock: die Franciskanerhosen u. s. w.

48) Fabliaux et Contes du douxieme et troisieme Siecle par le Grand T. II. p. 61.

„Ihr müßt, sagt der Autor, der Dame euer Leiden klagen, sprechen: ich ziehe den Tod durch eure Strenge dem Glück durch die Güte jeder andern vor. Vielleicht ergiebt sie sich nicht gleich auf diesem ersten Amgriff, und zeigt einigen Stolz. Laßt euch nicht abweisem, seht sie oft, verliert sie nicht aus den Augen: die Weiber sind leichtsinnig: es bedarf nur eines Augenblicks, um das Andenken langer Dienste auszulöschen. Vor allen Dingen empfehle ich euch nichts zu verlangen, als bis ihr von ihrer Gegenliebe überzeugt seyd. Aber sobald das süße Bekenntniß über ihre Lippen gekommen ist, so legt alle eure Talente aus, und denkt ernsthaft daran, Land zu gewinnen. Grüßt ihre Nachbarinnen, begegnet ihren Gespielinnen mit Artigkeit, gewinnt die Dienstboten mit Geschenken und Versprechungen: Vernachlässigt Keinen! Wenn die Dame von Jedermann euch loben hört, so wird sie sich ihrer Wahl freuen, und euch stärker lieben. Sicher von ihren Gesinnungen, späht den Augenblick aus, worin sie allein ist. Geht zu ihr: fordert einen Kuß. Sie wird ihn abschlagen: raubt ihn, und seyd versichert, in ihrer Seele weiß sie euch Dank dafür. Kehrt am folgenden Tage wieder zurück, und nehmt einen zweyten. Diesen wird man euch willig geben. Nehmt einen, zwey: sucht sie so schmackhaft, (savoureux,) als möglich, zu geben. Dieß entflammt die Sinnen der Weiber am stärksten. — Habt ihr endlich die letzte Probe der Liebe empfangen, so werdet ihr sehen, daß sie sich noch enger an euch hängt. Findet ihr sie von eurer Seite offenherzig, sanft, kurz! so wie sie euch gefällt; so hängt euch gleichfalls an sie, dient ihr mit Treue, steht allenfalls nicht an, sie zu heirathen.

Aber wenn ihr Charakter, ihr Verstand, ihre Aufführung euch mißfällt, so verlaßt sie, u. s. w."

Bey den Deutschen ist der nehmliche Geist sichtbar, den wir bey den Provenzalen finden, deren Dichter höchst wahrscheinlich auf den Geschmack unserer Minnesinger Einfluß gehabt haben. [49])

Wir finden auch hier Spuren jener uneigennützigen Denkungsart, die sich auf einen geistigen Genuß beschränkte. Bodmer [50]) hat mehrere Beyspiele davon zusammengestellt, die aber dasjenige, was er daraus folgert, nehmlich willkührliche Bezähmung der Begierden, um des Stolzes der Selbstbeherrschung willen, [51]) nicht beweisen.

König Wenzel von Böheim sagt zwar: [52]) „Die Minne darf auf mich stolz seyn. Ich hatte sie umfangen, und küßte ihre klaren, zarten, süßen Lippen. Aber mein Wille lehnte sich nicht wider ihre Keuschheit auf, obgleich das vielgeliebte Weib mein Herz mit ganzer Liebe eingenommen hatte. Mein Wille war den Augen und dem Herzen leid. Mein Leib zürnte, daß ich den Genuß der Liebe mied. Dieß machte die Vollkommenheit meiner Liebe, und ihre keusche Vortrefflichkeit. Nun habe Dank, der seine Dame, (Frowe) so pflegt, wie ich der reinen sanften Frucht. Ich brach die Rose nicht, und hatte sie doch in meiner Gewalt u. s. w.

49) Bodmers neue kritische Briefe. Zürich 1763. 13ter und 14ter Brief.

50) In den eben angeführten neuen kritischen Briefen. S. 381.

51) Er nennt es Meisterschaft über die Gedanken.

52) Nach dem Originale in Gleims Gedichten nach den Minnesingern. Berlin 1773.

Diese Verse schildern die Empfindungen eines Mannes, der mit sich selbst zufrieden ist, daß er seine Pflicht gethan, und Begierden unterjocht hat, deren Befriedigung auf Kosten der Unschuld seiner Dame hätte erkauft werden müssen: eine Empfindung, die über eine fanatische Enthaltsamkeit eben so weit erhaben ist, als sie noch unter der platonischen Seelenliebe steht.

Eben dieser Wilhelm von Böhmen singt, als er zwey Liebende sieht, die sich umarmen und küssen: „da das erging, da ist auch mehr ergangen!“ [53]) Man sieht daraus, welches Vertrauen er in die Selbstbeherrschung der mehrsten Liebhaber setzte.

Die übrigen von Bodmer angeführten Beyspiele beweisen gerade das Gegentheil von demjenigen, was sie beweisen sollen. Der Graf von Bottenlaube beklagt sich über die Sprödigkeit seiner Dame: „das Liebesschicksal spottet meiner, sagt er. Es gab mir etwas, das ich nicht habe. Was nützet mir Gold in Indien? Mir scheint das Glück der Liebe, wie dem Kaiser der Karfunkel in seiner Krone. Er hat ihn so, daß man ihn auf seinem Haupte nicht schimmern sieht. Mein Mädchen ist so wohl verwahrt, als dieser Stein, der zu Aachen im Rheine liegt.“ Diese gezwungene Enthaltsamkeit kann dem Liebhaber nicht zum Ruhme gereichen. — Die letzte Stelle endlich, die Bodmer aus dem Dietmar von Ast anführt, ist ein sehr unsittliches Gespräch zwischen dem Liebhaber und seiner Dame. Er hat geschwatzt, und darüber seinen Abschied erhalten. „Was er den Leuten von mir gesagt, das verdrießt mich heute und immerdar. Er verliert damit meine Huld.“ So

53) Gleims Gedichte nach den Minnesingern. S. 26.

spricht die Dame, und dieß ist die Veranlassung zu dem Gedichte. Der Liebhaber singt: „Was war es nöthig, daß ich wegen eines Weibes um Freyheit und um den Verstand kommen sollte. Es ist nicht so stark verwahrt! — Eine Sache wollte ich gerne der Dame in Erinnerung bringen, wäre sie nicht ein Schlag auf ihre Stirne: sie sollte daran denken, ob sie jemahls wie eine Närrin bey mir gelegen habe."

Diese nicht anständige Aeußerung enthält offenbar den Vorwurf einer Schwachheit der Dame, den ihr der Dichter macht, um ihre jetzige Sprödigkeit in ein unvortheilhaftes Licht zu setzen. Darauf antwortet die Dame mit einem noch unanständigern Vorwurfe: „Was half es, daß er wie ein Narr bey mir gelegen hat? Ich ward doch niemahls seine Frau!" — Diese Worte können nie auf eine willkührliche Enthaltsamkeit, sondern nur auf ein physisches Unvermögen hindeuten.

Lassen wir daher die Idee an eine fanatische Enthaltsamkeit, oder gar an eine platonische Seelenliebe ganz fahren. Der deutsche Dichter fühlte so wie seine Nachbaren, daß Pflicht und äußere Umstände dem Bestreben nach gänzlicher Vereinigung zuweilen Grenzen setzten, und daß dieß beschränkte Verhältniß zu vielen, für die Dichtkunst brauchbaren Situationen, Anlaß gab. Hat es auch einen Robert d' Arbrissel unter ihnen gegeben; so ist sein Geschmack gewiß nicht der herrschende gewesen, und die Tugend hat unstreitig nichts dabey verloren. [54])

Uebrigens finden wir bey den Minnesingern neben jenen edleren Grundsätzen auch eine sehr leichtsinnige Art, über die Liebe zu denken.

54) Bayle Dict. phil. et crit. Article Fontevraux.

In England schrieben die Dichter des zwölften und dreyzehnten Jahrhunderts französisch und lateinisch: [55]) in Italien provenzalisch. [56]) Sie treffen mit den Dichtern des nördlichen und südlichen Frankreichs zusammen. In den nordischen Sagen finden wir Spuren eines ähnlichen Geistes, die aber wenig ausgebildet sind. [57])

Achtes Kapitel.

Ideen der Romanenschreiber aus dem zwölften und dreyzehnten Jahrhunderte über Galanterie und Liebe. Romane vom Hofe Karls des Großen.

Es ist beynahe unmöglich, dem Alter der Romane und der Zeitfolge, worin sie verfertigt sind, auf die Spur zu kommen. Wir besitzen noch keine diplomatische Prüfung der äußern Form derjenigen Handschriften, welche für die ältesten angegeben werden. Außerdem wissen wir nicht, ob diese Handschriften den Roman, so wie er in Umlauf gekommen ist, und uns in unsern Exemplaren vorliegt, enthalten. Es ist höchst wahrscheinlich, daß der Stoff zu den mehrsten Werken dieser Art, die wir jetzt in Prosa, und in

55) Warton's History of english Poetry. London 1774. p. 39. und Eschenburgs Geschichte der englischen Poesie. Nachträge zum Sulzer B. 3. St. 2. S. 267.

56) Eichhorns allgemeine Geschichte der Kultur. Erläuterungen. S. 97.

57) Mallet Introduction à l'histoire de Dannemarc.

verschiedene Sprachen übersetzt, besitzen, aus älteren kürzeren Gedichten des nehmlichen Inhalts, oder wenigstens aus lateinischen Legenden, entlehnt sey. Aber die Uebersetzer haben gemeiniglich ihr Original durch Zusätze verlängert, welche das Urtheil über die Sitten der Zeit, worin das Gedicht verfertigt seyn kann, äußerst zweifelhaft machen. Bey jeder neuen Auflage, welche der Roman erhalten hat, ist beynahe immer etwas verändert. Sagt man uns daher gleich, dieser oder jener Roman sey der älteste: sey in diesem oder jenem Jahrhunderte verfertigt; so fragt es sich immer wieder: ist das Exemplar, was wir in Händen haben, eine getreue Abschrift, oder ein genauer Abdruck desjenigen, den der Zeitbestimmer vor sich hatte?

Der Ursprung der Romane des Mittelalters ist unstreitig in den Legenden zu suchen, welche im zehnten und eilften Jahrhunderte häufig verfertigt wurden, um den Verlust derjenigen zu ersetzen, welche die fast allgemeine Zerstörung der Klöster durch die Normänner vernichtet hatte. Man legte mündliche Sagen dabey zum Grunde, ließ aber zugleich eine Menge eigener Erfindungen mit einfließen, um die Gemüther durch das Wunderbare desto mehr anzuziehen, und die Ehre der Heiligen und Reliquien zu verherrlichen. Dieß Zeitalter war überhaupt sehr aufgelegt zu frommen Betrügereyen. [58])

Einmahl gewöhnt, zu Erreichung gewisser Absichten die heilige Geschichte mit abentheuerlichen Erfin-

58) Die falschen Dekretalen, die Briefe Christi, u. s. w. dienen zum Beweise. Man nannte diese Verfahrungsart sehr naiv: pro pietate mentiri. Schmidts Gesch. d. Deutsch. 2. B. S. 375. Edit. 1784.

dungen zu schmücken, wandte man diese Kunst bald auf die weltliche Geschichte an, wenn die Hierarchie ihre Rechnung dabey fand, den Gemüthern eine gewisse Richtung durch falsche Ideen, und Ueberspannung der Phantasie zu geben. Die Mönche hatten den Hauptantheil an Werken dieser Art. Sie legten Sagen dabey zum Grunde, die sich durch Volkslieder auf ihre Zeitgenossen fortgepflanzt hatten. Die Geschichtsbücher in der heiligen Schrift, und die Chroniken der Zeit waren ihre nächsten Vorbilder, aber die Geschichtsschreiber der Römer, die alte Mythologie, und verschiedene orientalische Ideen, waren ihnen nicht unbekannt. Die ersten Romane sind weiter nichts, als wunderbare Geschichten, bey denen wahre Begebenheiten und Personen zum Grunde liegen. Je mehr sich der Roman der Legende nähert, und ascetische Absichten verräth: je weniger ausgesponnene Liebesintriguen er enthält: je unausgebildeter die Begriffe von irrender Ritterschaft darin erscheinen: endlich, je roher sich die Gefühle von Humanität, Courteoisie, und Galanterie, je ungebändigter sich die Leidenschaften darin äußern, um desto älter ist der Roman. Schon nach diesen Bestimmungen würde des: Joannis Turpini de vita Caroli Magni et Rolandi historia, (die Geschichte Karls des Großen und Rolands von Turpin) eines der ältesten Werke dieser Art seyn. Im Jahre 1094 ward ein Zug gegen die Saracenen in Spanien unternommen, und zwey Jahre darauf fingen die Kreuzzüge an. Um diese Zeit zog man die Volkssagen von Karl dem Großen, und Roland, dessen Schlachtgesang damahls noch in Jedermanns Munde war, hervor, und verfertigte davon eine

Legende, die dem Erzbischoff Turpin beygelegt wurde. Es ist ausgemacht, daß dieß Werk zu Anfange des zwölften Jahrhunderts geschrieben sey. Es ist das älteste dieser Art, das wir besitzen. Daß kein älteres existiert habe, läßt sich darum nicht behaupten. Die Absicht dieser wunderbaren Geschichte geht dahin, zur schwärmerischen Tapferkeit gegen die Saracenen zu entflammen, und zu gleicher Zeit vor aller Ausgelassenheit der Sitten zu warnen, welche den Kreuzfahrern so sehr vorgeworfen wird.

In diesem Werke, welches bey weitem nicht so weitläuftig als die späteren Romane ist, wird auf die Bücher der Richter, der Könige, der Maccabäer, eine unverkennbare Rücksicht genommen. Der Riese Ferracutus ist offenbar nach Goliath, Roland nach Simson, Josua oder David geformt. In einer Schlacht, die Karl der Große den Saracenen liefert, und worin viertausend Mann auf dem Platze bleiben, muß die Sonne drey Tage lang still stehen. Simson und die Maccabäer werden als Heldenmuster aufgestellt.

Der Verfasser hat aber auch Kenntniß von der profanen Geschichte gehabt. Wenn er von der Schlacht von Ronceval spricht, eifert er gegen die Gewohnheit, Weiber in den Krieg und in die Läger mit zu nehmen, und beruft sich auf die Beyspiele des Darius und Antonius, die durch ihre zu große Anhänglichkeit an ihre Frauen unglücklich geworden sind.

Von orientalischen Ideen findet man nur schwache Spuren. Rolands Schwert, Duranda, das Felsen durchschneidet, und sein gewaltiges Horn, könnten vielleicht allein dahin gerechnet werden. [59])

In diesem Romane finden wir nicht die geringste Spur von Galanterie. Es herrschen vielmehr darin Mönchsideen von dem Werthe der Enthaltsamkeit von aller Liebe zur Kreatur.

Es ist höchst wahrscheinlich, daß die Reihe von Romanen, wozu die Geschichte Karls des Großen den Stoff hergegeben hat, zunächst auf diese Legende von Turpin gefolgt ist. Denn das große Ansehn, welches sie sogar durch päbstliche Sankzion erhielt, hat ihr wahrscheinlich Nachahmer verschafft.

In diesen Romanen vom Hofe Karls des Großen treffen wir gar nichts von jener höheren Denkungsart über die Liebe an, die sie als eine auf geistigen Genuß beschränkte Verbindung zwischen beyden Geschlechtern betrachtet. Selbst die veredelte Liebe der zweyten Art, die verfeinerte Sinnlichkeit, ist sehr wenig darin ausgebildet. Ueberhaupt sind die Liebesabentheuer den ritterlichen sehr untergeordnet, und dienen höchstens dazu, der Erzählung der Kriegesbegebenheiten einige Abwechselung zu geben.

Im Ogier le Danois [60]) verliebt sich der Held in die Tochter eines Chatellain, — mithin in eine Person

59) Und diese lassen sich gleichfalls weit leichter aus der heiligen Schrift erklären. Z. B. aus Josuas und Gideons Posaune, aus Simsons Instrumente, womit er den Philistern vorgespielet hat, und welches noch jetzt in der Kunstgeschichte als ein Horn dargestellt wird, u. s. w.

60) Ich habe diesen Roman in einer Edition, mit gothischen Lettern in Octav zu Paris bey der Wittwe Bonsons ohne Jahrszahl gedruckt, vor mir. Ich halte ihn für einen der älteren,

von geringerem Stande, als er war, — und sie wird ohne weitere Umstände schwanger von ihm. [61]) Ogier tröstet sie, indem er ihr die Ehe verspricht, wenn er sich vorher durch tapfere Thaten würde ausgezeichnet haben. [62]) Aber er hält nicht Wort. Nach seiner Wiederkunft meldet ihm seine Geliebte, daß sie einen Sohn geboren habe, und bittet ihn, zu ihr zu kommen. Aber Ogier begnügt sich, ihr mehrere Gewänder von Wolle und Seide zu senden, und den Sohn zu sich zu nehmen. Der Mutter wird nicht weiter gedacht.

Bey dem Zweykampfe zwischen Ogier und dem saracenischen Helden Caraheu läßt ihn der erste mit den Worten herausfordern: que je lui devancerai pour aller en France, et que sa Dame conquesterai au tranchant de l'epée, (daß er ihm

und vermuthe, daß er unter Ludwig dem Siebenten oder Philipp dem Zweyten, (1068 — 1181.) verfertigt ist. Es hat aber offenbar ein älteres Gedicht dabey zum Grunde gelegen, dessen auch am Ende erwähnt wird.

61) Der Auszug, der in der Bibliothek der Romane steht, weicht ganz von der Edition ab, die ich vor mir habe. In dieser steht ganz kurz: Cependant qu'il êtoit prisonnier, avoit fortifié leurs loyales amours, et par tant de fois, que la Dame se trouva grosse d'enfant. Jener Auszug schiebt hier Umstände ein, um den Fall des Mädchens zu beschönigen.

62) Ha! Dame, disoit Ogier, laissez ces paroles; car Vous pouvez cognôitre la layouté, qui est en moi, et tant que Dieu me donnera vie, je ne Vous oubliérai. Mais pour l'amour de Vous ferais de beaux faits d'armes, quelque part que je sois, et moi retourné, s'il plaist à Vôtre pere, je Vous épouserai, et prendrai à femme.

den Weg abgewinnen würde, um ihm abzuhalten, in Frankreich einzudringen, und daß er ihm seine Dame mit der Schneide des Schwerts abgewinnen wolle.) Caraheu willigt sehr gern in die Bedingung, daß die schöne Gloriande dem Sieger bleiben solle. Denn sie macht sein höchstes Gut aus, und er kann sie keinem Bessern lassen. Er bittet darauf den Vater seiner Geliebten, sie mit ihrem schönsten Putze bekleidet als Zeugin des Kampfs auf das Schlachtfeld zu senden. „Denn, sagt er, ein so edles Bild und so süßes Konterfay ist das beste Mittel, Muth einzuflößen.“ [63]) Er kündigt ihr auch selbst die Bedingung lachend an, und versichert sie, ihre Ehre würde dabey nichts verlieren, der Preis eines so tapfern Helden, wie Ogier, zu werden. Gloriande antwortet, daß sie ihm nichts abschlagen könne, und läßt es sich nicht merken, wie unangenehm ihr diese Lage ist.

Eine solche Bestimmung über eine Geliebte, die zum Preise des Kampfs ausgesetzt wird, wie man ein jedes kostbares Meubel dazu aussetzen würde, beweiset sehr wenig Achtung für das Geschlecht, und erinnert an die Zeiten der griechischen Helden. Ogier beträgt sich seiner Seits sehr wenig galant gegen die Dame. Während des Kampfs nähert er sich ihr zuweilen, um ihr mit Lachen zu sagen: Ihr sehet, wie's geht; bald werdet Ihr mit mir fort müssen! Ich will nicht eher ruhen, als bis ich Euch gewonnen haben werde, und dann will ich Euch nach

63) Car toute force surmonte à voir si noble image et si douce portraiture.

Frankreich führen, Euch taufen lassen und heirathen! Ogier hatte Glorianden vorher noch nie gesehen. Ich glaube nicht, daß Ajax sich hätte ungalanter ausdrücken können!

Gloriande erscheint in demjenigen schönen Lichte der Beständigkeit, Treue und Hingebung für ihren Caraheu, das auch eine Briseis bey den Griechen auszeichnet. Sie hat nichts von dem Stolze und der Hoheit an sich, die wir gemeiniglich den Damen des Mittelalters beylegen. Ogier hatte den Caraheu besiegt: war aber von den Saracenen aus einem Hinterhalte überfallen, gefangen fortgeführt, und der schönen Gloriande zur Bewahrung anvertrauet. Caraheu, ohne auf das Interesse der Liebe Rücksicht zu nehmen, hört nur den Ruf der Ehre, und stellt sich im Lager der Christen als Geißel. Darüber wird Glorianden's Vater so aufgebracht, daß er seiner Tochter verbietet, weiter an ihn zu denken. Diese ist äußerst betrübt darüber. „Ist es nicht schön von Caraheu, sagt sie zu Ogier, daß er aus Liebe zu euch sich aufopfert! Ach! wo sind sie hin, die süßen Küsse, und die Umarmungen, die wir so oft genossen! die lieblichen süßen Blicke, die wir oft mit einander wechselten! Ach! lieber Freund Caraheu, Mahommed nehme dich in seinen Schutz!"

Ihr Vater befiehlt ihr, einem andern Fürsten ihre Hand zu geben. Aber sie versichert, daß so lange er leben wird, sie lieber sterben, als das ihm gegebene Versprechen brechen will. Der Vater wirft ihr sein Trinkgefäß an den Kopf. Der Nebenbuhler des Caraheu will ihr Gewalt anthun, und als sie ihm widersteht, klagt er sie eines verrätherischen Einverständnisses mit den Feinden an. Der Vater schlägt sie unter den niedrigsten Schimpfwörtern [64]) zur Erde nieder, und zieht sie bey den Haaren herum.

Inzwischen vertheidigt Ogier ihre Unschuld, und König Karl siegt über ihren Vater. Man sucht den Caraheu zur Annahme des christlichen Glaubens zu bewegen. Er lehnt es ab. [65]) Glorianden werden ähnliche Anträge gemacht, unter dem Versprechen, daß Ogier sie heirathen solle. Sie antwortet, daß wahre Liebe dieß nicht litte, obgleich Ogier schöner und besser sey, als sie es verlangen könne. Sie danke inzwischen dem Helden, der mit Gefahr seines Lebens so viel Muth für sie bewiesen habe. Ogier antwortet lachend: „Der Dank sey Gott! Aber ihr habt mir Ehre und Dienst erwiesen, als ich euer Gefangener war!"

Es herrscht in diesen Unterredungen eine rührende Einfalt, Wahrheit und Unbefangenheit. Aber gewiß sehr wenig von jener Courteoisie und Galanterie, wovon wir in den Werken der Troubadours bereits so deutliche Spuren angetroffen haben.

Ogier, unzufrieden mit Karln dem Großen, flieht zum Könige Disier nach der Lombardey. Die Königin verliebt sich in ihn. Sie bewegt ihren Gemahl, ihn seinem Feinde auszuliefern, und dieserhalb einen Brief an Karln zu schreiben. Sie fängt diesen auf, nachdem sie die Boten hat erschlagen lassen, und geht nun mit dem Beweise der Treulosigkeit ihres Gatten

64) Fauce putain, fauce paillarde.

65) J'aimerai mieux endurer grand tourment, que de fausser ma loi.

zum Ogier. Sie thut ihm einen sehr materiellen Liebesantrag, den aber Ogier abweiset, indem er die Dankbarkeit vorschützt, die er dem Könige schuldig sey. Die Königin hebt seine Bedenklichkeiten durch Vorzeigung des Briefes, und es folgt nun eine Vereinigung, deren Beschreibung den Anstand aufs äußerste beleidigt. Ogier bedankt sich beym Weggehen für den guten Zeitvertreib. [63])

Die Königin wird des Ehebruchs und der Verrätherey angeklagt. Ogier schickt einen seiner Ritter ab, ihre Unschuld in einem Zweykampfe zu vertheidigen. Die Königin hält bey dieser Gelegenheit eine Anrede an ihren Vertheidiger, die zu merkwürdig ist, um sie nicht hieher zu setzen. „Ihr wißt, edler Ritter, was an der Sache ist. Ich glaube, daß ich keinen Meineid begehe, wenn um der Liebe und des Lebens willen der Mund auf die eine Seite spricht, und das Herz seine eigenen Gedanken hat. Gott verlangt nicht den Tod des Sünders, sondern daß er sich bessere und bekehre: und darum mein Vertheidiger, fürchte ich keine Gefahr für euch!" Nein, nein! antwortet der Ritter; laßt mir die Sorge! — Die Königin wird gerechtfertigt. Ihr Ankläger, sagt der Autor, ward besiegt, so sehr das Recht auch auf seiner Seite war.

Bey der Gelegenheit, als der schönen Gloriande Gewalt angethan werden soll, schlägt sie ihrem Räuber dergestalt ins Gesicht, daß ihm die Zähne aus dem Munde fallen.

Nach dem Tode des Königs Archer von England, der Lehnsträger Karls des Großen war, läßt

66) Bons passetemps.

dieser dessen Tochter aus England kommen, um sie nach seiner Willkühr zu verheirathen. [67]) Er giebt sie dem Ogier. Beyde sagen, sie wollen sich in den Willen des Königs fügen, und damit trauet sie Turpin.

Ogier wird als ein wüthender, rachsüchtiger, aber äußerst religiöser Mensch geschildert. Er wird zum Strassenräuber, um sich das nöthige Geld zur Besoldung einer Armee anzuschaffen, mit der er Karln den Großen bekriegen will. Als ihm endlich sein Beleidiger, Karls Sohn, ausgeliefert wird, so will er diesem den Kopf abhauen. Alle Fürsten bitten ihn um Gnade für den Sohn ihres Lehnsherrn. Aber er versichert, daß ihn das nicht kümmere, und daß er sich rächen wolle. Er würde ihn auch wirklich umgebracht haben, wäre nicht ein Engel vom Himmel erschienen, der ihm befohlen hätte, seines Feindes zu schonen.

Ogier geräth durch eine Verrätherey der Tempelherrn in die Gefangenschaft der Saracenen. Sein Neffe, Gauthier, befreyet ihn. Dieser verliebt sich in die Tochter des Sultans von Mecca auf den bloßen Ruf von ihrer Schönheit. Bey der ersten heimlichen Zusammenkunft siegt Gauthier über ihre Unschuld. Er übernimmt nachher einen Zweykampf für die Christen, die großes Vertrauen in ihn setzen, weil er nicht bloß sehr tapfer, sondern auch sehr verliebt war. Bey dem Zweykampfe giebt ihm der Anblick seiner Geliebten neuen Muth. Als er einmahl strauchelt, richtet er sich mit dem Gedanken wieder auf, daß es ihm große Schande bringen würde, wenn seine Geliebte ihn fallen sähe, und daß sie ihn nie lieben würde.

67) Pour la marier à son plaisir.

Ogier wird nachher von der Fee Morgue, Schwester des Königs Artus, in das irdische Paradies versetzt, wo er zweyhundert Jahre bleibt. Er zeugt mit ihr einen Sohn, trinkt aus der Fontaine Jouvenze, und erhält von der Fee Morgue einen Holzschnitt, an dessen unversehrter Aufbewahrung die Dauer seines Lebens hängt; außerdem aber einen Ring, der ihn in Jugend und Kraft erhält, so lang' er ihn am Finger trägt. Er kehrt nach Frankreich zurück, wo ihm die Königin das Geständniß thut, daß ihr Mann bey seinem hohen Alter nicht mehr geschickt zu den Freuden der Liebe, dabey sehr eifersüchtig sey, und ihr wenig Freyheit lasse. Sie müsse daher ein anständiges Verständniß haben, [63]) und bitte ihn, bey ihr zu bleiben. Ogier schlägt dieß zwar aus, will sich jedoch nach des Königs Tode mit ihr trauen lassen, als er von der Fee Morgue in den Himmel entrückt wird.

So viel über den Inhalt des Romans, in so weit er zu meinem Zwecke dient. Man trifft hier keine irrenden Ritter an, die auf Abentheuer ausgehen, keine Tourniere, keine Gefechte zur bloßen Ehre einer Dame. Es sind Kriegs- und Staatsaktionen, Schlachten, Zweykämpfe, die das Schicksal von Ländern und Städten entscheiden, oder doch zur Rettung der Unterdrückten und Hülflosen unternommen werden. Darauf hat sich auch gewiß die Ritterschaft im zwölften und dreyzehnten Jahrhunderte beschränkt. Unser Roman spricht von drey Orden: dem Orden der Priesterschaft, der Ehe und der Ritterschaft, vermöge welches letztern man in der Welt herumreiset, den Glauben an Jesum Christum

68) Pourquoi m'est necessaire d'avoir quelque noble entendement.

aufrecht zu erhalten, und die Kirche, Armen, Witwen und Waisen zu vertheidigen.

Die Weiber erscheinen als geschonte, aber untergeordnete Geschöpfe, über die der Tapfere nach Willkühr disponiert. Dieser findet Muth im Anblick seiner Schönen, und setzt Werth auf ihren Beyfall und ihre Bewunderung; aber er hat keinen andern Zweck bey seiner Liebe als Sinnlichkeit, und die Grundsätze seiner Treue sind nichts weniger als streng. Die Heiligkeit der Ehe wird eben so wenig als die Unschuld des Mädchens geachtet. Dieses fällt, ohne die Niederlage durch innern Kampf, oder durch längeres Zögern mit Anstand und Sittlichkeit zu versöhnen. Die Tugenden der edleren Weiber sind Duldung und Treue: die Ausschweifungen der übrigen, selbst ihre Laster, werden mit einer Art von billigender Schonung erzählt. Ueberhaupt aber sind die Sitten roh, die Leidenschaften ungebändigt, und die Ritter zeigen nur diejenigen Tugenden, welche auch den wildesten Völkern, ja! verbrüderten Spitzbuben eigen zu seyn pflegen.

Der Einfluß orientalischer Ideen auf diesen Roman ist so auffallend, daß ich sagen möchte: es herrschte ein morgenländischer Geist darin. 69) Allein die Bekanntschaft mit der alten Geschichte und Fabel der Griechen und Römer ist gleichfalls darin unver-

69) Dahin gehört vorzüglich: die Fee Morgue, das irdische Paradies, die Wundergeschichten in dem Gefängnisse des Königs Artur, der Brunnen der Jugend, und mehr als Alles das, das ganze Benehmen der Helden gegen ihre Freunde und Feinde, die Anhänglichkeit Caraheus an seinem Glauben u. s. w.

kennbar,[70]) und die Sagen seiner Zeit sind dem Verfasser auch nicht unbekannt geblieben.[71])

Die übrigen Romane vom Hofe Karls des Großen scheinen in der Form, worin sie mir zu Gesicht gekommen sind, jünger als Ogier zu seyn. Aber es herrscht doch der nehmliche Geist darin: keine irrenden Ritter, wenig Ideen von veredelter Liebe!

Im Doolin von Mainz gewinnt dieser Held sehr bald die letzte Gunst Nikolettens, unter dem Versprechen der Ehe, und der Romanenschreiber läßt sie sterben, um ihn davon zu entbinden. Er heirathet nachher Flandrine, die Tochter eines Königs der Sessenen, die ihm von ihrer Mutter zugeführt wird, und mit der ihn Turpin ohne viele Weitläuftigkeiten trauet. Unterdessen heirathete ein anderer Held, Roboaster, gar nicht. Er trieb sein Wesen mit einem Fräulein, das, (ein sehr sprechender Nahme,) Plaisante hieß.

Der Roman Magis und Vivian zeigt gleichfalls nichts als einige sehr gewöhnliche, und höchst materielle Liebesverständnisse, welche der Erzählung der Kriegsbegebenheiten beygemischt sind, um diese anziehender zu machen. Magis, der Hauptheld, lebt mit der Fee Orlande, seiner Beschützerin, in der größten Vertraulichkeit: er verführt aber auch nebenbey die Königin von Tol do, und lebt mit ihr im fortgesetzten Ehebruche.

70) Unter andern der Umstand mit dem Holzschnitt, der aus der Fabel des Meleager genommen ist.

71) Lancelot, Artur, Morgane und andere Personen aus dem Cyclus der Tafelrundemythen werden angefuhrt.

Die vier Aymonds Kinder sind in dem nehmlichen Geschmack. Die Helden, in ewigen Fehden mit Karln dem Großen begriffen, haben zuweilen bonnes fortunes.

Der Roman Karl und die zwölf Pairs von Frankreich enthält eine Intrigue zwischen Balduin und der Frau Wittikinds, die gewiß nicht viel Achtung für Sittlichkeit und verfeinerte Liebe anzeigt.

Im Huon de Bourdeaux wird dieser zwar gestraft, als er sich mit der schönen Esclarmonde vor seiner Trauung mit ihr zu tief eingelassen hatte, allein das Unglück widerfährt ihm hauptsächlich dafür, daß er sich mit der saracenischen Prinzessin vor der Taufe abgegeben hat.

Eben so wenigen Antheil hat die edlere Liebe an dem Romane Valentin und Orson. Inzwischen wird doch in diesem und dem zuletzt genannten Romane die Treue der Liebhaber erprobt, und bewährt gefunden.

Ich unterstehe mich inzwischen nicht, einen der zuletzt genannten Romane in diese Zeit mit Gewißheit zu versetzen. [72])

72) Der Graf Tressan setzt sogar in dem Discours preliminaire zu dem Corps d' extrait de Romans de Chevalerie auch den Ogier ins vierzehnte Jahrhundert und nach allen Romanen von der Tafelrunde. Allein nach dem Grade der Kultur, die darin herrscht, zu urtheilen, muß er für älter gehalten werden.

Neuntes Kapitel.

Fortsetzung: Romane vom Hofe des Königs Artus, oder der Tafelrunde.

Die fabelhafte Geschichte Brittaniens von Gottfried von Monmouth wird gemeiniglich als eine Nachahmung der Geschichte Karls des Großen von Turpin, und als die Quelle der Romane vom Hofe des Königs Arthur oder Artus, angesehen. Aber Gottfried von Monmuth ist hauptsächlich den römischen Dichtern und Historikern gefolgt, und die Helden der Tafelrunde sind weder mit ihrem Nahmen noch mit ihren Begebenheiten bey diesem Schriftsteller anzutreffen.

Wenn man dieß Werk des zwölften Jahrhunderts liest, 73) so überzeugt man sich immer mehr von der geringen Kenntniß, welche die ersten Romanenschreiber von orientalischen Ideen gehabt haben, und von dem wahren Ursprunge der mehrsten ihrer Dichtungen.

Gottfried hat die Lücke ausfüllen wollen, die er in den Jahrbüchern seines Vaterlandes fand, und die Geschichte der Könige der alten Britten vor und nach Christi Geburt bis zu der völligen Unterwerfung Brittaniens unter die Oberherrschaft der Sachsen geliefert. Er hat die wenigen Nachrichten, welche uns die Römer von dieser Insel aufbewahrt haben, zum Grunde gelegt, und diese nicht ohne Witz zum Ruhme seiner

73) Ich habe folgende Uebersetzung zu Rathe gezogen: The brittish History, translated into English from the Latin of Jeffrey of Monmouth, by Aaron Thompson. London 1718. Das Original ist lateinisch geschrieben.

Nation auszubilden, und mit einer Menge von erdichteten Begebenheiten zu erweitern und auszufüllen gesucht. Nach dem Beyspiele Roms ist Brittanien von Helden, Trojanischen Ursprungs, bevölkert und angebauet worden. Ihr Anführer Brutus hat ihm den Nahmen gegeben. Die Insel ist, (so wie nach der alten Mythologie die ganze Erde,) von Riesen bewohnt gewesen, deren schrecklichster Goëmagot, (ein anderer Typhon,) vom Brutus besiegt wird. So wie Romulus mit seinem Bruder Remus über die Anlegung der ersten Stadt in Streit gerathen ist, so auch Brutus mit seinem Bruder Nennius. Ueberhaupt läßt sich der größte Theil der Begebenheiten, die hier vorkommen, in den Klassikern nachweisen. Nur wenige scheinen auf ältern Sagen zu beruhen. Aus dem Lucan und Juvenal werden Verse citiert: die genauere Bekanntschaft mit dem Virgil kann Niemand entgehen. Was mir aber am merkwürdigsten gewesen ist, ist dieß, daß die beyden Hauptmaschinerien der Ritterromane, die Riesen und die Zauberer, in derjenigen Gestalt, worin sie hier erscheinen, aus den Werken der Alten entlehnt sind.

Von dem Ursprunge der Riesen habe ich schon geredet. Die Giganten der griechischen und römischen Mythologie liegen dabey zum Grunde. Die Zauberer aber sind aus dem Apulejus genommen, dessen Werk vom Dämon des Sokrates ausdrücklich citiert, und zum Beweise angeführt wird, daß gewisse Dämonen, Incubi, sich mit Menschen vermischen und Zauberer zeugen könnten.

Es ist mir mehr als wahrscheinlich, daß der Zauberer Merlin nach dem Vorbilde des Apollonius von

Tyane, oder des Apulejus selbst, die beyde aus dem gelesensten der Kirchenväter, dem heiligen Augustin, bekannt waren, gebildet sey. Feen kommen inzwischen beym Gottfried noch nicht vor.

Die Ideen von Ritterschaft, von Tournieren, von Galanterie und Courteoisie liegen hier noch im Keime. Irrende Ritter giebt es gar nicht: nur ein Paar Zweykämpfe finden wir, um das Schicksal einer Belagerung von Paris zu entscheiden, und eine geraubte Schöne zu erretten. Bey dem Krönungsfeste des Königs Arthur wird eine große Vorliebe für pomphafte Aufzüge, und ein abgemessenes Ceremoniel gezeigt. Die Verfeinerung der Sitten, und der gute Geschmack in der Kleidung an diesem Hofe werden gelobt. Die Damen begehen ihre festlichen Zusammenkünfte getrennt von den Männern, „und darin, sagt der Verfasser, folgen die Britten bis auf diesen Tag der Sitte der Trojaner. Die Weiber, fährt er fort, waren wegen ihres Verstandes berühmt. Sie hielten keinen Mann ihrer Liebe würdig, der nicht in dreyen Schlachten Beweise seiner Tapferkeit abgelegt hatte. So forderte die Tapferkeit des Mannes das Weib zur Sittigkeit auf, und seine Liebe war für jenen ein Sporn zur Tapferkeit."

Nach dem Banquet, erzählt Gottfried weiter, gingen die Männer aufs Feld vor die Stadt hinaus, um sich dort mit einer Nachahmung der Gefechte zu Pferde zu belustigen. Die Damen standen als Zuschauerinnen auf den Wällen, und warfen auf eine unterhaltende Art ihren Anbetern geliebte Blicke zu, um ihren Muth zu entflammen. Der König Arthur theilte die Preise aus.

Dieß ist Alles, was man entfernter Weise zur Galanterie rechnen könnte, und was sich bey allen Völkern auf der nehmlichen Stufe der Kultur ungefähr in ähnlichem Maße wieder finden läßt. Die Liebe wird übrigens ganz sinnlich dargestellt. Uther Pendragon verliebt sich in die schöne Igerna, die Gattin des Herzogs Gorlois von Cornwallis, als er sie bey einem Feste sieht, und macht sie zum einzigen Gegenstande seiner Gedanken. Er bedient sie beständig mit neuen Gerichten, und sendet ihr durch seine Vertrauten goldne Becher zum Geschenke. Er wirft ihr freundliche Blicke zu, und redet sie mit muntern Worten an. Der Mann wird eifersüchtig und führt sie weg. Der König beklagt sich gegen seinen Vertrauten, daß seine Leidenschaft ihn um Gemüthsruhe und Gesundheit brächte, und daß ihn seine innern Qualen tödten würden, wenn seine Begierden keine Befriedigung fänden. Der Zauberer Merlin hilft ihm dazu, indem er ihm die Gestalt des Gatten der Dame giebt: eine Nachbildung der Intrigue zwischen Jupiter und Alcmene.

Von dem Orden der Tafelrunde kommt kein Wort in dieser Geschichte vor, so wenig wie von einem der Helden, die in dem Cyclus ihrer Fabeln eine Hauptrolle spielen. Hoel und Guerin sind die einzigen Namen, die man in beyden antrifft. Die Schwester des Arthur wird hier Anna genannt: seine Gemahlin Guanhumara: sein Schild heißt Pirven, sein Schwert Caliburn, seine Lanze Ron: alles anders als in den Romanen. Er wird als der tapferste aller Helden vorgestellt, der in einer Schlacht allein 470 Sachsen erschlägt. Sein Hofstaat besteht aus den tapfersten Männern aller Nationen, und ist ein Muster der Politur für alle übrige.

Vielleicht haben diese Lobeserhebungen des Königs Arthur und seines Hofes die nachfolgenden Romanenschreiber bewogen, ihre Helden daher zu entlehnen, und ihre Abentheuer dahin zu verlegen. Möglich bleibt es aber auch, daß ihre Dichtungen auf gewisse Sagen gebauet sind, die unabhängig von der Geschichte des Gottfried von Monmouth im Munde des Volks waren. [74]) Gewiß ist es, daß bereits die ältesten Romane vom Hofe Karls des Großen, und die Troubadours von Arthur, Lancelot, der schönen Genevieva, Tristan und Yseult reden. Wie es aber zugeht, daß Gottfried davon keinen Gebrauch gemacht, ob er vielleicht gefürchtet hat, seiner Geschichte dadurch ein zu fabelhaftes Ansehn zu geben? — das vermag ich nicht zu entscheiden.

So viel bleibt gewiß, daß die Romane von der Tafelrunde, die wir in Prosa besitzen, deutliche Spuren enthalten, daß sie aus mehreren ältern Gedichten zusammengesetzt sind, deren Situationen mit vielen Zusätzen vermehrt in eine annalistische Form gebracht sind. Wahrscheinlich sind sie erst dann verfertigt, als der Geschmack an der Dichtkunst zu sinken anfing. Sie unterscheiden sich von den Romanen vom Hofe Karls des Großen und von der Geschichte Gottfrieds von Monmouth durch den Geist der irrenden Ritterschaft, der in ihnen herrscht.

Ich vermuthe, daß sie größtentheils in demjenigen Theile von Frankreich verfertigt sind, der normänni-

74) Sprengel, Geschichte von England, (Allg. Weltgesch. 47ter Theil.) S. 91. behauptet, diese Sagen wären lange vor Gottfried bekannt gewesen.

schen Fürsten unterworfen war, und seit 1087 mit England in näherer Verbindung stand. Von den normännischen Abentheurern sind, wie ich glaube, die ersten Ideen von irrender Ritterschaft entlehnt, und die Kultur, welche wir früh im nördlichen Frankreich und in England antreffen, darf ich dem Zusammenfluß der Normänner aus diesen Gegenden mit den Griechen und Saracenen im untern Italien zuschreiben.

Doch ohne hier diese Vermuthungen weiter zu verfolgen und zu vertheidigen, will ich den Geist eines der ältesten Romane von der Tafelrunde in Beziehung auf meinen Zweck zu entwickeln suchen. Ich wähle dazu den Tristan de Lionois [75]) und habe davon eine sehr alte Ausgabe vor mir. Der vollständige Titel lautet: Tristan Chevalier de la table ronde, nouvellement imprimé à Paris. Sie ist in Quart mit gothischen Lettern, bey Michel le Noir 1520 gedruckt. In der Bibliotheque des Romans par Mr. le C. Gordon de Percel wird

75) Der Graf Tressan behauptet in seinem Corps d'extraits de Romans, er sey zwischen 1110 — 1120 lateinisch geschrieben. Le Grand setzt ihn ans Ende des zwölften Jahrhunderts, und behauptet, er sey der erste, der ursprünglich in Prosa geschrieben worden. Ich weiß nicht, worauf sich diese Behauptung gründet. Aber ich halte ihn, nach dem geringern Grade von Ausbildung der Rittergebräuche zu urtheilen, für älter als die übrigen Romane von der Tafelrunde: z. E. Lancelot du Lac, Perceforest, u. s. w. Aber wohl verstanden, in so fern wir diese in Prosa und weitläuftiger Ausdehnung besitzen. Denn kürzere Gedichte, welche sich mit den Begebenheiten dieser Helden, so wie auch Tristans, beschäftigt haben, sind gewiß schon früher vorhanden gewesen, da unser Roman darauf, als auf etwas Bekanntes, Beziehung nimmt.

keine gedruckte Ausgabe vor 1589 angezeigt. Eine deutsche, von dem Originale sehr abweichende Bearbeitung dieses Romans ist mir gleichfalls zu Gesicht gekommen. Sie ist ohne Jahrszahl bey Hofmann in Worms gedruckt, und aus den Reimen des Filhards von Oberet, der Angabe nach, gezogen.

In diesem Romane hält die Liebesgeschichte mit der Geschichte der Heldenabentheuer gleichen Schritt. Es sind die Begebenheiten zweyer Liebenden, ihrer unglücklichen Leidenschaft, ihrer Standhaftigkeit und Treue. Ihre Vereinigung geschieht sehr bald, sehr leicht, durch einen Liebestrank, den die Liebenden aus Versehen zu sich nehmen. Die Darstellung des Kampfs der Liebe gegen Pflicht, oder einer langen Bewerbung giebt nicht das Interesse her. Es liegt in den äußern Schwierigkeiten, welche die Liebenden bey dem Genusse ihrer Liebe finden, da die Dame Yseult la bleue an den König Marc verheirathet ist.

Es ist merkwürdig, daß die Romanenschreiber und die ihnen vorher gegangenen Dichter das Interesse ihrer Liebesgeschichten gerade in der Verbindung ihres Helden mit einer verheiratheten Frau gesucht, und aus diesem Umstande die Hindernisse hergeleitet haben, die sich der Liebe entgegen setzten. Die Gründe dieser ziemlich allgemeinen Erscheinung sind jedoch oben entwickelt. Die Situation ist unmittelbar aus den damahligen geselligen Verhältnissen der beyden Geschlechter gegen einander gezogen. Sie gewährt dem Romanenschreiber dasjenige Interesse, das wir allemahl an den Schwächen der Sinnlichkeit nehmen, wenn diese durch Umstände und Leidenschaft entschuldigt werden, und glänzende Folgen ihre Fehltritte bedecken.

Die irrende Ritterschaft erscheint hier in ihrem vollen Glanze. Die Ritter kämpfen nicht bloß im Kriege zwischen Nationen in gedrängten Haufen, in der Schlacht, sondern sie suchen einzeln Abentheuer auf, und messen ihre Kräfte mit denen anderer Abentheurer, ohne allen weitern Zweck als den, Proben ihres Muths, ihrer Stärke und ihrer Geschicklichkeit abzulegen.

Der Nahme Galanterie kommt nirgends vor. Die Weiber werden ziemlich so geschildert, wie wir sie bey Völkern auf der ersten Stufe der Kultur antreffen. Die Prinzessin Yseult von Irland versteht sich auf die Arzneykunst: sie wartet den Rittern bey Tische, ja! sogar in Begleitung ihrer Mutter im Bade auf. Wir finden mehr als ein Beyspiel von Prinzessinnen, die den Rittern zuerst Liebesanträge thun, und diese Liebe hat überall sehr materielle Zwecke. Der Vater hat ein unbedingtes Recht, die Hand seiner Tochter zu vergeben, und diese wird gar nicht um ihre Einwilligung gefragt. So verheirathet der König von Irland seine Tochter an den König Marc, und der König von Klein-Bretagne die seinige an Tristan. Die Söhne der Königin Dorcanie, Gauvain und Gahieriet, drohen ihre Mutter umzubringen, wenn sie ihr Liebesverständniß mit Lamoral de Galles fortsetzt. Telemach kann sich beym Homer gewiß nach unsern Begriffen nicht unanständiger gegen seine Mutter Penelope ausdrücken, als es hier diese beyden Ritter gegen die ihrige thun.

Die Damen sind nur selten bey den Tournieren zugegen, und wenn sie es sind, so stehen sie in der Entfernung an den Fenstern, verhüllt, und ohne den Antheil öffentlich zu zeigen, den sie an ihren Rittern nehmen. Diese empfangen nicht den Dank aus ihren Händen, tragen nicht ihre Farben, nicht die Geschenke, welche als Merkmahle ihrer Gunst gegeben sind. Alles das scheinen Ideen neuerer Zeiten zu seyn. Die Ritter schlagen sich um des Vorzugs der Schönheit ihrer Damen willen, wie sie sich darum schlagen, wenn einer dem andern seinen Nahmen nicht nennen, oder nicht aus dem Wege gehen will. Diese Veranlassung zum Streit scheint mehr dem Muthwillen der Kraft, als der Liebe anzugehören. Der Charakter der Haupthelden des Stücks wird bloß durch den Ausdruck ihrer Leidenschaft, durch ihre Standhaftigkeit und Treue interessant. Diese werden jedoch nicht sonderlich auf die Probe gesetzt. Yseult steht im Schatten gegen Tristan. Sie zeigt sehr laxe Begriffe von Sittlichkeit. Sie hat dem Gatten ihre treue Begleiterin, Brangien, in der ersten Hochzeitsnacht untergeschoben, damit dieser den Verlust ihrer Unschuld nicht bemerken solle, und sie zettelt nachher einen Plan an, diese treue Freundin umbringen zu lassen, und dadurch die Spuren ihres Betrugs völlig zu vertilgen. Sie ist es, die ein fortgesetztes heimliches Verständniß, wobey ihr Ruf nicht gefährdet wird, einer Entführung, wozu ihr Geliebter räth, vorzieht. Sie ist es, welche nachher, als dieser aus Rechtschaffenheit sich verheirathet, ihn seiner Gattin abspenstig macht. Sie ist es, die dem Schwager ihres Tristans durch einen heimlich an ihn geschriebenen Brief Hoffnungen giebt: sie ist es endlich, die ihrem Gemahl, als sie sich verrathen sieht, ihre Leidenschaft frech gesteht, und ihn sogar verläßt, um mit Tristan in einem doppelten Ehebruche öffentlich zu leben.

Tristan ist das Modell eines vollkommenen Liebhabers nach den Begriffen der damahligen Zeit, d. h. er ist höchst unternehmend zum Ruhm seiner Dame, und zugleich höchst empfindsam (langoureux.) Seine Bekanntschaft mit Yseult fängt damit an, daß diese ihn von seinen Wunden heilt. Inzwischen macht dieß keinen zärtlichen Eindruck auf sein Herz. Erst durch Eifersucht gegen Palamedes, der sich vor ihren Augen auszuzeichnen sucht, wird ihm der bloß eitle Gedanke eingeflößt, ihm den Rang abzugewinnen. [76]) Als er gesiegt hat, wird er gefragt, wer den Preis davon getragen hätte? „Die schönste Demoisell, antwortet er, die ich je gesehen habe!“ Als er nachher Irland verlassen muß, vergißt er ihrer bald, wie der Autor sagt, und verliebt sich in die Frau des Segurades, mit der er auch eine sehr materielle Intrigue durchführt. Als er nachher seinem Onkle Marc schwört, daß er ihm die schöne Yseult als Gattin zuführen will, zeigt er keinen Schmerz darüber, sieht sie ohne Gemüthsbewegung wieder, reiset gleichgültig mit ihr ab, und wird nur gemeinschaftlich mit ihr durch einen Liebestrank, den Beyde aus Versehn mit einander leeren, von Liebe entflammt. Der Autor hat durch diese Maschinerie dem Interesse seines Werks unstreitig

76) Son coeur monta en orgueil et en bombant pour la Demoiselle.

geschadet; aber er hat sie für nöthig gehalten, um das Unsittliche in dem Verständnisse seines Helden zu mildern.

Von dieser Zeit an lebt Tristan mit Yseult in der engsten Vertraulichkeit, die aber durch die Eifersucht des Königs Marc oft unterbrochen wird. Endlich entschließt sich Tristan im Gefühl der Unrechtmäßigkeit seiner Verbindung, sich zu verheirathen. Allein er lebt mit seiner Gattin, ohne die Ehe zu vollbringen, und kehrt bald zu seiner Geliebten zurück. Der Verdacht einer von ihr begangenen Untreue stürzt ihn in Verzweiflung, und bringt ihn um seinen Verstand. Er erhält diesen endlich wieder, setzt den König Marc gefangen, und zieht mit seiner Dame zum König Artus. Allein unterdessen, daß er den St. Graal sucht, wird Yseult mit dem Könige Marc durch Vermittlung des Königs Artus wieder ausgesöhnt. Tristan sieht seine Dame noch einmahl, und da er nach Bretagne zurückkehren muß, nimmt er mit ihr die Abrede, daß sie lebendig oder todt wieder zusammen kommen wollen. Schiffe mit schwarzen Segeln sollen ihre Leichen überbringen. Weiße Segel aber sind das Zeichen ihres Lebens.

Tristan wird einige Zeit darauf, als er einen seiner Freunde auf einem verliebten Abentheuer begleitet, mit einem giftigen Pfeile verwundet. Er läßt seine Dame bitten, überzukommen, um ihn zu heilen. Seine Frau, die sein Verhältniß mit ihrer Nebenbuhlerin, und die zwischen ihnen getroffene Verabredung erfahren hat, bringt ihm die Nachricht, daß ein Schiff mit einem schwarzen Segel ankomme.

Tristan, der seine Geliebte für todt hält, stirbt vor Gram, und Yseult folgt ihm bald nach.

Ich übergehe eine Menge von Episoden: die Nebenbuhler, die Tristan an Palamedes und seinem Schwager Rehedin findet, von denen der letzte vor Liebe stirbt, der erste aber überall durch Heldenthaten um den Besitz des Herzens seiner Dame mit ihm wetteifert, sich aber weit weniger tapfer und edel darstellt u. s. w.

Das Charakteristische der Form, welche die Liebe in diesem Werke annimmt, ist die Mischung des Unternehmungsgeistes des Liebhabers und seiner Ruhmsucht mit der hinschmelzenden, weinerlichen Stimmung seines Gemüths. Man sieht, daß der Verfasser seine Helden besonders dadurch interessant zu machen sucht, daß er ihnen eine doppelte Art des Edelmuths: den rüstigen, wackern, und den hinschmelzenden, beylegt.

Inzwischen finden wir bereits einen Charakter, der über den Ernst in der Liebe spottet, und sie als ein Mittel zum geselligen Vergnügen betrachtet. Dieser Ritter heißt Dinadam. Er wird zwar nicht als der erste unter den Helden dargestellt, aber er ist doch Tristans Freund und Waffenbruder. Dieser Charakter kommt nachher in mehreren Romanen wieder vor. 77) Er beweist, daß es auch in der Welt der irrenden Ritter zwey Arten über die Liebe zu denken

77) Dinadam sagt unter andern: Oncques certes pour Dames ne pour Demoiselles ne me penay armes porter. Amours ne me poignent pas de si dures aiguilles, que j'en mette a mort mon corps pour elles. — Comment, sagt Yseult, Vous êtes Chevalier errant, et si n'aimez pas par amours?

gab, und daß selbst die leichtere nicht völlig getadelt wurde. Der Ausdruck der Leidenschaft ist übrigens äußerst naiv und wahr, und die Situationen haben zum Theil eine ergreifende Individualität.

Merkwürdig bleibt es zu gleicher Zeit, wie ausgebildet die Begriffe von Humanität und Courteoisie in diesem Romane, in Vergleichung mit den ältern Romanen vom Hofe Karls des Großen erscheinen. Hier ist der Held immer bescheiden: hier streiten Tristan und Lancelot um den Vorzug, ihr Verdienst dem Verdienste des Andern nachsetzen zu können: hier entläßt der Wirth seinen Gast, den er als den Mörder seines Verwandten erkennt, weil er die Rechte der Gastfreundschaft ehrt: hier befreyet der Ritter seinen Feind, der ihm den Tod geschwören hat, und nimmt Abrede mit ihm, sich an einem andern Orte auf Leben und Tod zu schlagen: hier endlich beweint der Nebenbuhler den Tod des begünstigten Liebhabers, um des Verlustes willen, den die Ritterschaft an ihm leidet.

Auffallend ist neben diesen Zügen von Edelmuth der Mangel an sittlichem Gefühle in so manchen andern Dingen. Tristan macht sich kein Gewissen daraus, seinen Freund auf einem verliebten Abentheuer zu begleiten, und den Gatten, der ihn verfolgt, über den Haufen zu stoßen. Yseults Verrätherey an Brangien wird mit der größten Gleichgültigkeit erzählt, u. s. w. Ueberhaupt erhalten alle Vergehen, zu denen die Liebe Veranlassung giebt, den Schein leicht zu verzeihender Schwächen.

Ungeachtet eine gewisse ferne Bekanntschaft mit verschiedenen Ideen der Morgenländer nicht zu verkennen ist, so scheint mir doch ein vertrauterer Umgang mit den Werken der Römer noch mehr hervorzuscheinen. Verschiedene Situationen sind offenbar aus der alten Fabellehre entlehnt. So ist die Episode des Apollo, der seine Mutter Chlorinde heirathet, und seinen Vater Sadoc erschlägt, offenbar nach der Geschichte des Oedipus gebildet: so ist in dem Ausgange des Romans, dem Tode des Tristan, der durch die Verwechselung der Segel veranlaßt wird, die Geschichte des Theseus nicht zu verkennen. Was aber am allersonderbarsten ist, jene Enthaltsamkeit, die Tristan gegen seine Frau aus Liebe zu seiner Geliebten beobachtet, ist ganz im Geiste der griechischen Romane, und eine ähnliche Situation findet man namentlich im Achilles Tatius.

Ich wage es nicht, irgend einen der übrigen Romane von der Tafelrunde in das zwölfte und dreyzehnte Jahrhundert zu setzen. Die Gebräuche und Sitten der Romane Perceforest, Lancelot dû Lac, Bliomberis, und einiger andern, deuten, wie mich dünkt, auf eine spätere Zeit hin.

Inzwischen bin ich aller angewandten Mühe ungeachtet nicht so glücklich gewesen, irgend einen davon im Originale einzusehen. Ich kenne sie bloß aus Auszügen, welche St. Palaye und die Bibliothek der Romane davon liefern. Nach diesen zu urtheilen herrscht im Lancelot eine ähnliche Intrigue wie im Tristan. Aber die Gebräuche der Ritterschaft haben schon eine gebildetere Form erhalten, und die Huldigungen, welche der Muth der Schönheit bringt, nähern sich mehr den Lehnsgebräuchen. Lancelot erscheint als Dienstmann der Königin Genevieva; er wirbt um ihre Gunst durch Heldenthaten, und wird förmlich von ihr zum Ritter angenommen.

In dem Romane Bliomberis ist die Intrigue noch um einen Grad mehr veredelt. Der Ritter steht in einem geheimen und verbotenen Verständnisse mit der unverheiratheten Tochter des Königs Pharamund. Diese verspricht demjenigen ihre Hand zu geben, der sich binnen zwey Jahren am mehrsten auszeichnen würde. Natürlich muß dieß Bliomberis seyn, und die Gefallenen richten sich dadurch wieder auf, daß die Dame demjenigen öffentlich angehören darf, der schon lange vorher das Recht gehabt hatte, ihr im Geheimen anzugehören.

Zehntes Kapitel.

Spuren einer edleren Denkungsart über die Liebe in der wirklichen Geschichte im zwölften und dreyzehnten Jahrhunderte.

Gehen wir auf die wirkliche Geschichte zurück, so finden wir im dreyzehnten und vierzehnten Jahrhunderte nur sehr schwache Spuren einer edleren Denkungsart über die Liebe, wie sie in den Werken der Troubadours erscheint.

Der Glaube an unschuldige Verbindungen zwischen Personen von verschiedenem Geschlechte außer der Ehe kann gewiß nicht ausgebreitet gewesen seyn, da wir so viele Satyren, so viel lustige Erzählungen aus diesen Jahrhunderten besitzen, die betrogene Ehemänner und Eltern zum Gegenstande haben. Gewiß ist auch die Idee, daß eine ungesetzliche Verbindung Nachsicht verdiene, wenn nur der äußere Anstand bewahrt würde, nicht allgemein angenommen gewesen. Die Verdorbenheit der Sitten war zu groß, und die gesellige Kultur zu geringe, als daß der große Hause auf diesen Vergleich zwischen dem sittlichen Gefühle und der Sinnlichkeit hätte gerathen sollen. Durch die Kreuzzüge ward ein sehr nachtheiliger Tauschhandel von Ueppigkeit und Lastern zwischen Europa und Asien eingeführt. Selbst der heilige Ludwig war genöthigt, durch gesetzliche Vorschriften den Handel einzuschränken, den Ehemänner mit der Keuschheit ihrer Weiber trieben. 78)

Von der Verehrung, welche dem weiblichen Geschlechte bey öffentlichen Gelegenheiten gezollt seyn soll, finden wir in diesen Jahrhunderten gar keine Spur. Selbst in der Romanenwelt erscheinen sie nicht öffentlich bey Tournieren, theilen nicht den Preis aus, und sind nicht Schiedsrichterinnen des Kampfes. Alles dieß gehört in spätere Zeiten.

Sicher hat man dem Ritter bey der Ertheilung seiner Würde die Verehrung des zärteren Geschlechts nicht weiter zur Pflicht gemacht, als in so fern dessen bedrängter Zustand seine Hülfe und seinen Schutz verlangte.

Wir haben noch die Formel, wornach Graf Wilhelm von Holland die Ritterwürde erhalten hat: 79) wir haben noch die Beschreibung der Feyerlichkeiten, mit denen die Ritter des heiligen Grabes und anderer Orden

78) St. Palaye nach der deutschen Uebersetzung im zweyten Theile S. 265 bis 276. Meiners Geschichte der Weiber S. 246 und ff.

79) Klübers Uebersetzung des St. Palaye S. 230 des ersten Theils.

aufgenommen wurden. Alles erstreckt sich auf die Verbindlichkeit, hülflose Wittwen und Waisen zu beschützen. 80)

Ich finde nur einen einzigen Zug beym Joinville, der auf den Einfluß schließen läßt, den das Frauenzimmer auf den kriegerischen Muth der damahligen Zeit gehabt haben kann. Joinville, der bekanntlich im Gefolge des heiligen Ludwigs war, vertheidigte mit dem Grafen von Soißons eine Brücke gegen die Saracenen. Bey dieser Gelegenheit sagte der Graf von Soißons: „Bey Gott! von diesem Tage wollen wir vor den Damen sprechen, wenn wir erst wieder daheim sind!“ 81) Diese Eitelkeit, die nichts für Liebe zu einer besondern Dame zeugt, legt der Denkungsart des Zeitalters nichts Charakteristisches bey.

In das zwölfte Jahrhundert gehören die berühmten Briefe der Heloyse an Abeilard. Man findet in ihnen den Ausdruck der heftigsten und dauerndsten Leidenschaft, aber nichts, was ihre Form, als diesem Zeitalter besonders angehörend, auszeichnete. Was sie mir merkwürdig macht, ist die auffallende Nachahmung der Alten, und besonders der Heroiden des Ovid, die sich so deutlich zeigen. Auffallend, und mit dem Geiste der in

80) Diese waren befriedete Personen. In dem allemannischen und sächsischen Landrechte werden Geistliche, Frauenzimmer und Juden darunter gerechnet, und in eine Klasse gesetzt. S. Fischers Geschichte des deutschen Handels erster Theil S. 363.

81) Et par la Creffe Dieu, encore parlerons nous, Vous et moy, de ceste Journee en chambre devant les Dames. Histoire du Roi St. Louis par Joinville, Edit. de du Cange à Paris 1668. p. 47.

den Werken der Troubadours herrscht, übereinstimmend, ist auch die Aeußerung Heloysens, daß sie lieber in ungebundener Liebe mit Abeilard leben, als seine Gattin hätte werden wollen, theils, um mehr von ihm geliebt zu werden, theils, um seinem Ruhme weniger zu schaden. Ein Gedanke, den man zwar schon bey den Alten findet, der aber Vieles in der Denkungsart des damahligen Jahrhunderts aufklärt. Endlich scheint auch der Umstand bemerkungswerth, daß Heloyse an ihrem Geliebten besonders zwey Vorzüge unwiderstehlich gefunden hat: seine Beredtsamkeit, und sein Talent für Dichtkunst und Musik. „Seine Gedichte, sagt sie, wären in Jedermanns Munde, und hätten ihr Lob und ihre Liebe eben so allgemein verbreitet, als Neid und Mißgunst unter ihrem Geschlechte erweckt."

Wie sehr widerlegen aber auch diese Briefe die Meinung derjenigen, welche sich die edlere Liebe der damahligen Zeit rein von aller Sinnlichkeit vorstellen! Heloysens Liebe überlebte den Verlust körperlicher Freuden, aber sie beweinte ihn, und sehnte sich oft nach ihnen zurück.

Laßt uns aus allen diesen Zügen, welche die Welt der Dichtung, so wie die wirkliche im zwölften und dreyzehnten Jahrhunderte liefern, so viel schließen: daß nur wenig Menschen daran gedacht haben, ihre engeren Geschlechtsverbindungen zu veredeln: daß selbst von diesen wenigen kein Zusammenhang, keine Uebereinstimmung in ihrer Denkungsart über die Liebe zu erwarten sey: daß man bey ihnen keine Begriffe von reiner Seelenliebe annehmen dürfe: daß aber der Geschmack im Ganzen dahin gegangen sey, sich die Leidenschaft der Geschlechtssympathie als die Nährerin des kriegerischen Muths und der Ruhmbegierde, und als die Beförderin des sympathetischen Edelsinns, der feineren Sitten, und der geselligen Unterhaltung zu denken, und daß man endlich diese Vorzüge besonders von einem ehelosen Verständnisse mit Damen von hohem Stande erwartet, und ihnen entweder unvermeidliche Fehltritte nachgesehen, oder vorausgesetzet habe, daß diese letzten, äußerer Hindernisse wegen, nicht leicht Statt finden könnten.

Darstellungen der Liebe unter dieser Gestalt haben besonders in Gedichten und Romanen gefallen. Hin und wieder, aber gewiß nicht häufig, sind wirkliche Verbindungen auf ähnlichen Grundsätzen gebauet gewesen.

Versteht man nun unter dem Worte Galanterie eine allgemein ausgebreitete und festgegründete Sitte, wornach der Einfluß edlerer Geschlechtsverbindungen auf das wirkliche Leben anerkannt und gebilligt würde, so läßt sich in diesen beyden Jahrhunderten nur der Keim dazu antreffen.

Ein und zwanzigstes Buch.

Denkungsart des Abendlandes über Geschlechtsverbindung und Liebe, im vierzehnten, funfzehnten, sechzehnten Jahrhunderte, und zu Anfang des siebzehnten. Weitere Ausbildung der Galanterie.

Erstes Kapitel.

Einleitung.

Ich halte mich berechtigt, mit dem vierzehnten Jahrhunderte eine neue Periode angehen, und diese bis in die erste Hälfte des siebzehnten fortdauern zu lassen. Die nähere und mehr ausgebreitete Bekanntschaft mit den Werken der Alten, und besonders mit denen des Plato, der romantische Hof Eduards des Dritten, die beginnende Ausbildung der Landessprachen unter den mehrsten Nationen von Europa, das Erscheinen des Petrarka und der spanischen Romane machen hier Epoche, in so fern eine solche sich in der Geschichte der Sitten annehmen läßt. Von nun an fängt das Bestreben an, dem Abentheuerlichen in den Gesinnungen des zwölften und dreyzehnten Jahrhunderts einen excentrischen Adel, der Förmlichkeit ihres Ausdrucks in den Verhältnissen des geselligen Lebens Grazie beyzulegen. Sowohl in dieser Periode als in der vorigen entfernten sich die Menschen von dem Natürlichen und Geschlanken. Aber die früheren aus Ueberspannung und Unbehülflichkeit: die letztern aus Anmaßung und Ziererey. Die Sitten behielten in ihren Grundzügen die nehmliche Gestalt, welche ihnen die vorigen Jahrhunderte gegeben hatten, aber die nachfolgenden arbeiteten sie aus dem Rohen aus. Dieß hat den Irrthum befördert, diejenige Denkungsart, welche im vierzehnten, funfzehnten, sechzehnten und siebzehnten Jahrhunderte herrschend war, bereits dem zwölften und dreyzehnten, ja! dem ganzen Mittelalter beyzulegen.

Bis zur Majorennität Ludewigs des Vierzehnten in Frankreich scheinen die Sitten, ihrem Hauptcharakter nach, ziemlich die nehmlichen geblieben zu seyn, und bis dahin lasse ich auch die jetzt angefangene Periode fortdauern. Besonders hat die Galanterie in diesem Zeitraume ihren Rahmen, eine bestimmtere Form, und ihren höchsten Wachsthum erhalten. Man darf jedoch auch hier keinen ununterbrochenen Zusammenhang, keine Allgemeinheit der Grundsätze, und noch weniger Stätigkeit in ihrer Befolgung bey der Menge annehmen. Die Galanterie hat oft in einem und dem nehmlichen Jahrhunderte verschiedene Wechsel des Flors und des Verfalls erfahren. Sie ist nach Verschiedenheit der Länder und Nationen sehr verschieden modificiert worden. Dieser letzte Umstand unterscheidet die gegenwärtige Periode besonders von der vorigen, worin eine verfeinerte Art, über Geschlechtsverbindung und Liebe zu denken, nur auf wenig kultivierte Länder eingeschränkt war. Noch aber muß man die Galanterie hauptsächlich unter den obersten Ständen aufsuchen, und selbst hier nicht erwarten, daß ihr Ansehen völlig unbestritten gewesen sey. Es gab selbst unter den Hofleuten mehrere Indifferentisten, Ungläubige und Spötter ihrer Würde und ihrer Lehren. Was die Dichter und Historiker der damahligen Zeit — und diese letzten waren vermöge ihrer Liebe zu dem Wunderbaren oft bloße Romanenschreiber, — von der Achtung gegen das schöne Geschlecht erzählen, darf nicht unbedingt als wahr, und allgemein eingeführt angenommen werden. Kurz! bey dem Sittengemählde, das wir von dieser Periode aufzustellen haben, ist vielleicht mehr als irgend sonst die höchste kritische Behutsamkeit, und eine genaue Unterscheidung der Länder, Zeiten, Stände und Quellen unserer Nachrichten nöthig.

Zweytes Kapitel.

Philosophie des gemeinen Lebens, schöne Litteratur, Geist der Ritterschaft, geselliger Ton überhaupt, in dieser Periode.

Der Zeitraum, den ich hier umfasse, hat also diejenigen Sitten, wozu das zwölfte und dreyzehnte Jahrhundert die Anlage geliefert hatten, weiter ausgebildet.

Auffallend ist es, daß der wiederauflebende Geschmack in den schönen Künsten, in der Philosophie, und den Verhältnissen des geselligen Lebens, beynahe in eben der Gestalt wieder erscheint, worunter er zu den Zeiten des Verfalls des Römischen Reichs allmählig vor unsern Augen verschwunden war. Die Gründe sind nicht schwer zu errathen. Er war nie ganz untergegangen: weder in den occidentalischen Schulen, noch unter der guten Gesellschaft von Konstantinopel: und der menschliche Geist versuchte fortwährend seine Kräfte gegen den Druck des Aberglaubens und politischer Despotie.

Nachdem auf der allgemeinen Kirchenversammlung zu Vienne im Jahr 1311 verordnet war, daß auf den berühmtesten Universitäten des Abendlandes Lehrstühle der griechischen und arabischen Sprachen angesetzt werden sollten; nachdem die Gelehrten immer mehr anfingen, in ihrer Landessprache zu schreiben; so ward die Bekanntschaft mit den Werken der Alten, mit ihrer Philosophie und ihrem Geschmack immer genauer und ausgebreiteter. Aber die Scholastik, der Mysticismus, die Autorität der Kirche, hemmten den Flug des forschenden Geistes, und zogen ihn größtentheils vom Nachdenken über Angelegenheiten des praktischen, besonders des geselligen Lebens ab. Die Versuche dieser Zeit, über die Sitten zu philosophieren, enthalten spitzfindige Untersuchungen über die Natur und die Bestimmung des menschlichen Willens, wobey man die Lehren der ältern Philosophen, der Araber und der Kirchenväter zu vereinigen suchte; alle bemühen sich, den Menschen von den Dingen dieser Welt zur Vereinigung mit Gott zurückzuführen. Ein unnützer Prunk mit Citaten, Grübeleyen, allegorischen Bildern und Deklamationen zeichnet sie eben so sehr aus, als die Ueberspannung der Begriffe von menschlicher Vollkommenheit.

Man findet also gleich hier den allgemeinen Charakter der Zeit wieder: eingebildeten Adel, falschen Schmuck. Der Mensch sollte von der Sinnlichkeit abgezogen, und schon hier ins Reich der Geister eingeführt werden, und man nutzte diese Lehre, um Gelehrsamkeit, Erfindungskraft, Witz und Wohlredenheit an den Mann zu bringen. Die mehrsten Dichter der damahligen Zeit machten Anspruch auf tiefe Kenntniß der Philosophie, und die Philosophen auf Dichter; oder wenigstens auf Rednertalent. Citate aus der Bibel und aus den Kirchenvätern wechselten mit andern aus den Dichtern und Philosophen der Alten, und die Mythen des Plato dienten so gut wie die Schöpfungsgeschichte des alten Testaments und die Astrologie zur Erklärung unserer Triebe.

Zweyerley Hauptarten gab es damahls unter den Philosophen, welche über die Natur des Menschen und seine Bestimmung nachdachten. Die eine vertiefte sich in spitzfindige und metaphysische Spekulationen: die andere hing einem religiösen Mysticismus nach, der in frommer Einfalt und mit einem brennenden Herzen an Gott hing, und die Wirkungen, welche die Leidenschaft zum Geschlecht einflößen kann, auf die Liebe zu dem höchsten Wesen übertrug.

Nur einzelne Philosophen warfen späterhin die Fesseln ab, welche ihnen ihr Zeitalter anlegte. Aber ihre Untersuchungen waren entweder nicht auf Angelegenheiten des geselligen Lebens gerichtet, oder, so wie beym Montaigne, nicht mit demjenigen Enthusiasmus vorgetragen, der die Herzen ihrer Zuhörer mit sich hätte fortreißen mögen.

Die schöne Litteratur nahm Vieles von dem Geiste der damahls herrschenden Philosophie in sich auf: Besonders die metaphysische Wendung in der Betrachtung der Leidenschaften, und die excentrischen Ideen über die Bestimmung des Menschen. So wie ihre Schwester, — und in diesem Zeitraume zeigt sich zuerst im Mittelalter die Anerkennung ihrer Verwandtschaft — so wie die Philosophie, sag' ich, prunkte auch die Dichtkunst mit einem unnützen Aufwande von Gelehrsamkeit. Das Bestreben, fremde Muster und einheimische Vorgänger an poetischem Schwunge und Ausdruck zu übertreffen, verbunden mit falschen Begriffen von Politur und Leichtigkeit, brachte weit hergehohlte Allegorien, überspannte Empfindungen, hyperbolische Redefiguren, und zugleich die Sucht hervor, überall elegant und witzig zu erscheinen.

Inzwischen gewannen doch die einheimischen Sprachen an Bildung, und die dichterischen und rednerischen Kompositionen erhielten mehr innern Zusammenhang, Ordnung und Wahrscheinlichkeit. Italien brachte im funfzehnten und sechzehnten Jahrhunderte auf gothischem Grunde Früchte hervor, welche der Geist der Alten genährt und gewartet hatte; England und Spanien lieferten Werke, in denen das Genie den Mangel an gutem Geschmack oft übersehen läßt. Aber dieß letzte Land ward auch vermöge des ausgebreiteten und starken Gewichts, das es in allen Ländern von Europa hatte, eine der Hauptursachen, wodurch das Uebertriebene, Abentheuerliche, Pomp, hafte, das Inhalt und Styl der spanischen Dichter und Romane auszeichnet, und das sie wahrscheinlich den Arabern zu danken hatten, den bescheidenern Glanz der Italiäner, und die Wahrheit, Natur und Einfachheit der Alten verdrängte. Ueberhaupt waren die Spanier und Italiäner die Lehrer der übrigen Nationen, deren Nachahmungssucht zwischen dem Geschmack beyder schwankte, und sich bald mehr zu dem einen, bald mehr zu dem andern hinneigte.

Man darf sich den Einfluß der schönen Litteratur auf die untern Stände in diesen Zeiten lange nicht so stark denken, als bey uns, wo die Gelegenheit, Bücher zu erhalten, durch die Buchdruckerkunst so sehr erleichtert, und die Neigung zur Lektüre so allgemein verbreitet ist. Die Bildung für das gesellige und handelnde Leben, welche durch Bücher erhalten werden kann, schränkte sich hauptsächlich auf die obern Stände, auf die Höfe, und die reicheren Bürger großer Städte ein.

In den Sitten dieser Klasse ist der Einfluß einer durch die genauere Bekanntschaft mit den Alten verbesserten Litteratur nicht zu verkennen. Das, was man den Geist der Ritterschaft nennt, hat ihn besonders empfunden, und sein Wesen in dieser Periode verdient um so mehr eine nähere Beleuchtung, da er mit der Galanierie in so genauem Verhältnisse steht.

Man hat unstreitig von sehr frühen Zeiten an den Stand der wehrbaren Männer, die zu Pferde stritten, von demjenigen der Soldaten, die zu Fuße kämpften, unterschieden. Man hat die Aufnahme in jenen ersten Stand mit Ceremonien begleitet, und ihm gewisse besondere Pflichten vorgeschrieben. Diese förmliche Wehrbarmachung ist um so wichtiger gewesen, da sie gemeiniglich mit der Belehnung über gewisse Güter verbunden gewesen ist. Es haben sich in diesem Stande früh einige Personen als kühne Abentheurer ausgezeichnet, und sich dadurch ein gewisses Ansehn bey den übrigen, einen gewissen Vorzug vor ihnen erworben, der in der Folge gesetzlich bestätigt, und unter gewissen Feyerlichkeiten als eine öffentliche Würde, und als ein Rang im Staate ertheilt ist. Dadurch sind gewisse Ordnungen in den berittenen Soldatenstand eingeführt, der sich bald wie eine jede andere Zunft organisiert, und sich in Lehrlinge, (Knappen) und Meister, (Ritter) als Stufen, getheilt hat. Endlich sind gewisse besondere Korporationen unter dieser organisierten Zunft gebildet worden, welche sich durch besondere Pflichten und Gebräuche auszuzeichnen gesucht haben; und von den Regenten bald mehr bald weniger begünstigt sind.

Daher die verschiedenen Bedeutungen des Worts, Ritter, das bald nur einen berittenen und wehrhaft gemachten, bald einen durch Belehnung zum Roßdienst verpflichteten Soldaten, bald einen zünftigen Krieger dieser Art, bald einen zünftigen Reuter von der ersten Rangstufe, bald endlich das Mitglied einer besondern Korporation von Abentheurern andeutet.

Dreist darf man nun annehmen, daß die zunftmäßige Einrichtung unter den berittenen Kriegern vom eilften, höchstens zwölften Jahrhunderte an bis tief ins sechzehnte Jahrhundert hinein in den mehrsten Ländern von Europa bestanden hat: nur mit der Bestimmung, daß ihre innere Einrichtung keinesweges in allen Ländern die nehmliche gewesen, darüber unter einigen Regenten strenger als unter andern gehalten, und daß ihr Ansehn in eben diesem Verhältnisse gestiegen und gefallen ist. Dagegen haben die besonderen Korporationen der Ritter, und besonders jene Art von Abentheurern, die man unter den Nahmen der irrenden Ritterschaft kennt, nur zuweilen, und gar nicht allgemein existiert.

Diese Bemerkungen sind äußerst wichtig, wenn man das Ritterwesen des Mittelalters darstellen, und aus den Gebräuchen und Sitten desselben seinen Geist entwickeln will. Sie sind von St. Palaye ganz übersehen, und bey allen Verdiensten, die er als Sammler hat, kann man ihm nur sehr wenige als kritischem Geschichtsschreiber beylegen.

Die Pflichten, die Rechte, die Denkungsart, die Gebräuche der Ritterschaft, sind in keinem einzigen Lande, und am wenigsten den ganzen Zeitraum hindurch, worin sie geherrscht hat, die nehmlichen gewesen. Man kann nicht behaupten, daß der Geist dieser oder jener besondern Korporation der ganzen Zunft eigen gewesen sey, ja! man muß sich besonders hüten, den Charakter, den dieß oder jenes Mitglied entweder wirklich gehabt hat, oder der ihm von seinem Lobredner beygelegt ist, dem ganzen Orden, oder auch nur dem größeren Haufen unter ihm zuzuschreiben. Man kann ferner dreist annehmen, daß gewisse Gebräuche, daß ein gewisses Betragen, daß gewisse Vorrechte und Pflichten bloß bey feyerlichen Gelegenheiten, besonders bey Tournieren, nicht selten als Ingredienzen eines pomphaften Schauspiels beobachtet sind, oder überhaupt mehr in den Vorschriften und in den aufgestellten Idealen, als in der Ausübung und in der Wirklichkeit existiert haben.

Es ist hier nicht der Ort, dieß alles weiter auszuführen. Genug! die glänzendsten Perioden der Ritterschaft sind unstreitig die Regierung Eduards des Dritten in England, und nachher Karls des Sechsten und Siebenten in Frankreich gewesen.

In diesen Zeiten findet man einen romanhaften Pomp an den Höfen, kühne Abentheurer und besondere Korporationen von Rittern. Zu gleicher Zeit zeigt sich aber auch ein bestimmteres Ritual bey der Aufnahme in die kriegerische Zunft, bey der Haltung der Tourniere, und bey den Huldigungen, welche dem schönen Geschlechte dargebracht wurden. Auf dieß Ritual hat unstreitig die zunehmende Geisteskultur Einfluß gehabt; und der Geschmack an Allegorien, Pomp, und umständlicher Förmlichkeit, der die Werke der schönen Litteratur in diesen Zeiten auszeichnet, findet sich zugleich mit der zunehmenden Ordnung und Ahnung des Anständigen und Schicklichen in den Gebräuchen der besonderen Ritterorden jener Höfe wieder.

Von diesen Zeiten gilt das Mehrste, was St. Palaye über den Charakter des Ritterwesens anführt, und es gilt nur von der Verfassung einzelner Korporationen, von demjenigen, was bey feyerlichen Gelegenheiten beobachtet ist, oft nur von dem Betragen und den Gesinnungen einzelner ausgezeichneter Helden, die dasjenige, was die Romane ihren excentrischen Idealen beylegten, zu realisiren suchten.

Wie unsittlich erscheinen nicht die Höfe Karls des Sechsten und Siebenten in Frankreich! Wie klagte der Ritter de la Tour im Jahre 1371 über die Abnahme der Rittertugenden! Wie waren im Jahre 1389 die

Gebräuche der Ritterschaft schon wieder so sehr in Vergessenheit gerathen, daß der große Hause die Gebräuche, welche Karl der Sechste wieder hervorsuchte, lächerlich fand!

Laßt uns ohne Vorurtheil sehen! Ein allgemeiner Geist der Ritterschaft hat entweder nie, oder wenigstens nicht in der Maße existiert, wie er gewöhnlich angegeben wird. Könnte man der ritterlichen Zunft in allen Ländern von Europa während der ganzen Dauer ihrer so oft veränderten Verfassung einen Esprit de corps beylegen: so würde es der einer tollkühnen Tapferkeit, und der eifersüchtigen Anhänglichkeit an Gesetzen einer eingebildeten und zunftmäßigen Ehre seyn, die viel weniger auf dem Gefühle sittlicher Selbstwürde, als auf Uebermuth, Folge der Absonderung von den übrigen Ständen, beruhte.

Aber dieß ist es nicht, was St. Palaye und Andre als den Geist des Ritterwesens darstellen. Es ist der Begriff aller Vorzüge und Tugenden, welche den vollkommnen Ritter bilden sollen: ferner der Gebräuche, der Gesetze, der Pflichten, welche dieser Held beobachten soll. Diesen Inbegriff haben sie aus den Vorschriften gewisser einzelner Korporationen, aus den Idealen gewisser Romane und panegyrischer Lebensbeschreibungen einzelner hervorstechender Ritter zusammengesetzt, und für den allgemeinen Geist der Ritterschaft ausgeben wollen.

Das war er nie! Aber merkwürdig sind diese Ideale, weil sie die excentrischen Begriffe von Sittlichkeit derjenigen, die sie aufstellten, und ihre Ziererey in Rücksicht auf Anstand und feine Lebensart beweisen. Merkwürdig sind sie ferner, weil sie in denjenigen Zeiten, worin die Ritterschaft längst abgekommen war, noch auf die Imagination der Nachkommen um so stärker wirkten, als sie das Ansehn des grauen Alterthums gewonnen hatten, und ihre Wahrheit und Zweckmäßigkeit nach ihrer Uebereinstimmung mit der damahligen Ordnung der Dinge in der Gesellschaft nicht mehr geprüft werden konnte. Aber wir, die wir mit kaltem Blute beobachten, wir finden darin weiter nichts, als die Arbeit müssiger, schwärmerischer und spitzfindiger Köpfe, die, so wie es noch heut zu Tage bey jeder Einrichtung einer zunftmäßigen Gesellschaft geht, alle Kardinaltugenden zu Gesetzen für die Mitglieder des Ordens machten, seine Einweihung an eine Menge kleinlicher und allegorischer Gebräuche banden, und bey den Darstellungen, die sie von dem vollkommenen Bruder liefern, diesen mit allen dem Prunke und der Charlatanerie auftreten lassen, der die Wirkung des glücklichen Abentheurers oder Virtuosen auf den großen Haufen sichert.

Daß der Geist, der zuweilen in den edleren Korporationen der Ritterschaft herrschte, auf das gesellige Verkehr, besonders bey Höfen, eingewirkt habe, das ist im Ganzen nicht zu läugnen. Aber sein Einfluß ist immer periodisch und theilweise anzunehmen. Die größte Ausschweifung der Sitten, die ungebändigsten Leidenschaften, eine beynahe unbegreifliche Rohheit in der Wahl der Vergnügungen, und eine gänzliche Unbekanntschaft mit den Gefühlen der Sympathie und des Anstandes, zeigen sich neben der strengsten Ehrbarkeit, und den höchsten Aufopferungen der Selbstheit. Die Liebe zu pomphaften Aufzügen,

Festen, Jagden, Ritterschlag, Tournieren und dramatischen Schauspielen ward immer allgemeiner, je mehr der Wohlstand und das Bedürfniß nach Unterhaltung zunahm, und die Mittel dazu im engeren Zirkel kärglich blieben.

Der gesellige Ton gewann an Politur. Aber die unbehülfliche Förmlichkeit der vorigen Jahrhunderte wechselte nur mit einem eben so steifen Ceremoniel ab, das schöneren Formen nachstrebte. Man sprach besser, man geberdete sich reitzender. Aber alles war dabey auf das Verhältniß von Menschen berechnet, die sich selten, und nur bey feyerlichen Gelegenheiten sehen. Man konnte die Linie nicht treffen, wo sich Unbefangenheit von Ausgelassenheit, Zuvorkommung von andringlicher Schmeicheley, Selbstvertrauen von repräsentierender Anmaßung scheiden. Darum war man aufmerksamer auf sich selbst und Andre, als der tägliche Umgang es erlaubt. Man sann zu sehr darauf, sich in Geberden und Ausdrücken schön, und wohlgefällig zu zeigen: hielt methodische Gespräche, wo man Gefühle des Herzens und Gedanken des Augenblicks mit einander austauschen wollte, verwechselte Lobreden mit Höflichkeitsbezeugungen, und übertrieb aus ängstlicher Besorgniß, bey Andern widrige Empfindungen zu erregen, oder sich selbst etwas zu vergeben, die Beziehungen und Rücksichten auf die Verhältnisse um sich her. [1])

1) Die ersten Anleitungen zur Wohlerzogenheit rührten von den Mönchen her. Sie waren Frucht des Nachdenkens, nicht der Erfahrung in der größeren Welt. Ich habe ein Buch vor mir, das in dieser Rücksicht sehr interessant ist. Bienseances de la Conversation entre les hommes, eine Uebersetzung des

Hieraus entstand ein Ceremoniel, das nicht allein den Fehler an sich trug, das Zweckmäßige und Schöne im geselligen Umgange, (wie wir es etwa bey feyerlichen Gelegenheiten billigen würden) auf eine schwerfällige und steife Art im gewöhnlichen Leben auszuüben, sondern der zunftmäßige Geist der Höfe und der Ritterschaft vergrößerte diesen Fehler noch durch eine Menge willkührlicher Formen, die keinen andern Zweck haben konnten, als den, sich durch etwas Besonderes und Auffallendes im äußern Betragen sogleich als Mitglied einer abgesonderten und hervorragenden Gesellschaft anzukündigen.

Außerdem wurden die Gesetze der Sittlichkeit mit den Vorschriften dieses Ceremoniels in den Anleitungen zur Wohlerzogenheit zugleich vorgetragen, und der Begriff von beyden wurde beynahe immer verwechselt. Eine natürliche Folge davon war diese: daß die Aeußerungen der Courteoisie, der Höflichkeit, die ganze Form der Ausübung einer Tugendpflicht annahmen, und daß ein Ritter, oder höfischer Mann, der nach den Regeln der Courteoisie seinem Kameraden, oder einer Dame die natürlichen Gesinnungen der Gefälligkeit, der Aufmerksamkeit, der Menschenliebe und Achtung bezeugen wollte, sich dabey mit einer Wichtigkeit geberdete, als ob er dem höchsten Wesen in der tiefsten Niederwürfigkeit seine Huldigung darzubringen hätte.

Diese Bemerkung scheint mir sehr wichtig. Vieles, was in dem Ausdrucke geselliger Gesinnungen dem

Lateinischen Communis vitae inter homines scita Urbanitas. Lyon 1623.

Herzen und dem Gefühle anzugehören schien, war zunftmäßige Losung des Ritters oder höfischen Mannes: Ceremoniel, Courteoisie.

Drittes Kapitel.

Lage der beyden Geschlechter zu einander in den weiteren Verhältnissen des geselligen Umgangs.

Unstreitig haben die Romane und Gedichte der beyden vorher gegangenen Jahrhunderte dazu beygetragen, dem Frauenzimmer einen höheren Begriff von seiner Wichtigkeit einzuflößen, und den Männern mehr Achtung für dasselbe beyzubringen. Inzwischen scheint mir doch von dem immer wachsenden Ansehn des zärteren Geschlechts vieles auf Rechnung derjenigen Damen gesetzt werden zu müssen, welche sich am Hofe Eduards des Dritten durch ihre männliche Entschlossenheit, durch ihren kriegerischen Muth, in Verbindung mit allen weiblichen Tugenden, auszeichneten. Denn dieser Hof hat unstreitig damahls den Ton an den mehrsten übrigen angegeben, und so wie er selbst nach dem Muster älterer Romane gebildet war, wieder den neueren Romanen, in denen das Frauenzimmer eine weit wichtigere Rolle zu spielen anfängt, zum Muster gedient. Unter den Regierungen der nachfolgenden Könige von England und von Frankreich zeigt sich eben dieser heroische Geist unter dem Frauenzimmer, so wie ihr Einfluß auf die Regierung der Länder. Beynahe zu der nehmlichen Zeit standen in Italien einige gelehrte Damen auf, und in den nachfolgenden Jahrhunderten zeigten sich beynahe in allen Ländern von Europa Frauenzimmer, die sich durch ihre Talente und Kenntnisse einen Nahmen erwarben. Mehrere von ihnen strebten durch ihren unverheiratheten Stand, und mittelst des Rufs ihrer Unempfindlichkeit gegen die Liebe der Selbständigkeit ihres Geschlechts, der Gleichheit desselben mit dem unsrigen, ja! dem Vorzuge vor diesem nach. Die Königin Elisabeth von England ist eines der auffallendsten Beyspiele solcher Heroinen. [2])

Aber was mehr als dieß das Ansehn des schönen Geschlechtes hob, war das Bestreben des unsrigen nach einer höheren geselligen Politur. Wenn alle gesittete Völker die Weiber mit Schonung und Gefälligkeit behandelt haben, wenn im zwölften und dreyzehnten Jahrhunderte diese Behandlung eine unbehülfliche und eben darum umständliche Form angenommen hatte, so glaubte das Zeitalter, von dem wir reden, daß die höchste Stufe von Sittlichkeit, Menschenliebe und Bescheidenheit darin bestände, den schwächeren Theil des menschlichen Geschlechts zu vergöttern. Zu gleicher Zeit kleidete es seine excentrischen Gesinnungen, aus einem falschen Begriffe von Eleganz, in so hyperbolische Ausdrücke, daß man mit Recht von der Art, sich gegen das Frauenzimmer zu benehmen, sagen konnte, nichts klang in ihr wie Alles, und Alles wie nichts.

In diese Zeiten gehören eigentlich die öffentlichen Huldigungen, die dem Frauenzimmer bey allen feyerlichen Gelegenheiten dargebracht wurden. In diesen Zeiten wurde es den Rittern gewisser Korporationen zur Pflicht gemacht, nicht bloß hülfsbedürftige Weiber zu

2) Man vergleiche Thomas sur les femmes, p. 71 seq.

beschützen, sondern für die Ehre der Damen Blut und Leben aufs Spiel zu setzen. In diesen Zeiten endlich wurden sie Austheilerinnen des Preises bey Tournieren, Schiedsrichterinnen der Spielgefechte und übernahmen die Rollen allegorischer Personen, personificierter Tugenden u. s. w. bey den pomphaften Aufzügen, woran das Zeitalter so viel Geschmack hatte. Von nun an fangen sie auch an, bey Ritterschlägen gewisse Besorgungen zu übernehmen.

Aber wenn gleich dem schönen Geschlechte diese öffentliche Ehre oft widerfuhr, wenn es zum guten Tone gehörte, sie ihm nicht streitig zu machen; so war es doch gewiß nur eine eitle Ehre, die auf die Behaglichkeit des häuslichen Lebens, auf das Vergnügen des geselligen Umgangs, und auf ihre innere Zufriedenheit und das Ansehn bey ihren Gatten nur sehr wenig Einfluß hatte.

In keinem einzigen Lande von Europa, Frankreich seit der Zeit Franz des Ersten allein ausgenommen, kamen die beyden Geschlechter in gemischten Gesellschaften anders als durch Zufall oder bey öffentlichen Gelegenheiten zusammen. Aber auch alsdann waren sie von eifersüchtigen Männern und Anverwandten bewacht. Ueberall legen die Moralisten dem Manne die Oberherrschaft über die Frau bey. [3]) Aus mehreren Zügen erhellet, daß der Gatte diese sehr despotisch ausgeübt, und die Theilnehmerin seiner Schicksale gemeiniglich auf die Sorge für ihren Putz und künstliche Handarbeit eingeschränkt habe. Ungeachtet sich einige Weiber durch höhere Geistesbil-

3) Z. B. Charron, Montaigne u. s. w.

dung auszeichneten, so war doch diese bey dem größeren Theile sehr kärglich, und erstreckte sich selbst bey jenen Virtuosinnen selten auf Dinge, die zur Ausfüllung ihrer Bestimmung und zur angenehmerern Unterhaltung in geselligen Zirkeln hätte dienen können.

Aber selbst jene dem zärteren Geschlechte öffentlich bewiesene Vergötterung war keinesweges allgemein. Man fand viele Spötter seines Ansehns, selbst unter den höheren Ständen, auf welche sich doch, wie wir schon oft bemerkt haben, die gesellige Kultur beynahe ausschließend beschränkte. Der Zustand der Weiber aus den untern Ständen verschwindet ganz in der Geschichte.

Von Franz des Ersten Zeiten an kamen die Damen des Hofes in Frankreich häufiger in Gesellschaft, und unter seinen Nachfolgern, besonders unter der Minorennität Ludwigs des Vierzehnten, in den damahligen bürgerlichen Kriegen, stiegen sie zur höchsten Stufe des Einflusses auf politische Angelegenheiten, die wir in der Geschichte kennen. Ihr Charakter war damahls im Ganzen stolz, intriguant, und nicht selten rauh und grausam; aber ihr Geist besaß eine seltene Bildung.

Viertes Kapitel.

Von den Lobeserhebungen der Weiber, und dem Streite über den Vorzug ihres Geschlechts vor dem der Männer.

Von dem vierzehnten Jahrhunderte an, ward es besonders in Italien Mode, dem schönen Geschlechte im Ganzen und im Einzelnen durch Lobschriften zu huldigen. Boccaz machte vielleicht den Anfang durch sein Werk, über die berühmten Weiber. Er fand eine Menge von Nachfolgern. Thomas [4]) giebt uns eine Notiz von den Hauptschriftstellern, die sich in dieser Materie ausgezeichnet haben.

Bald warf man nun auch die Frage auf: ob das zärtere Geschlecht nicht den Vorzug vor dem stärkeren verdiene, oder mit diesem letzten nicht wenigstens gleichen Werth habe? Agrippa soll der erste gewesen seyn, der die Superiorität des Frauenzimmers zu behaupten wagte. [5])

Dieß Werk ist freylich kein bündiges philosophisches Raisonnement, aber es ist mit vielem Witz geschrieben. Man muß den Scharfsinn des Verfassers bewundern, der aus den Zügen der heiligen und profanen Geschichte, welche dem Ansehn des zärteren Geschlechts am nachtheiligsten zu seyn scheinen, Seiten hervorzuheben weiß, die es in dem vortheilhaftesten

4) In seinem Essais sur les femmes, p. 91. et seqq.

5) Henrici Cornelii Agrippae ab Nettesheym de nobilitate et praecellentia feminei sexus, ejusdemque supra virilem Emnientia. Libellus lectu jucundissimus. Ich habe eine Ausgabe vor mir, die zu Haag 1653 gedruckt ist.

Lichte darstellen. Ich kann dieß kleine Buch, das ich mit Vergnügen gelesen habe, für nichts anders als für ein Spiel des Witzes halten, und nicht glauben, daß der Verfasser die ernsthafte Absicht zu überzeugen damit verbunden habe.

Unstreitig ist ein großer Theil der Schriften, die sich in der Folge mit diesem Gegenstande beschäftigt haben, aus dem Gesichtspunkte zu betrachten, daß ihre Verfasser einen Stoff zu Redeübungen suchten, worin sie ihre Gelehrsamkeit und ihren Scharfsinn, zur Schau legen konnten, und Gelegenheit zu Deklamationen fanden. Alle Materien, worüber sich viel für und viel gegen sagen, und wobey sich viele Citate anbringen ließen, wurden in diesen Zeiten, worin Dialektik, und Rhetorik herrschten, begierig aufgesucht. Inzwischen möchte ich nicht läugnen, daß einige Kämpfer für die Ehre der Damen im wahren Eifer für die Gerechtigkeit der Sache die Feder geführt haben. Sie hatten zwey große Argumente für sich, deren eines ihnen die heilige Geschichte, das andere die platonische Philosophie darbot. Die Mutter Gottes, das erste Wesen unter allen Sterblichen, ist ein Weib gewesen; und wenn die Schönheit ein Abglanz der Gottheit ist, wer zeigt dann mehr davon, wer ist dadurch der höchsten Vollkommenheit näher, als das Frauenzimmer? [6])

6) Thomas Essais sur les femmes liefert S. 100 u. f. ein Verzeichniß mehrerer Schriftsteller über diese Materie, die sich noch leicht durch andere vermehren ließen. So habe ich ein Werk vor mir. La bella e dotta diffesa delle Donne in Verso e Prosa di Messer Luigi Dardano, Gran Cancelliero dell' Illustrissimo Senato Venetiano. In Venetia 1554.

Neben jenen Schriften zur Ehre der Damen findet man aber auch eine Menge, worin ihnen Hohn gesprochen wird. Schon Boccaz, ihr Lobredner, schrieb selbst ein Buch voll der unanständigsten Invektiven gegen Weiber und Liebe. 7) Er fand eine Menge von Nachfolgern. Eine der pöbelhaftesten Satyren wider die Weiber ist das Wörterbuch ihrer Bosheiten und Unvollkommenheiten. 8) Es verbindet mit der Unbündigkeit des Raisonnements die geschmackloseste Behandlung.

Man sieht hieraus, daß wenn es zum guten Ton gehörte, den Weibern öffentlich zu huldigen, dieß für die allgemeine und innere Achtung, deren sie genossen, sehr wenig beweiset. Ueberhaupt war es diesen Zeiten, worin die gesellige Bildung beynahe ganz auf die Höfe eingeschränkt war, mehr als allen andern eigen, den Schein von der Wirklichkeit, den Anstand von der Tugend, und besonders das öffentliche Leben von dem häuslichen und täglichen zu unterscheiden.

7) Il labirinto d'Amore.

8) L'Alphabet de la Malice de femmes à Paris 1716. par Jaques Olivier Licentié en droit. Es ward in dem nehmlichen Jahre widerlegt in der Schrift la defense des femmes par le Capitaine Vigoureux. Darauf folgte sogleich von dem Verfasser der ersten Schrift, der sich nunmehr nannte, La reponse aux impertinences de l'aposté Capitaine Vigoureux. Im folgenden Jahre trat der Chevalier de l'Escale mit einem Werke hervor unter dem Titel: le Champion des femmes!

Fünftes Kapitel.

Begriffe und Grundsätze über die Liebe und engere Geschlechtsverbindung in diesem Zeitraume. Zuerst von den Ideen der Philosophen über diesen Gegenstand.

Ich glaube nunmehr alles vorbereitet zu haben, um zu dem eigentlichen Gegenstande dieses Werks übergehen zu können. Ich mache den Anfang mit Entwickelung der Ideen der Philosophen über Geschlechtsverbindung und Liebe. Denn von dieser Periode läßt es sich mit Gewißheit behaupten, daß die Schulen einen großen Einfluß auf den Geschmack in der schönen Litteratur, und durch diese auf das gesellige Leben gehabt haben.

Die Untersuchungen über die Natur der Liebe scheinen in Abendlande sehr früh ihren Anfang genommen zu haben. Equicola, 9) der zu Anfang des sechzehnten Jahrhunderts lebte, sagt uns, daß seit drey Jahrhunderten ein gewisses System darüber auf der Pariser Schule angenommen sey. Auch finde ich beym Millot in seiner Histoire des troubadours, daß Riquier, der zwischen 1254 und 1294 blühete, bereits eine methodische Eintheilung der Liebe, in die himmlische, natürliche, und körperliche angenommen habe, die mit der Lehre der Philosophen seiner Zeit, nach demjenigen was Equicola davon sagt, ziemlich übereinkommt.

Es ist nicht zu verwundern, daß dieser Gegenstand die Aufmerksamkeit der damaligen Weltweisen auf sich gezogen hat. Unsere Religion bauet ihre Moral auf

9) Maria Equicola d'Alueto, Di natura d'Amore, Venetia 1587. L. II. cap. 2.

Liebe; sie nimmt dieß Wort mit in den Begriff auf, den sie uns von dem höchsten Wesen giebt: die Kirchenväter, besonders Augustin, hatten viel über Liebe und Schönheit gesagt; Aristoteles hatte dieser Materie ein eignes Werk gewidmet, und die Araber machten sie zu einem Gegenstande ihrer spitzfindigsten Spekulationen.

Inzwischen scheinen sich diese Untersuchungen der Philosophie wenig mit der Geschlechtsliebe beschäftigt zu haben, die sie für eine schädliche Neigung, und für eine Geburt der Lüsternheit und der Faulheit hielten. Sie betrachteten die Liebe als den Grund des Zusammenhangs der Kreaturen mit Gott und unter sich: als die Aeußerung unserer Reitzbarkeit: als die Wirkung des Nützlichen, Guten, Angenehmen, Schönen auf unser Begehrungsvermögen: Kurz! die Lehre von der Entstehung der Welt, die Lehre vom menschlichen Willen, und ein großer Theil der Physik ward unter dieser allgemeinen Rubrik mit abgehandelt. Besonders aber suchte man mystische Ideen von der Beschauung Gottes und der Vereinigung mit ihm aus der Natur der Liebe herzuleiten, und das Bestreben darnach zur Pflicht zu machen. 9)

9) Nichts ist in dieser Rücksicht merkwürdiger, als ein kleines Werk des Raymundus Lullius: Blanquernae Anachoretae interrogationes et responsiones 365. de Amico et Amato Raymundo Lullio Eremita auctore claruit circa annum Domini 1311. Libellus omnibus viris spiritualibus non minus jucundus quam utilis Parisiis 1585. Hierin sind für alle Tage des Jahrs kurze Unterredungen zwischen dem Menschen und Gott enthalten, die hier in dem Verhältnisse von Liebhaber und Geliebten erscheinen. Es herrscht der höchste Ausdruck der Leidenschaft darin, und es leidet bey mir keinen Zweifel, daß die Niederwurfigkeit, Zer-

Nachdem jedoch Plato bekannter geworden war, und Petrarca seine Laura besungen hatte, fing man an, die Geschlechtsliebe mit in diese Erörterungen hinein zu ziehen. Man gab sich zu gleicher Zeit Mühe diesen Trieb zu veredlen, und ihn mit den Begriffen, welche man von der Würde des Menschen hatte, zu vereinigen. Von dieser Zeit an erhielten die Ausführungen über die Liebe zugleich den Reitz unterhaltender Deklamationen, über die interessantesten aller Leidenschaften, und über den Philosophen und den Dichter, die sie am erhabensten und feinsten in ihren Schriften dargestellt hatten.

Wir können inzwischen aus diesen Schriften wenig andern Gewinn erhalten, als den, zu erfahren, wie man damahls über diesen Gegenstand gedacht habe. Die Kenntniß des Wesens der Geschlechtsliebe ist, ich darf es dreist behaupten, wenig dadurch befördert worden. Es stand den Forschungen darüber geradezu im Wege, daß man den Beschauungshang und die Selbstheit niemahls von der Sympathie unterschied, und daß der Eindruck, den das Schöne und das Nützliche und Gute auf uns machen, von der Liebe nicht gehörig abgesondert wurde. Diejenigen, welche den Unterschied fühlten, wußten ihm dennoch nicht auf die Spur zu kommen, weil sie immer von der Idee ausgingen, daß das Schöne der Grund der Liebe sey, und daß der Zweck derselben im Genuß dieses Schönen liege. Selbst das Wahre, das in den ältern Philosophen, und besonders im Aristoteles zu finden ist, verdunkelte sich vor ihrer

knirschung, und Selbsttödtung, welche nach den Ideen der Mystiker der höchste Beweis der Liebe gegen Gott ist, auf die Art, wie man die Liebe zum Geschlecht zu veredlen gesucht hat, von dem größten Einflusse gewesen ist.

Augen, weil sie allemahl mystisch religiöse Gründe und Zwecke bey dem liebenden Zuge der Menschen zu einander voraussetzten.

Ich kann mich jedoch nach dem mir einmahl vorgesetzten Zwecke um so weniger der Pflicht entledigen, meinen Lesern Einiges von den Ideen der Schriftsteller aus der damahligen Zeit vorzulegen, als ihre Lehren gewiß auf die Ausbildung der Galanterie den größten Einfluß gehabt haben.

Der wichtigste ist Marsilio Ficino oder Ficinus. Man darf sagen, daß dieser Kommentator des Plato beynahe alle seinen Nachfolgern den Stoff zu ihren Ideen geliefert habe. In seinem Kommentare über das Gastmahl des Plato [11]) erklärt er die Liebe für das Verlangen nach Schönheit. „Die Vereinigung des Mannigfaltigen nennt er Schönheit, und setzt drey Arten derselben fest, die geistige, welche aus der Vereinigung mehrerer Tugenden entsteht, die körperliche, die ihren Grund in der Vereinigung der Farben und Linien hat, und endlich die Schönheit der Töne, die in der Vereinigung der Konsonanzen und Accorde besteht. Diese drey Arten der Schönheit werden durch den innern Sinn, und durch die äußern des Auges und des Ohres erkannt und genossen. Wenn wir mit den übrigen Sinnen begehren, so ist dieß nicht Liebe, sondern eine übelgeordnete Neigung oder Wuth. Die Liebe flieht die Wollust des Geschmacks und der Berührung. Jeder wahrhaft Liebende ist gerecht

11) Ich habe eine französische Uebersetzung vor mir gehabt, die von Symon Silvius, dit J. de la Haye, valet de Chambre de Marguerite de France Royne de Navarre verfertigt und zu Poitiers 1546 heraus gekommen ist.

und gut. Wo der Körper allein schön ist, müssen wir nur wenig lieben: wo der Geist schön ist müssen wir standhaft lieben. Wo aber beydes zusammen schön ist, dürfen wir uns ganz der Liebe überlassen."

„Was liegt aber bey unserm Zuge zur Schönheit zum Grunde? Die Lust an der himmlischen Schönheit. Diese findet sich theils in der göttlichen Intelligenz, oder in den göttlichen Ideen, die sich nicht mit der Materie verbunden haben, theils in der Welt, oder in Allem, was nach jenen Ideen von Gott geschaffen ist. Die Lust an der Erkenntniß jener ersten Schönheit ist die himmlische Venus; die Lust an der Zeugung solcher Formen, welche einen Abglanz der himmlischen Schönheit an sich tragen, ist die zweyte Venus. In beyden ist also Liebe vorhanden: in der ersten ein Verlangen, das Geistige anzuschauen, in der zweyten ein Verlangen, das Schöne hervorzubringen. Beyde Arten zu lieben, sind ehrbringende: beyde folgen dem göttlichen Bilde. Wenn aber Jemand die körperliche Zeugung der geistigen, oder die Gestalt des Körpers der Schönheit des Geistes vorzieht; so ist dieß ein tadelnswürdiger Mißbrauch der Liebe."

„Es giebt eine einfache und eine wechselseitige Liebe. In der ersten stirbt sich der Liebende selbst ab, um für den Andern zu leben. In der zweyten leben zwey Liebende einer für den andern. Diejenigen, die sich wechselseitig lieben, suchen Schönheit an einander zu genießen. Aber nur den innern Sinn und durch das Auge. Das Verlangen nach Berührung ist nicht Liebe, sondern ungeordnete Begierde, Perturbazion eines knechtischen Gemüths. Der Genuß der Schönheit des Geistes ist viel edler, als der der Schönheit der Körper."

„Die Schönheit an sich ist nichts Körperliches. Man darf ihren letzten Grund nicht in der Uebereinstimmung der Theile suchen, sondern darin, daß diese Uebrereinstimmung ein Abglanz der Einheit Gottes ist. Die Materie sucht sich nach dem Bilde ihres Urhebers einzurichten. Weil ein Körper mehr als der andere von dem Abglanze Gottes enthält, (eben so wie ein Gebäude mehr als das andere den Charakter und den Geist des Baumeisters ausdrückt) so liegt auch darin der Grund, warum ein Mensch besser gefällt, als der andre.

„Die Liebesgötter (amores) sind Mittelgötter, Engel, Dämonen, Diener Gottes und der Ideen, die in dem göttlichen Geiste sind. Der Mensch hat ihrer zwey in sich: einen guten und einen bösen. Dieß sind beständige Grundneigungen, Anlagen zum Wollen und Handeln, vermöge deren der Mensch sich auf der einen Seite zur Beschauung der himmlischen Schönheit, auf der andern zur Begattung hingezogen fühlt. In der Mitte liegen drey veränderliche Stimmungen des Willens, Affektionen, von denen die eine sich mehr dem Vergnügen der Beschauung der himmlischen Schönheit und dem kontemplativen Leben, die andere mehr der Wollust der Berührung, dem grobsinnlichen Leben, nähert. In der Mitte liegt die Stimmung zum aktiven, geselligen Leben, vermöge deren wir uns begnügen am Anblicke der Schönheit, und am Umgange mit ihr Vergnügen zu nehmen, ohne uns zur Betrachtung der himmlischen Schönheit dadurch zu erheben. Alle Liebe wird uns folglich durch das innere oder äußere Auge zugeführt: aber bey dem kontemplativen Menschen steigt sie zu einem Verlangen nach demjenigen, was nur der Verstand genießen und begreifen kann; bey dem wollüstigen sinkt sie zu demjenigen herab, was die gröberen Sinne genießen, und bey dem aktiven Menschen bleibt sie beym Genuß des geselligen Umgangs, und der gegenwärtig angenehmen Empfindungen für die edleren Sinne stehen. Also giebt es eine dreyfache Liebe: die erste heißt die göttliche, die zweyte die thierische, die dritte die menschliche."

Dieß sind die hauptsächlichsten Ideen des Ficinus, in so fern sie in meinen Plan gehören.

Mario Equicola D'Aluetto liefert uns in seinem Werke Di Natura d'Amore, [12]) im ersten Buche einen Auszug aus den Systemen mehrerer Philosophen und Dichter, die vor ihm geschrieben haben. Dieser Auszug ist aber größtentheils sehr mangelhaft, und dadurch unverständlich. So viel sieht man inzwischen daraus, daß die platonischen Ideen in dem freylich ziemlich entstellten Bilde, welches Ficinus davon geliefert hatte, beynahe allgemein angenommen, und nur mit einigen Zusätzen verbrämt waren.

Ein paar herrschende und mit Eigenthümlichkeit dargestellte Ideen in diesen Systemen will ich herausheben. Es giebt eine doppelte Welt. Eine intellektuelle, und eine sinnliche. Die erste, die auch Welt der Engel genannt wird, wird so erklärt: „Gott, als Baumeister der Welt, entwirft in seinem Geiste die Form derselben, und dieser Entwurf oder diese exemplarische Form ist immer vollkommener als die Ausführung, oder die Welt der Materie. Wer sich nun zu der Schönheit jener intellektuellen Welt zu erheben sucht, der empfindet

12) Ich habe eine Ausgabe vor mir die 1587 zu Venedig herausgekommen ist.

die göttliche Liebe; wer hingegen bey der geschaffenen Schönheit stehen bleibt, der empfindet entweder die menschliche oder die thierische Liebe. Denn in so fern seine Vernunft über die edleren Sinne wacht, daß sie ihn nicht zum gröberen Genuß verführen, empfindet er menschliche Liebe; in so fern er aber nach Berührung strebt, wird er zum Thiere. Das vernünftige Wesen im Menschen hat also eine doppelte Bestimmung; theils die göttlichen Ideen zu beschauen, theils über die Beschäftigung mit den Geschaffenen die Aufsicht zu führen."

Die menschliche Liebe rührt von einer feinen Bewegung des Bluts her, diese Bewegung fordert die Phantasie auf, sich Bilder zu schaffen. Wir suchen die Schönheit nicht bloß zu genießen, sondern auch darzustellen. Darüber verliert der Liebende das Bewußtseyn seiner selbst, indem er sich bloß mit dem Schönen außer sich beschäftigt. Der Wunsch, wieder geliebt zu werden, ist nur das Bestreben, den verlornen, in den Geliebten übergegangenen Geist wieder zu erhalten."

Dieß ist das Wenige, was mir aus den Lehren des Giovanni und Francesco Pico della Mirandola, und Francesco Catani da Diacetto verständlich geworden ist. Man sieht, daß bey ihnen die menschliche Liebe in keinem großen Ansehn gestanden hat, und daß am Ende alles dahin abzweckt, uns von der Kreatur abzuziehen, und zur Beschauung der übersinnlichen Dinge hinzuleiten. Battista Fregoso ist, nach dem Zeugnisse des Equicola, sogar so weit gegangen, alle Liebe eine ungezähmte Begierde zu nennen, die mit Wollust verbunden von der Muße und Lüsternheit gezeugt wird. Ja einer von den Unterrednern, die er aufführt, nennt sie eine Krankheit der Vernunft, und ein anderer einen bloß physischen Drang nach Entledigung eines niedrigen Bedürfnisses. Platina [13]) und Pier Hedo di Fortuna haben gegen die Liebe geschrieben.

Mario Equicola hat die fünf übrigen Bücher seines Werks über die Liebe dazu angewandt, uns sein eigenes System zu entwickeln. Man lernt besonders daraus, wie die unbestimmten Begriffe der Kirchenväter über die Liebe den Kredit der Platonischen Lehren über diesen Gegenstand gehoben, ihren wahren Sinn aber ganz haben verdunkeln müssen. Das Werk enthält außerdem mehrere interessante Nachrichten über die Art, wie verschiedene Nazionen der damahligen Zeit über die Liebe gedacht haben. Endlich hat Equicola bey einer Menge von unnützen Citaten, und nichtsbedeutenden Deklamationen doch auch Manches, was ihm eigenthümlich ist, und, in so fern es die Geschlechtsliebe betrifft, hier angeführt zu werden verdient.

„Die Liebe, sagt er, ist im Allgemeinen das Verlangen nach dem Guten, das wir immer haben möchten, und der Wunsch, es immer bey uns zu behalten. Sie ist so vielfach, als es Güter giebt. Der Verfasser nimmt aber nur eine Art heraus: das Verlangen, im Schönen zu zeugen, und zu gebären. Er theilt diese Liebe in zwey Hauptarten ab: in die himmlische, und in die menschliche."

13) Von dem Werke des Platina habe ich eine Ausgabe vor mir. Der Titel lautet: Veneres et Cupidines venales, Augustini Niphi Itali. Accedit Baptista Platina de Remedio Amoris. Lugd. 1616.

„Die himmlische empfinden theils Gott gegen die Kreatur, theils die Engel gegen Gott und die Geschöpfe.“

„Die menschliche ist entweder die Instinktartige, die wir mit allen unvernünftigen Geschöpfen gemein haben, oder diejenige, welche von der Selbstbestimmung des Willens abhängig ist. Diese letzte ist entweder anständig, indem sie auf Tugend beruht, oder unanständig auf dreyfache Art: erstlich, wenn wir das Schlechte anstatt des Guten lieben, zweytens wenn wir uns der Neigung zu demjenigen, was wir nicht lieben sollen, zu sehr überlassen, drittens endlich, wenn wir dasjenige, was wir über alles lieben sollten, zu wenig lieben.“

Equicola nennt nur dasjenige Schön, was durch das Gesicht und durchs Gehör gefällt. Durch diese beyden Sinne erheben wir uns bis zur Ahnung der Gottheit, in der alles wahre Schöne liegt, das wir erst nach dem Tode ganz erkennen werden.

Inzwischen sucht der Verfasser doch den Grund aller Affekte, und so auch der Liebe zu andern Menschen, in der Selbstliebe. „Der Zweck aller unserer Neigungen ist Vergnügen. Dieß hat zwey Arten: Seelenvergnügen, Ruhe ohne Beschwerde; und Vergnügen der Sinne. Glücklich seyn heißt: seiner Natur gemäß leben. Wir lieben folglich um glücklich zu leben, und vergnügt zu seyn.“

„Diejenigen, welche behaupten, man könne die Seele ohne den Körper lieben, sprechen wie Thoren. Der Mensch besteht aus Körper und Seele. Die letzte wirkt durch den ersten. Der ganze Mensch äußert Affekte, nicht bloß die Seele. Durch die Sinne, durch das Auge schleicht sich die Liebe bey uns ein. Wer daher ein schönes Weib liebt, irrt sehr, wenn er nur die Seele zu lieben glaubt. Aber wer nur den Körper genießen will, der hat einen völlig irrigen Begriff von der Liebe. Kurz! wer wahrhaft liebt, muß nothwendig Körper und Seele zugleich lieben. Beydes läßt sich nicht von einander trennen. Die Sinne des Liebhabers verlangen von dem geliebten Körper sinnliches Vergnügen, seine Seele von der Seele der Geliebten Gegenliebe, um den - Sinnengenuß angenehm zu machen. Also ist Sinnengenuß, durch Gegenliebe dargeboten, wahrer endlicher Zweck der Liebe, die dann auch nicht abnimmt, wenn der Liebhaber gleich mit jenem begünstigt wird. Um diese Liebe zu veredeln, muß man sich an vornehme Damen halten, weil diese den Mann anfeuern, durch ausgezeichnete Vorzüge die Schwierigkeiten zu überwinden, die sich der Vereinigung entgegensetzen. Die Damen müssen ihrer Seits behutsam in der Wahl ihrer Liebhaber seyn, und nicht zu viel und zu leicht gewähren. Zuletzt ermahnt er zur Liebe Gottes, als zu demjenigen Wesen, das am würdigsten ist geliebt zu werden, und bey dem wir am sichersten auf Gegenliebe rechnen können."

In diesem Systeme wird also nicht bloß die Liebe zum Geschlecht, sondern sogar die sinnliche Liebe unter gewissen Bestimmungen in Schutz genommen. Eben diese Ansicht finden wir von nun an ziemlich allgemein ausgebreitet, nur daß der ganz geistigen Liebe der Vorzug eingeräumt wird.

Man hat eine Philosophie der Liebe von Leone. [14]) Nach ihm ist Liebe das Verlangen, sich bey der Vereinigung in den geliebten Gegenstand zu verwandeln. Mit dem gestillten Verlangen der niedern Sinne hört die Liebe zu den Gegenständen auf, welche diese reitzen. Nicht aber so bey den Sinnen des Auges, des Ohrs und dem innern Sinne. Der Liebhaber des Weibes kann inzwischen den Genuß der niedern Sinne mit dem der obern verbinden. Weil die Geister vereinigt sind in geistiger Liebe; so suchen auch die Körper sich zu verbinden, um die Vereinigung so vollkommen als möglich zu machen. Ja! durch diese letzte Verbindung nimmt die geistige Liebe zu, wie die Weisheit durch die Ausübung guter Werke.

„Die vollkommene Liebe des Mannes zum Weibe ist die Verwandlung des Liebenden in die Geliebte, verbunden mit dem Wunsche, daß sich die Geliebte wieder in den Liebenden verwandle. Lieben beyde Theile sich wechselseitig, so kann man vollkommene Liebe die Verwandlung zweyer Personen in einander nennen."

„Diese Liebe ist von zweyerley Art. Die eine nimmt ihren Ursprung in der Sinnlichkeit, und hört mit dem Genusse auf, weil das Verlangen gesättigt wird. Die andere führt das Verlangen nach dem körperlichen Genusse nur in ihrem Gefolge. Diese

14) Ich habe eine französische und spanische Uebersetzung vor mir. Die französische heißt: Philosophie d' amour de Mr. Leon Hebreu; par le Seigneur du Parc Champenois. Paris 1577. Die spanische: Los Dialogos d' Amor de Mestre Leon Abarbanel medico e filosofo. En Venetia 1568.

Liebe dauert nach der Befriedigung des Wunsches nach körperlicher Vereinigung fort, weil ihr Grund nicht in den niedern Sinnen, sondern in der Erkenntnißkraft lag. Man schätzt die Vorzüge der Geliebten, und möchte mit ihr nur eine Person ausmachen, aus zwey Geistern eine Seele zusammensetzen, die einen Körper belebe und regiere. Bey der körperlichen Vereinigung sucht man weniger das sinnliche Vergnügen, als die möglichste Vermischung der Geister, die aus den augenäherten Körpern in einander übergehen."

„Aber besteht es denn mit der Vernunft, einen solchen Wunsch zu hegen, und einen Andern mehr als sich selbst zu lieben? Freylich! edle Liebe wird nicht von Vernunft geleitet! Sie bereitet große Leiden zu, um so mehr, da die Freuden des Körpers ihr keine Erleichterung verschaffen. Reine Geister können in einander fließen, aber Geister die an Körper gebunden sind, können es nicht, und das macht ihr Leiden aus. Wie kann man aber dasjenige gut heißen, was die Vernunft nicht regiert? Die Antwort ist: es giebt eine doppelte Art von Vernunft: eine gewöhnliche, (ordinaria) die den Menschen lehrt, für sich selbst glücklich zu seyn, und eine außerordentliche (extraordinaria) die uns die Vollkommenheiten des Geliebten anzueignen gebietet. Dieser Zweck ist viel edler. Der Liebende opfert sich auf, um dem bessern Theile seines Selbstes, dem Geliebten, wohl zu thun. Dieß muß bey aller Liebe zum Grunde liegen."

„Der allgemeine Vater aller Liebe ist das Schöne, ihre Mutter ist die Kenntniß des Schönen, mit dem

Gefühle unserer Mängel vermischt. Sie wird in dem Gedanken dessen, der das Schöne kennt und fühlt, empfangen. Dieser Gedanke wird von dem Bilde der Schönheit befruchtet, und sucht nun eine ähnliche Frucht hervorzubringen. — Die Schönheit besteht nicht in der Proportion: sie ist Abglanz der Gottheit, von dem aber wohl proportionierte Gegenstände mehr als andere an sich tragen. Die Schönheiten der intellektuellen Welt sind höher zu schätzen, als die der sinnlichen; doch bahnen diese letzten den Weg zur Kenntniß der höhern Schönheiten. Der Zweck aller menschlichen Liebe ist Vergnügen, aber geistiges Vergnügen: Genuß der Vereinigung mit der geliebten Schönheit." — Das Buch endigt sich damit, daß die Dame Sophie, welche Philo zu gleicher Zeit zu belehren, und für seine Neigung empfindlich zu machen gesucht hat, ihm versichert, daß sie die Vereinigung ihrer Gedanken wünschet, und zwar nicht der seinigen mit den ihrigen, sondern der ihrigen mit den seinigen, als den vollkommeren. Was aber die andere körperliche Vereinigung anlange, so glaube und wünsche sie nicht, daß sie beyde Verlangen darnach tragen möchten.

Benedetto Varchi hat mehrere Lezzioni d'amore herausgegeben, wobey er verschiedene Sonnets des Petrarka zum Grunde gelegt hat. Sie sind in verschiedenen Akademien Italiens gehalten, und erst einzeln, nachher in einer Sammlung herausgekommen. 15)

15) Ich habe Due Lezzioni di M. Benedetto Varchi, l' una d'amore, l' altra della Gelosia, con alcune utili e dilettevoli quistioni, da lui nuovamente aggiunte. In

Er theilt die Liebe der Menschen zu einander ein, in die himmlische oder Seelenliebe, in die thierische, und in die zusammengesetzte, wenn Körper und Seele zugleich geliebt werden. „Diese letzte Liebe hat mehrere Stufen. Erstlich: man liebt vorzüglich die Seele und den Körper in untergeordneter Maße, als einen Abglanz der Seele, durch die edleren Sinne. Dieß ist die anständige und tugendhafte Liebe (amore cortese o honesto, virtuoso, gentile.)

„Oder man liebt die Seele zuerst, und dann den Körper, aber den letztern mit allen Sinnen. Hält man sich nun hier in den Grenzen der Ehrbarkeit und der Mäßigung, so ist dieß eine gut bürgerliche Liebe: (amore civile.) Liebt man aber hauptsächlich den Körper, und die Seele nur beyher, so ist dieß eine gemeine pöbelhafte Liebe (amore volgare o plebejo.)"

„Varchi hält in der himmlischen Liebe den Liebenden für edler als den Geliebten. In der gewöhnlichen hingegen hat nach seiner Meinung der Geliebte den Vorzug. In der ersten findet der Liebende immer Gegenliebe, seine Neigung schränkt sich auf einen Gegenstand ein, zieht diesen seiner eigenen Person vor, und ist keinem Wechsel und keinem Ende unterworfen. Alles, was der Körper an Reizen verliert, wächst der Seele zu!"

„Die Liebe überhaupt erklärt er für das Verlangen, das Schöne im Schönen hervorzubringen, entweder in

Lione 1560, und dann Lezzioni d'amore di Benedetto Varchi; Fiorenza 1561 vor mir.

einem schönen Geiste, oder in einem schönen Körper. Eifersucht nennt er die Furcht, daß ein Anderer die Schönheit genieße, oder Neid aus Liebe. Wir verlangen entweder den Genuß der Schönheit für uns selbst: Eifersucht der Verliebten; oder wir verlangen, daß sie ein Anderer nach unserer Bestimmung genießen soll: Eifersucht der Anverwandten. Die Verliebten empfinden drey Arten der Eifersucht. Sie wollen nicht, daß ein Anderer genieße, was sie genossen haben, oder was sie zu genießen hoffen, oder was sie nicht haben genießen können. Die Begierden nach Vergnügen, Besitz, Eigenthum und Ehre liegen dabey zum Grunde. Man kann nicht ohne Eifersucht lieben; sie ist eine natürliche Leidenschaft, an der nur der Mißbrauch zu tadeln ist."

Die Azolani [16] vom Bembo enthalten drey Dialogen, die im Schlosse Azolo gehalten sind. Im ersten deklamiert Perotino gegen, im zweyten Gismondo für die Liebe: Im dritten muß Lavinello zeigen, daß die Liebe bald gut, bald schlecht seyn könne. Am Ende wird ein Einsiedler eingeführt, der die Liebe zum Ueberirdischen als die einzige gute und lobenswürdige empfiehlt. Es sind die platonisch religiösen Ideen, die wir schon aus dem Ficino und Andern kennen. Eben diesem Systeme ist Dominichi [17]) ergeben, imglei-

16) Ich habe eine französische Uebersetzung vor mir: Les Azolains de Bembo. 1555. en douze.

17) Dialoghi di M. Ludovico Dominichi. Venezia 1562.

chen Vito di Gozze [18]) Agnolo Firenzuola, [19]) und Zoppio in seinem Psafone. [20])

Augustinus Niphus [21]) hat dagegen mehr Eigenthümliches. Er verwirft alle früheren Definitionen von der Liebe. „Eine allgemeine Definition, sagt er, kann davon nicht gegeben werden. Aber die Geschlechtsliebe (Kupido) ist Begierde nach Begattung mit dem Geliebten oder der Geliebten. Dieser Umstand, daß das begehrte Wesen geliebt werden muß, unterscheidet die Liebe von dem Begattungsinstinkt der Thiere. Der Mensch wählt; der Mensch erkennt das Schöne. Geliebt ist derjenige Mensch zu nennen, den wir vermöge der Schönheit seines Körpers und seiner Seele mit allen Sinnen zu genießen wünschen. Die Vollkommenheit dieser Liebe besteht in dem Streben der Seele, in den Körper des Geliebten überzugehen, und sich endlich selbst in ihn zu verwandeln. Dazu wird Gegenliebe erfordert. Das sicherste Zeichen

18) Dialogo della Bellezza, detto Antos, secondo la Mente di Platone. In Venezia 1581.

19) Prose di M. Agnolo Firenzuola Fiorentnio 1552. In Firenza.

20) Psafone Trattato d'Amore del Melchiore Zoppio. In Bologna 1590. Eine vermehrte Auflage ist 1627 herausgekommen. Psafone ist ein afrikanischer Prinz, der in den Gärten der Hesperiden lebt, um göttliche Ehre zu erlangen, mehrere Vögel abrichtet: il Gran Psafone zu rufen, und durch diese nachher seinen Ruf in der ganzen Welt ausbreiten läßt. Dieser Psafone ist Amor. Eine erbärmliche Allegorie!

21) Augustini Niphi Medici de pulcro et amore Libri II. Lugduni 1549. eine zweyte Ausgabe ist von 1641.

der gelungenen Vereinigung ist der gleiche Wille, und die Uebereinstimmung der Gefühle.

Romei [22]) nennt die Liebe eine wackere rüstige (gagliarda) Bewegung des menschlichen Gemüths, welche von der Erkenntniß der Schönheit, vermöge einer verborgenen Uebereinstimmung zwischen den Naturen des Liebenden und des Geliebten, erweckt wird, und sich in das Verlangen auflößt, sich mit wechselseitiger Liebe im Schönen zu vereinigen."

„Diese Liebe ist dreyfacher Art. Die göttliche bringt uns die Schönheit Gottes ins Gedächtniß, von der die Schönheit des Weibes ein bloßer Abglanz ist. Sie ist Religiösen, Mönchen, unverheiratheten Personen, kurz! allen denjenigen erlaubt, die das Gelübde der Keuschheit auf sich genommen haben. Die bloß keusche Liebe begnügt sich mit Sehen, Hören, Unterreden, und beschränkt sich auf die Freuden des geselligen Umgangs. Aber sie erhebt sich nicht bis zu Gott. Sie betrachtet das schöne Weib nicht als ein Ebenbild Gottes, sondern als eine wahre für sich bestehende Schönheit. Einer solchen Liebe ist der Kuß erlaubt, weil diese Liebkosung mehr eine Vereinigung der Seelen als der Körper ist. Die dritte Liebe sucht sich zugleich mittelst der Körper zu vereinigen, aber auf eine erlaubte Art, in der Ehe.

Von den spanischen Philosophen, welche die Materie wahrscheinlich nicht unberührt gelassen haben werden, ist mir keiner zu Gesicht gekommen.

Unter den Franzosen hat Montaigne die Geschlechtsliebe für eine bloß sinnliche Begierde gehalten, von

22) Discorsi del Conte Annibale Romei Gentilhuomo Ferrarese. In Venezia 1619.

der er sogar die Freundschaft ausschließt, und die er bloß durch die Intrigue schmackhafter und dauernder zu machen anräth. [23]) Nach der Darstellung die er uns von der Denkungsart seiner Landesleute über diese Materie giebt, scheint die Galanterie damahls in Frankreich nicht sehr im Schwange gewesen zu seyn. Er lebte von 1533 bis 1592.

Petrus Godofredus [24]) schrieb ungefehr um die nehmliche Zeit eine Rhapsodie über die Liebe, halb moralischen und halb juristischen Inhalts. Im ersten Buche handelt er von der Liebe zu Gott, im zweyten von der ehlichen Liebe, und im dritten von der unerlaubten Liebe und den Mitteln, sich gegen die letzte zu verwahren.

Alles beweiset, daß man im funfzehnten und sechzehnten Jahrhunderte an den metaphysischen Spekulationen über die Liebe wenig Interesse genommen habe.

Mit dem siebzehnten Jahrhunderte fing aber dieser Geschmack daselbst zu herrschen an. In dieser Zeit schrieb Veyries eine Genealogie der Liebe. [25]) Er theilte sie ein in die eigentliche Liebe, den instinktartigen Trieb, und in Dilection, welche Auswahl voraussetzt. In der letzten unterscheidet er wieder Charité, Zuneigung die auf Werthschätzung beruht, und Amitié, angewöhnte Stimmung zur persönlichen Zuneigung. Er

23) Essays de Montaigne. Liv. I. ch. 27. Liv. III. ch. 5.

24) Petri Godofredi Carcasonensis Icti. Proc. Reg. in fide Dialogus de amoribus. Antwerpiae 1553.

25) Genealogie de l'amour par Jean de Veyries, Docteur en Medicine. Paris 1610.

will, daß die Geschlechtsliebe mit dieser amitié verbunden seyn solle, und hält es für einen Mißbrauch, wenn man die bloße Lüsternheit mit Wohlwollen verwechselt.

Man hat aus dieser Zeit mehrere praktische Werke über die Liebe. [26]) Hauptsächlich aber ist dieser Gegenstand in den Romanen einer häufigen Erörterung unterzogen.

Merkwürdig ist es, daß Charron, in seinem über Verdienst berühmt gewordenen Werke de la Sagesse, von einer zwischen der ehelichen Liebe und den Ausschweifungen der Sinnlichkeit in der Mitte stehenden erlaubten Galanterie keine Kenntniß hat. Wäre, (so kann man billig sagen,) dieß Sitteninstitut damahls sehr ausgebreitet und allgemein gebilligt gewesen, so hätte der Moralist es unmöglich übergehen dürfen.

Sechstes Kapitel.

Ideen der Romanenschreiber, und zwar zuerst der spanischen, aus dieser Zeit.

Ich glaube die Romanenschreiber der Spanier von denen der Italiäner und besonders der Franzosen in dieser Zeit absondern zu müssen.

Auf die Spanier scheint mir der Geist der Mauren, ihrer Nachbaren, gewirkt zu haben. Ich finde in ihren Werken jene bis zum Wahnsinn fortschreitende Begeiste-

26) Z. B. Traité de la Jalousie, ou Moyens d'entretenir la paix dans le Marriage. Paris 1682. Exercices de Josias Macherault de Chalons sur Marne, touchant l'amitié. Geneve 1611 etc.

rung, verbunden mit dem abentheuerlichen, bilderreichen, oft auch nur spitzfindigen Ausdrucke der Empfindungen wieder, der die edlere Liebe der Orientaler auszeichnet. Dieser Charakter ist auf den Rittergeist geimpft, und durch die Bekanntschaft mit den Werken der Alten, sogar auch mit den griechischen Romanen weiter ausgebildet.

Der berühmteste unter den spanischen Romanen, die wir kennen, ist der Amadis des Gaules. Die Scene ist wahrscheinlich nach Frankreich und England verlegt, weil der Verfasser französische Muster, und besonders den Tristan vor sich hatte. [27])

Inzwischen kommt in diesem Romane kein Verständniß mit einer verheiratheten Frau vor. Es ist eine Verbindung mit einer unverheiratheten Prinzessin, welche das Interesse auf sich zieht, und der Zweck ist Heirath. Aber das Verständniß wird heimlich gehalten, und die körperliche Vereinigung geht vor der Ehe vor sich. Die Beschreibungen dieser Scenen sind zum Theil so schlüpfrig, daß Crebillon dafür erröthet haben würde, sie zu schildern.

Die Bekanntschaft mit den griechischen Romanen ist unverkennbar. Die Prüfungen der treuen und biedern Liebenden in der Isle ferme durch den Bogen, die verbotene Kammer, und nachher durch den Degen und die Haube, sind daher entlehnt. Der Verfasser ist übri-

27) Ich habe das Original, aller angewandten Mühe ungeachtet, nicht einsehen können, und ich zweifle, daß es im nordlichen Deutschlande aufzutreiben sey. Die göttingische und wolfenbüttelsche Bibliothek enthalten es nicht. Die Uebersezzung, die ich zu Rathe gezogen habe ist von des Essars, Nicolas de Herberay: Ausgabe von 1550.

gens mit der klassischen Litteratur sehr bekannt, und er läßt nicht leicht eine Gelegenheit vorbey, diese Kenntniß durch Citate zu zeigen.

Der Geist der irrenden Ritterschaft ist hier bereits mehr ausgebildet, als in den früheren Romanen. Die Gebräuche bey der Aufnahme in den Orden dieser Ritterschaft haben eine bestimmtere Form erhalten: die Ritter weihen sich dem Dienste der Damen mit mehrerer Förmlichkeit, und geben ihnen öffentlichere Beweise ihrer Huldigung. Der Ausdruck der Leidenschaft ist bey den Männern bis zum Ekel schmelzend und weinerlich empfindsam. Die Helden fallen in Ohnmacht bey dem bloßen Gedanken an ihre Damen: ihre Seele quillt unter häufigen Thränen aus ihren Augen heraus, und selbst in den Augenblicken, worin sie die größten Beweise von Gegenliebe erhalten, glauben sie im Gefühl ihrer Unwürdigkeit verzweifeln zu müssen. Aber so abhängig die Liebhaber von ihren Geliebten dargestellt werden, so eifersüchtig diese darauf sind, den Werth der Damen über ihr eigenes Verdienst zu setzen; so wenig interessant werden doch die Weiber geschildert. Die besten sind gutherzige Geschöpfe: viele sind ausschweifend, grausam und undankbar. Die Gräfin von Solandra dringt sich unter andern selbst dem König Perion auf, und erlangt seine Umarmung durch die Drohung, sich im Weigerungsfalle selbst zu erstechen. Schön ist die Stelle, worin Oriane ihrem Amadis die Erlaubniß giebt, ein neues Abentheuer zu bestehen. Es ist billig, sagt sie, daß ich eure Ehre meinem Vergnügen vorziehe. Dagegen zeigt sie sich höchst ungerecht in ihrer Eifersucht, und unterschreibt den Brief, worin sie sich von ihm trennt, mit den Worten: Diejenige, der der Tod nur darum zuwider ist, weil ihr der Mörder seyd!

Der Charakter der Liebe in diesem Romane ist leidenschaftliches Streben nach sinnlichem Genuß, das aber durch schmelzende Schwärmerey und durch bewährte Treue im Leiden und im Genuß veredelt wird. Amadis zeigt die tiefste Unterwürfigkeit gegen seine Dame, und keine Aufopferung ist ihm zu schwer, wenn er ihren Ruf dadurch ausbreiten kann. Der Ausdruck seiner Leidenschaft ist förmlich, übertrieben, und oft orientalisch schwülstig.

Neben diesem Muster einer vollkommenen Liebe zeigen sich aber mehrere andere Helden, die dem Amadis an Treue und Edelmuth in der Liebe nicht ähneln. Unter andern ist der Bruder des Amadis, Galaor, nichts weniger als gewissenhaft in diesem Punkte. Ob er gleich an einer bestimmten Geliebten hängt, so läßt er sich doch jede Hülfe, die er den Schönen leistet, durch ihre Gunstbezeugung auf eine sehr materielle Art bezahlen. —

Eben dieser Geist zeigt sich in den Fortsetzungen des Amadis, welche sich mit der Geschichte seiner Familie beschäftigen: im Esplandian, Perion und Lisuart, Amadis de Grece, Don Florissel di Nichea und Anasarte, u. s. w. Ueberall die nehmliche weinerliche Empfindsamkeit, derselbe schwülstige Ausdruck: nur daß beydes noch steifer und unnatürlicher wird! Immer noch die nehmliche sinnliche Liebe und ihre Befriedigung vor der Ehe: immer noch die schlüpfrigen Beschreibungen, die Prinzessinnen, die sich selbst antragen, und die Ritter, welche die verliebten Abentheuer ohne Bedenken mit verheyratheten und unverheyratheten Damen zu Ende bringen. Auch erscheinen die Enkel nicht mehr so treu als ihr Aeltervater. Amadis de Grece verläßt seine erste Dame Lucelle, um Niquee zu heyrathen.

Merkwürdig aber ist es, daß in den jüngern Fortsetzungen des Amadis nun auch Heldinnen vorkommen, die sich durch kriegerische Thaten auszeichnen, und daß man anfängt, sich bey der Darstellung des Kampfs zwischen Sinnlichkeit und Pflicht bey den Damen zu gefallen. Inzwischen triumphiert die erste jedesmahl, wenn ein Versprechen der Ehe von Seiten des Ritters den Fall bedeckt.

Zu den Romanen der Spanier rechne ich diejenigen, deren Helden aus Griechenland und Konstantinopel hergenommen sind: Primaleon, Platir, den Sonnenritter, und Palmerin von Oliva. Der Geist des Amadis ist darin unverkennbar, ob er gleich hier mit schwächeren Schwingen schwebt.

So wie die Kultur durch bessere bürgerliche Einrichtungen und durch eine ausgebreitetere Bekanntschaft mit den Künsten und Wissenschaften zunahm, so fiel der Geschmack an der Beschreibung der Ritterabentheuer, denen nur die Liebesabentheuer, als ein untergeordnetes Interesse, zur Abwechselung beygemischt wurden. Man verfertigte nunmehr eigentliche Liebesromane, in denen die Geschlechtsverbindung das Hauptinteresse auf sich zog, und denen man eine epische Einheit gab. Dahin gehören denn besonders zwey, die mir zu Gesicht gekommen sind: Il Carcel d'amore, das Gefängniß der Liebe, und la Diana di Montemajor.

Der erste ist eines der abentheuerlichsten Geschöpfe der Imagination. [28]) Ein Herzog, Constante, verliebt sich in die Prinzessin Rigorosa, [29]) und befindet sich im Gefängniß der Liebe. Der Autor rettet ihn daraus, und führt ihn an den Hof des Vaters seiner Dame. Hier wirbt er um sie durch jede Art der Aufopferung. Aber umsonst: Rigorosa wird nicht erweicht. Constante stirbt, und findet keine andere Belohnung für seine treuen Dienste, als die, daß seine Geliebte ihn den Rest ihres Lebens durch betrauert.

Außer dem abentheuerlichen Ausdruck einer weinerlichen Empfindsamkeit und melancholischen Schwärmerey, den dieser Roman mit den früheren Ritterromanen gemein hat, zeigt er als etwas Unterscheidendes die unbezwingliche Sprödigkeit der Damen, eine grössere Sparsamkeit in den Begebenheiten, und dagegen die Einmischung mehrerer Erörterungen über Gegenstände, die mit der Liebe in Beziehung stehen. Unter andern findet man hier eine weitläuftige Rede, worin der Vorzug des weiblichen Geschlechts vor dem männlichen bewiesen wird.

Die Diana di Montemajor ist ein Schäferroman, der nach den Pastoralen des Longus gedichtet zu seyn scheint, und unstreitig der Astrée von d' Urfé zum Vorbilde gedient hat. Hier findet man zuerst Begriffe

28) Ich habe zwey Uebersetzungen vor mir: eine italiänische, die 1537 von Messer Lelis di Manfredi, Ferrarese, verfertigt, und zu Venedig herausgekommen ist. Die letzte deutsch vom Freyherrn Khuefsteiner 1660. Diese ist viel weitläuftiger als die erste.

29) So nennt sie der deutsche Uebersetzer. Der Italiärer anders.

von Seelenliebe zwischen beyden Geschlechtern, wie sie von den Philosophen aus der damahligen Zeit gelehrt wurde. „Die wahre Liebe, heißt es darin, hat keinen andern Zweck, als den, unsre Seele mit der geliebten Person zu vereinigen, und ihre Tugend zu ehren, ohne andere Belohnung unsrer Leidenschaft zu erwarten, noch unser Verlangen nach unerlaubtem Genuß zu befriedigen. Diese Liebe ist nicht die Wirkung derjenigen Vernunft, die uns zur Selbstliebe auffordert."

Die Unterredungen der Schäfer und Schäferinnen in diesem Romane enthalten häufige Erörterungen metaphysischer und praktischer Fragen über die Liebe. Allerwärts leuchtet eine grössere Kultur der Sitten und des Geschmacks hervor; aber an Genie steht das Werk weit unter dem Amadis.

Ich verweise auf die Bibliothek der Romane, um noch mehrere spanische Romane kennen zu lernen, in denen die Vollkommenheit der Liebe in einer hinschmachtenden Begeisterung gesucht wird. Neben diesen giebt es aber auch eine Menge anderer, welche diese Leidenschaft als eine sinnliche Begierde darstellen, die ihren Reitz für die Seele bloß durch die Besorgung einer heimlichen Intrigue erhält. Je verwickelter diese angelegt wird, um desto mehr glauben ihre Verfasser den Leser zu interessieren.

Siebentes Kapitel.

Fortsetzung. Romanendichter der Franzosen.

Bey den Franzosen hat der Geschmack an den Helden des Hofes Carls des Großen und des Königs Arthur noch eine Zeitlang fortgedauert. Sehr viele von denjenigen Romanen, die ich unter der vorigen Periode mit aufgeführt habe, dürften, wie schon oben bemerkt ist, hieher gehören.

In der Folge haben die Franzosen wirkliche Personen aus ihrer Geschichte zu Helden ihrer Romane gemacht. Dahin gehören Bertrand du Guesclin, Clissor und le petit Jehan de Saintré, u. a. m.

Diese Romane haben noch nicht die Form eines epischen Gedichts: keine Einheit der Handlung. Es sind Lebensgeschichten der Helden. In den mehrsten spielt die Liebe nur eine sehr untergeordnete Rolle. Le petit Jehan de Saintré zieht hingegen sein Hauptinteresse aus einer Intrigue mit einer schönen Wittwe, la Dame des belles Cousines genannt.

Diese Intrigue trägt alle Charaktere an sich, mit denen ich oben die anständig heimliche Galanterie bezeichnet habe: ein heimliches, auf Sinnlichkeit beruhendes Verständniß, das aber durch das Verdienst des Liebhabers, durch seine bewährte Treue, die Sorge der Dame für ihren Ruf, und die Bewahrung des äußeren Anstandes veredelt wird. —

Diese Art der Galanterie erscheint hier sehr ausgebildet, und sogar auf gewisse Grundsätze gebauet. Unter andern sagt die Dame des belles Cousines: „die Sünde der Sinnlichkeit muß von den wahrhaft

Liebenden aus allen Kräften gemieden werden. Sollten sie jedoch durch den zu heftigen Drang der Minne darein verfallen, so haben doch treue Liebhaber mit so viel nagender Unruhe und so vielen Gefahren zu kämpfen, daß es ihnen unmöglich zur Todsünde angerechnet werden kann!“ Zugleich befiehlt sie dem Saintré die größte Verschwiegenheit und Treue an.

Auffallend ist es, daß diese Dame nachher in einem sehr schlechten Lichte dargestellt wird, ihren Ritter mit Undank lohnt, und sich den gröbsten Ausschweifungen mit einem Prälaten überläßt, der nichts für sich hat, als das Talent, ihre Sinnlichkeit in hoher Maße zu befriedigen. Saintré rächt sich, und dieß Betragen des Ritters sowohl als der Dame zeigt hinlänglich, wie wenig man damahls an die allgemeine unverrückte Befolgung der Regeln der Galanterie geglaubt habe.

Dieser Roman, so wie die übrigen mit ihm genannten, gefallen sich bey der Darstellung der ausgezeichneten Achtung, welche der tapfere Held von Damen von hohem Stande erhalten hat. Sie schildern mit Umständlichkeit die Ceremonien, unter denen die Ritter von ihren Damen die Liebesweihe erhalten, und die Huldigungen, welche diese, ihre Diener, ihnen bey jeder Gelegenheit darbringen. Inzwischen ist es auffallend, daß noch immer die Weiber in Vergleichung mit den Männern zurück und im Schatten stehen, und daß reine Seelenliebe, oder auch nur eine Liebe, welche die Moral und die Gesetze ganz unbeleidigt läßt, vergebens gesucht wird. Auch hier zeigen sich zwar Spuren von weinerlicher Empfindsamkeit, aber sie sind nur vorübergehend, und die Liebe wird viel leichter behandelt, als in den spanischen Romanen.

Ich finde das Bestreben, sich der Sittlichkeit, dem Interesse des Liebesabentheuers unbeschadet, möglichst zu nähern, zuerst in der Geschichte des Pierre de Provence, und der belle Maguellonne. Dieser Roman, dessen Stoff wahrscheinlich aus dem Arabischen entlehnt ist, hat zugleich in seiner Oekonomie viel von den griechischen Romanen: einen zusammenhängenden Plan, einen Knoten, der geschürzt und aufgelöst wird. Zwey Liebende werden durch einen Zufall getrennt, und nach mehreren Gefahren endlich wieder vereinigt. Der Liebhaber schwört seiner Geliebten, die letzte Gunst nicht vor eingegangener Ehe zu fordern, und er hält Wort, ob er sich gleich — ganz im Geiste der griechischen Erotiker, — kein Gewissen daraus macht, während sie in seinen Armen schläft, sie aufzuschnüren, und sich der lüsternen Beschauung ihrer geheimeren Schönheiten zu überlassen.

Beynahe in dem nehmlichen Geiste ist Gerard de Nevers, oder der Chevalier de l'Epervier, gedichtet. Auch hier ziehen zwey Verlobte das Interesse auf sich, indem sie, durch Mißverständnisse getrennt, eine Menge von Gefahren und Versuchungen bestehen, ihre Treue bewähren, und endlich wieder vereinigt werden. Die Oekonomie des griechischen Romans ist hier gar nicht mehr zu verkennen. Sogar einzelne Züge sind daraus entlehnt. Ueberhaupt zeigt dieser interessante Roman eine Kultur, die mich berechtigt, ihn hinter alle bisher genannte zu setzen, obgleich die Seene ins zwöfte Jahrhundert verlegt ist.

Die Franzosen scheinen sich nunmehr eine Zeitlang mit Uebersetzungen und Nachahmungen aus dem Spanischen und Italiänischen beholfen zu haben. Selbst d'Urfé hat in seiner Astrée die spanische Diane di Montemajor zum Vorbilde gehabt. Allein er hat es weit hinter sich gelassen.

Dieser Roman ist 1610 zuerst erschienen. Ich glaube, die Denkungsart des Verfassers über die Liebe nicht besser schildern zu können, als wenn ich die zwölf Gesetze über diesen Gegenstand, welche darin aufgestellt werden, hieher setze.

1) Der vollkommene Liebhaber muß ohne Maß und Ziel lieben: wer anders liebt, macht sich der Untreue schuldig.

2) Er muß nur einen und den nehmlichen Gegenstand lieben, und in ihm sein einziges Glück finden.

3) Er höre auf sich selbst zu lieben, oder er liebe sich nur in Beziehung auf den geliebten Gegenstand.

4) Wenn er nach höherem Glück strebt, so sey es bloß in der Hoffnung, daß die Geliebte dadurch an Ehre gewinne.

5) Nie verlange er den Besitz der Geliebten auf Kosten ihrer Ehre und der seinigen.

6) Eher sterbe er, als daß er den geliebten Gegenstand in seiner Gegenwart ungestraft lästern höre.

7) Er finde Alles vollkommen in derjenigen, die ihm Liebe eingeflößt hat, und derjenige, der dieß bezweifelt, erscheine als Verbrecher vor seinen Augen.

8) Unter Seufzern möge er zwischen Leben und Tod hinschmachten, ehe er sagt, was er will, oder was er nicht will.

9) Er lebe nur in Derjenigen, die er anbetet, und in sie verwandelt, ehre und liebe er nur dasjenige, was sie ehrt und anbetet.

10) Er sehe alle Tage, die er entfernt von ihr zubringt, für verloren an, und er sey im Geiste bey ihr, wenn er körperlich von ihr getrennt ist.

11) Bey allen seinen Qualen, bey allen seinen Leiden erwarte er keine andere Belohnung, als allein die Ehre, zu lieben.

12) Nie stelle er sich die Möglichkeit vor, daß seine Leidenschaft endigen könne. Ein solcher Gedanke wäre Verrath an der Liebe. [30])

Nach dem Geiste dieser Gesetze handeln die hervorstechenden Liebhaber in diesem Werke, während daß ihre Damen bey der stärksten Leidenschaft im Herzen ihnen mit dem sprödesten Stolze begegnen.

Der Kampf der Neigung mit den Pflichten, welche das Gefühl der Selbstwürde und der Anstand dem zärteren Geschlechte auflegen; die Zartheit, womit das stärkere seine Wünsche äußert; geben den Darstellungen der Liebe in diesem Romane einen Reitz, der den früheren größtentheils unbekannt war. Zu gleicher Zeit trägt die engere Verbindung unter den Geschlechtern zur Unterhaltung bey größeren Zusammenkünften bey, und wenn gleich der gesellige Ton noch nicht das Ungezwungene und die Biegsamkeit zeigt, die er in späteren Zeiten erlangt hat; so ist er doch in Ver-

30) L' Astrée de Mr. d'Urfé à Paris 1733. T. II. p. 189.

gleichung mit den früheren Romanen bereits zu einer hohen Stufe der Kultur gedrehen.

Obgleich die Sittlichkeit in diesem Romane auf keine grobe Weise beleidigt wird, und die Hauptpersonen vor der Ehe nicht vereinigt werden; so weht doch über das Ganze ein feiner Geist von Lüsternheit, der sich mit den Gesetzen der Moral und selbst des Anstandes nicht ganz vereinigen läßt.

Die Romane der Scudery stellen die Liebe als das ernsthafteste Geschäft des Lebens dar, und suchen in ihr den stärksten Antrieb zu heroischen Thaten, so wie das schönste Mittel zur geselligen Unterhaltung. Man kann die Begriffe von Pflicht und Anstand in den Verhältnissen beyder Geschlechter gegen einander nicht höher treiben, als es hier geschehen ist. Es ist nicht zu läugnen, daß herrliche Situationen in den Werken dieser Dame vorkommen, und daß überall die Gesinnungen der handelnden Personen durch Feinheit der Empfindungen und Seelenadel ausgezeichnet werden.

Aber alles dieß ist mehr von dem Witze ausgedacht, als von dem Herzen eingegeben. Den Charakteren der Helden fehlt es an individueller Wahrheit. Es sind Menschen, die nach den Grundsätzen der Moral erschaffen sind, keine Fehler und lauter Tugenden besitzen. Die Verfasserin legt ihnen einen Edelmuth bey, dem oft der Vorwurf des Uebertriebenen und Abentheuerlichen gemacht werden kann, und der Ausdruck ist nüchtern, schwülstig oder matt. Kurz! das höchste Lob, das man ihren Darstellungen beylegen kann, ist dieß, daß sie sehr ingeniös erfunden sind, und manche feine Bemerkung über die Verhältnisse des geselligen Umgangs enthalten.

Die Scudery hat von der Liebe keinen andern Begriff gehabt als den, daß sie eine feinere egoistische Neigung sey, die sich bald in dem edleren Stolze, durch außerordentliche Tugenden und Heldenthaten vor den Augen der Geliebten zu glänzen, bald in geselliger Eitelkeit, und in dem Triebe nach Beschäftigung und Unterhaltung äußert. Die Selbstheit nutzt bey ihr die Geschlechtssympathie zur Befriedigung ihrer edleren und feineren Neigungen. Daher setzt sie das Wesen der Liebe in steter Unruhe des Geistes: daher findet sie nichts langweiliger, als die Unterhaltung zweyer Liebenden, von denen der eine oder der andere nichts zu wünschen, oder sich über nichts zu beklagen hat: daher legt sie besonders einen so großen Werth auf die Galanterie. Diese ist nach ihrer Darstellung nichts weiter als die Kunst, den Empfindungen, welche die beyden Geschlechter sich gegenseitig einflößen, den witzigsten und zugleich nach den Begriffen der Zeit artigsten Ausdruck zu leihen. Die Artigkeit der Scudery und ihr Witz scheinen uns aber steif, umständlich und pretiös zu seyn. —

Ihre Romane so wie die des Calprenede und einiger anderer enthalten mehrere Darstellungen einer Liebe, die sich auf geistigen Genuß beschränkt, und sich in dem Bewußtseyn der gelungenen Vereinigung der Seelen glücklich fühlt. Nirgends werden die Gesetze des strengsten Anstandes beleidigt.

Unstreitig haben diese Werke besonders zu der irrigen Idee beygetragen, daß die Galanterie vom eilften bis zum achtzehnten Jahrhunderte eine reine, oder wenigstens anständige und gesetzmäßige Verbindung zwischen beyden Geschlechtern gewesen sey.

In der nehmlichen Zeit, worin die d'Urfé, die Scudery, u. s. w. die Liebe zu veredeln suchten, behandelten sie andere sehr leicht, oder lieferten die ausgelassensten Produkte einer lüsternen Einbildungskraft. [31])

Achtes Kapitel.

Fortsetzung. Romane der Italiäner.

In den Romanen der Italiäner finden wir früh eine höhere Kultur der Sitten und des Geschmacks, vermöge ihrer genaueren Bekanntschaft mit der alten klassischen Litteratur.

Sie hatten früh neben dem Ritterromane den bürgerlichen, dessen Stoff aus den Begebenheiten des gemeinen Lebens hergenommen war.

In der Theseide des Boccaz sind die Helden des Alterthums sämmtlich als Ritter dargestellt, die Tournier halten, Lanzen brechen, sich aus Liebe zu ihren Damen abhärmen, und um ihren Besitz sich auf Leben und Tod schlagen.

Dieser Roman hat eine epische Einheit. Zwey Nebenbuhler, Arcitas und Palemon, streiten sich um

30) Man erinnere sich an die Contes de la Reine de Navarre und an Rabelais aus dem sechzehnten Jahrhunderte. Ihre Nachahmer dauerten im siebzehnten Jahrhunderte fort. Man vergleiche: Gordon de Percel de l' Usage des Romans T. II. p. 254 und 310. Uebrigens herrschte in den asotischen Produkten dieser Zeit eine Plattheit, welche den guten Geschmack eben so sehr wie die Sitten beleidigt. Brantome ist gleichfalls hierher zu rechnen.

den Besitz Emiliens. Diese wird als ein harmloses Geschöpf dargestellt, das zwar die Eitelkeit eines jungen Mädchens, aber keine bestimmte Neigung für den einen oder den andern ihrer Liebhaber empfindet. Sie wünscht hauptsächlich sich dem Dienst der Diana widmen, und unverheyrathet bleiben zu können: sie läßt es sich aber auch gefallen, demjenigen zu Theil zu werden, der den andern überwinden wird, und so bald sich der Sieg für den Arcitas erklärt hat, hängt sie diesem mit voller Seele an. Allein da er bald nachher an seinen Wunden stirbt, so willigt sie auch in die letzten Wünsche desselben ein, und heyrathet seinen Freund Palemon.

Ein unnützer Aufwand von Gelehrsamkeit macht die Lesung dieses Romans um so widriger, da die neueren Sitten mit denen des Alterthums auf die lächerlichste Art vermischt sind, und oft mitten in der Darstellung der Empfindungen lange Einschiebsel aus der Mythologie vorkommen. Die Liebe erscheint hier gesetzmäßig und sittlich; aber von einer reinen Seelenliebe findet man keine Spur.

Ein anderer Roman des Boccaz, L'amorosa Fiammetta, enthält die Intrigue zwischen einer verheyratheten Dame und einem jungen Mann. Die Handlung ist äußerst einfach. Fiammetta verliebt sich in den Pamfilo auf den ersten Anblick: bekämpft ihre Leidenschaft, unterliegt ihr aber am Ende. Die körperliche Vereinigung (l'ultimo termino d' amore) erfolgt, und der Liebhaber verläßt die Gefallene. Fiammetta geht durch alle Wechsel und Krisen einer unglücklichen Liebe durch.

Dieß ist der höchst simple Stoff, den Boccaz behandelt hat. Eine wahre Darstellung der Empfindungen und ein schöner Styl würden dieß Werk äußerst schätzbar machen, wenn es nicht durch eine zu große Weitschweifigkeit und einen unnützen Aufwand von Gelehrsamkeit langweilig würde.

Die Bekanntschaft des Verfassers mit den griechischen Romanen ist übrigens nicht darin zu verkennen, und überhaupt ruht der Geist des Alterthums auf der ganzen Behandlung. Mir ist das Werk besonders darum wichtig, weil es das erste Beyspiel eines bürgerlichen Romans ist, den ich aus der neueren Zeit kenne, und weil es die Eingezogenheit des italiänischen Frauenzimmers im vierzehnten Jahrhunderte, und die Art der damahls herrschenden Intriguen, die gewiß nichts weniger, als rein von Sinnlichkeit waren, so auffallend darstellt.

Ganz im Geschmack dieses Romans ist ein anderer, der vom Aeneas Sylvius im Jahre 1444 unter dem Nahmen: Historia de Euryalo et Lucretia, geschrieben ist. [32]) Lukretia, eine verheyrathete Dame aus Siena, verliebt sich in den Favoriten des Kaysers Siegismund, während der Anwesenheit dieses Fürsten in dieser Stadt. Die beyden Liebenden haben außerordentliche Schwierigkeiten zu überwinden, um sich nur zu sprechen. Denn die Italiäner, sagt der Verfasser, haben den Fehler, ihre Weiber wie Schätze zu verbergen, und zu verschließen. Inzwischen gelingen doch einige Zusammenkünfte unter unendlichen

32) Man findet ihn in des Hilarii Drudonis Practica artis amandi. Amstelodami 1652.

Gefahren. Die Beschreibung der listigen Anschläge, wodurch sie zu Stande gebracht sind, giebt diesem Romane das Hauptinteresse. Endlich muß Euryalus abreisen: Lukretia stirbt vor Gram, er aber heyrathet, nachdem er sie eine Zeitlang betrauert hat, eine Dame aus fürstlichem Geschlecht, die ihm der Kayser giebt. — Auch in diesem Romane ist die Liebe sinnlich dargestellt.

Späterhin haben die Italiåner viel aus dem Spanischen übersetzt, und der Geschmack an den Ritterromanen im Geiste der Amadis, der Primaleonen u. s. w. hat überhand genommen. Mir sind aber weiter keine Originalromane dieser Art in Prosa zu Gesicht gekommen. Der Stoff zu den Heldengedichten ist aus den älteren Ritterromanen entlehnt.

Ihre Novellendichter haben die Liebe im Geschmack des Boccaz behandelt: d. h. leicht und oft ausgelassen.

Neuntes Kapitel.

Fortsetzung. Ueber die Romane der Engländer und Deutschen.

Ich bin außer Stande über die Romane der Engländer etwas mehr zu sagen, als was ich in den Reliques of ancient English Poetry finde. Nach diesen zu urtheilen, dürften die Engländer schwerlich vor dem vierzehnten Jahrhunderte Romane in ihrer Sprache geschrieben aufzuweisen haben: und selbst nach dieser Zeit ist ihr Geschmack wahrscheinlich mit dem der Spanier, Italiäner und Franzosen zusammen gegangen. [33])

Die Deutschen haben sich gleichfalls diesen Nationen in ihren Romanen genähert. Ich finde in den wenigen Ritterromanen, die ich, in Ermangelung weiterer Nachrichten, für original halten muß, sehr viel Züchtigkeit und Biedersinn in der Liebe, bey einem wenig gebildeten Ausdrucke. [34])

Die späteren Romane Lohensteins, Buchholzens, u. s. w. sind Nachahmungen der gleichzeitigen französischen, nur in einem noch pomphafteren, geschmackloseren Style.

33) S. unter andern den Auszug aus dem Libius Disconius, den Percy in den Reliques V. III. Introd. p. XVII. liefert.

34) Außer dem Ritter Wigoleis vom Rade, den die deutsche Bibliothek der Romane anführt, nenne ich hier noch eine andere Komposition dieser Art, die wenig bekannt ist, und sich auf der Wolfenbuttelschen Bibliothek befindet: Eine schöne und liebliche History von dem edeln und theuren Ritter Galmien und von seiner züchtigen Liebe, so er zu einer Herzogin getragen hat, welche er in eines Mönchs Gestalt von dem Feuer und schändlichen Tod erlöst hat, zuletzt zu einen gewaltigen Herzogen in Brittannien erwählt, und mit schönen Figuren angezeigt. Am Ende steht: Gedruckt zu Straßburg bey Jacob Frölich im Jahre 1548. Ich stehe inzwischen nicht dafür ein, daß der Roman auf deutschem Boden gewachsen sey. Der Plan ist sehr gut angelegt. Schade daß ihm die Ausfuhrung nicht entspricht.

Zehntes Kapitel.

Ideen der italiänischen Dichter, und besonders des Petrarka, über Liebe und Geschlechtsverbindung.

Dante, der noch im Anfange des vierzehnten Jahrhunderts lebte, liebte Beatrix, die Tochter des Falco Pottinari, die in der Blüthe ihrer Jahre starb. Die Betrübniß unsers Dichters über ihren Verlust war so groß als seine Liebe. In den Gedichten, die er auf sie machte, herrscht der Ton der Troubadours. Ausschweifende Lobeserhebungen, Klagen über Grausamkeit, Ermahnungen zur Geduld, Hoffnungen auf den Tod, als das Ende aller Leiden, machen ihre Hauptgegenstände aus.

Uebrigens aber lehrt er an mehreren Stellen seines Inferno, daß alle übermäßige Liebe zur Kreatur Laster sey, und daß Gott als das einzige und höchste Gut über Alles geliebt zu werden verdiene. Ob er gleich von der Geschlechtsliebe keinen andern Begriff gehabt zu haben scheint, als den, daß sie eine sinnliche Leidenschaft sey; so mißbilligt er sie doch nicht, wenn sie in den Grenzen der Mäßigkeit erhalten wird. Er sieht sogar in ihr den Antrieb zu hohen Tugenden. Ja! er legt in seinem Paradiso der geliebten Beatrice, die er dort wieder antrifft, das Lob bey, daß sie seine Seele über das Irdische erhoben habe.

Ganz im Style der Troubadours haben nun auch die übrigen italiänischen Dichter vor dem Petrarka, Guido Guinicelli, Cino da Pistoja, Guido Cavalcanti, und andere mehr gedichtet. Es sind die gewöhnlichen Sujets verliebter Gedichte oft in einem höchst excentrischen und hyperbolischen Style ausgedrückt, die uns weiter nicht interessieren können, als in so fern sie über den Geschmack des Zeitalters, worin Petrarka auftrat, einen nähern Aufschluß geben.

Der Nahme dieses Dichters ist noch jetzt in Italien die Losung derer, die durch ihren Glauben an den geistigen Genuß der Liebe in ihrem Dienste eine eigene Sekte bilden. Es ist höchst interessant, die Natur seiner Leidenschaft zu Lauren, und die Verhältnisse, unter denen sie sich geformt hat, kennen zu lernen, um daraus seine Begriffe über die veredelte Liebe näher zu entwickeln, und wo möglich zu bestimmen.

Petrarka ward im Jahre 1304 zu Arezzo geboren: ein Italiäner mit aller Anhänglichkeit, mit aller Vorliebe für sein Vaterland, die dieser Nation so eigen, und in Rücksicht dessen, was die Natur für dieses Land gethan hat, so gegründet ist. Sein Vater ward aus Florenz vertrieben, und ging mit seinem noch jungen Sohne nach Avignon, dem damahligen Sitze des päbstlichen Hofes. Hier ward er erzogen: hier wählte er den geistlichen Stand, um darin sein Glück zu suchen.

Dieser Umstand ist aus mehreren Gründen wichtig. Die mittäglichen Theile von Frankreich waren der Sitz der Galanterie und der Poesie der Troubadours, deren Charakter ich in dem vorigen Buche entwickelt habe. Nichts natürlicher, als daß Petrarka den Geschmack daran mit den Ideen, worauf sie beruhen, früh eingeflößt erhielt. Avignon selbst war allen Italiänern äußerst zuwider. Päbste von französischem Herkommen hatten den heiligen Stuhl aus Rom hieher verlegt, und haßten die Italiäner. Diese hingen mit schwermüthigem Zurücksehnen an ihrem Vaterlande, und waren über den

Vorzug, der einem fremden Volke am päbstlichen Hofe widerfuhr, äußerst erbittert. Nach ihrer Beschreibung war dieser ein Zusammenfluß von Abentheurern und Glücksrittern, die aus allen Theilen der Welt dahin strömten, eine völlige Sittenlosigkeit einführten, und durch die niedrigsten Mittel zu den ersten Stellen der Hierarchie hinaufzusteigen trachteten.

Vieles von den früheren Sitten des Petrarka, vieles von seiner nachherigen Stimmung muß aus der Lage derjenigen großen Welt erklärt werden, worin er zuerst auftrat.

Petrarka wußte früh durch seine Leibesgestalt und seine Talente die Aufmerksamkeit des großen Haufens auf sich zu ziehen: er wußte sich Freunde und Gönner zu machen, die er Lebenslang behielt. Petrarka hatte von der Natur einen unbestimmten Trieb nach Hervorragung erhalten. Er war eitel auf seine Figur und auf die Gaben seines Geistes. Noch in seinem Alter gefällt er sich dabey uns mit zweydeutiger Bescheidenheit zu sagen, daß die Vorübergehenden, durch seine körperliche Schönheit angezogen, stehen geblieben, und, ihm zum Ueberdruß und Ekel, mit Fingern auf ihn gewiesen hätten. Er klagt sich an, Tagelang mit dem Schmuck seiner Haare zugebracht, die Reinlichkeit seiner Kleidung ängstlich besorgt, und sich den Beschwerlichkeiten gewisser Trachten zur größern Zierde seines Aeußeren unterworfen zu haben. Das Gefühl seines Werths, welches durch eine astrologische Prophezeihung noch verstärkt wurde, gab ihm ein Selbstvertrauen, vermöge dessen er sich der größten Ehrenstellen würdig, und fähig hielt, auf Alles Anspruch zu machen. Er versuchte das, was man in der Welt sein Glück machen nennt, und trat in den geistlichen Stand, den einzigen, jedoch damahls ziemlich sichern Weg, bey einigen Talenten, zu Macht, Ansehn und Reichthümern zu gelangen.

Aber Petrarka hatte nicht die nöthigen Anlagen, um sich in der politischen Laufbahn auszuzeichnen. Er suchte daher einen andern Ausweg für seine Ruhmsucht, und strebte nach litterärischem Ruf.

Was gemeiniglich verbunden zu seyn pflegt, er war zugleich eitel und sinnlich. Noch in seinem spätern Alter klagt er über ein beynahe unbezwingbares Temperament. Inzwischen erhielt eine sehr religiöse Erziehung ihn lange in den Grenzen der Zucht und der Ehrbarkeit. In Avignon rissen ihn böse Beyspiele hin, er ward ausschweifend, und um diese Zeit war es, als er Lauren kennen lernte.

Wir wissen wenig von Lauren. Man hat sogar ihre Existenz bezweifelt: man hat sie für eine allegorische Person gehalten, für den Lorber, den Preis der Dichtkunst, mit dem Petrarka in Rom gekrönt wurde, und dem er lange nachstrebte. Allein die Wirklichkeit ihrer Person, als Geliebten des Petrarka, scheint außer Zweifel zu seyn, wenn gleich die Aehnlichkeit der lateinischen und italiänischen Benennung des Lorbers, (Laurus, Lauro) und des poetischen, aus Blättern dieses Baums geflochtenen Kranzes, (Laurea) mit dem Nahmen der Geliebten, für den nach Liebe und Ruhm gleich strebenden Dichter kein unbedeutender Zusatz gewesen seyn mag. Vielleicht ist es schon dem Genius der Zeiten angemessen, daß witzige Verbindungen entfernter Verhältnisse nicht bloß gedacht, sondern gefühlt wurden. Hier lag ohnehin das Verhältniß ziemlich nah. Apollo, der Gott der Dichtkunst, hatte Daphnen geliebt: er war nicht erhört worden: er hatte kalten Lorber statt eines warmen Herzens gefunden; aber der Baum war seit der Zeit dem Gotte und Allen, die er begeistert, geheiligt gewesen. Petrarka liebte Lauren: auch er erwärmte nicht ihr Herz; aber die Gedichte, die er auf sie machte, erwarben ihm den Lorberkranz. Und gewiß! manches Gefühl, das ihm Ehrgeitz einflößte, ward auf Rechnung der Liebe gesetzt: manche Empfindung der Liebe unterstützte den Ehrgeitz. Man hat mit Recht gesagt, Petrarka würde nicht berühmt seyn, wenn er nicht geliebt hätte. Man kann vielleicht mit eben dem Rechte sagen, er würde nicht so geliebt haben, wie er that, wenn er nicht ruhmsüchtig gewesen wäre.

Wahr bleibt es inzwischen, Petrarka hat eine Dame, die er unter dem Nahmen Laura besang, wirklich gekannt, und bey seinen Gedichten vor Augen gehabt: eine verheirathete Dame von Stande, nach der Sitte der Troubadours. Aber haben bey seinen Gedichten lauter wahre Situationen zum Grunde gelegen: waren seine Poesien lauter Ausbrüche wahrer Empfindungen? Schwerlich! In seinem Verhältnisse zu Lauren muß allerdings die Veranlassung zu der verliebten Stimmung seiner Muse, nicht aber der Grund zu jedem einzelnen Sonett, zu jeder einzelnen Canzone gesucht werden.

Petrarka zeichnet seine Geliebte schön von Körper und Seele. Inzwischen erhellet aus einigen Stelen seiner Gedichte und Schriften, daß Fremde die Höhe seiner Leidenschaft durch die persönlichen Vorzüge des Gegenstandes nicht völlig gerechtfertigt gefunden haben. In ihrem Betragen gegen ihn erscheint sie als eine

Frau, der Mangel an Leidenschaft die Sorge für ihre Ehre erleichterte; aber den Vorwurf einer eitlen Gefallsucht nicht völlig erhaben. Durch Anziehen und Zurückstoßen (hor benigne accoglienze id hora Idegni) hielt sie den nicht erhörten Liebhaber zwanzig Jahre lang in ihren Fesseln.

Dieser entbrannte nicht gleich für sie von einem heiligen Feuer. Er suchte Befriedigung gewöhnlicher Triebe. Aber Laura war verheirathet: sie hielt auf Anstand und Tugend, und wieß den andringenden Jüngling zurück mit den Worten: ich bin nicht diejenige, für die du mich hältst.

„Die Weigerungen der Keuschheit, sagt Montaigne, mindern die Liebe nicht. Gewiß nicht bey Seelen, die Gefühl für das sittliche Schöne haben! Und am wenigsten bey Männern von feuriger Imagination, bey Dichtern aus der Periode, worin Petrarka lebte. Hatten nicht die Troubadours, seine Vorgänger, Damen ihres Herzens gehabt, deren Bild, Vorzüge, Strenge, der Gegenstand ihrer Verse gewesen war? War nicht der Grundsatz unter ihnen allgemein, daß ein zu leichter Sieg der Liebe alle ihre Reitzungen nehme? Petrarka fing an zu achten, anzubeten, zu besingen: Seine Leidenschaft erhielt eine neue Spannung.

Es war die Spannung der Eitelkeit, sich geliebt zu wissen, und den äußern Umständen, nicht dem Herzen, diejenige Weigerung verdanken zu wollen, welche seine gröberen Begierden erfuhren. Ein unzweydeutiges Zeichen des innern Kampfes der Leidenschaft mit der Pflicht, wie selig würde es ihn gemacht haben! Aber auch diese Forderung ward nicht gewährt, und nun will er brechen, eine Leidenschaft aus seinem Herzen vertilgen, die nicht einmahl durch Hoffnung auf Gegenliebe genährt wird. Er steht auf diesem Punkte, und ein minder ernster Blick, ein halbfreundliches Wort hält ihn auf: ja! beflügelt ihn zu den verwegensten Wünschen. „Daß ich nur eine Nacht mit ihr zubringen könnte, ruft er in einer seiner Sestinen aus, nur eine Nacht beym Schein des Mondes in der Dickung des Gehölzes, und daß dann nie die Morgensonne wieder für mich aufgehe!"

Vergebliche Hoffnungen, vergebliche Wünsche! Laura liebt seine Aufwartung, nicht seine Person. Er klagt, er klagt in Versen. Die Liebe findet keine Erhörung, aber des Dichters Ruhm wird verbreitet: seine Sonnets gehen von Munde zu Munde, sie sind die Unterhaltung aller Menschen von Gefühl und Geschmack. Die unglückliche Liebe bringt also doch Früchte, giebt doch Genuß, freylich nicht für sich selbst, aber für die Ruhmsucht des verliebten Dichters, dessen andere beynahe gleich starke Leidenschaft sie war!

Und dieser litterärische Ruf wird unserm Petrarka doppelt interessant, da er auf seiner politischen Laufbahn lauter Versagungen findet. Er wirbt um den Dichterkranz, der ihn für die aufgegebene Bürgerkrone schadlos halten soll. Er fühlt, daß er zu diesem Kranze durch seine Gedichte an Laura die schönsten Blätter flicht, und daß er wieder diese der Begeisterung für seine Dame verdankt. So findet er in seiner Liebe zu gleicher Zeit Mittel, sich für die Versagungen einer Art des Ehrgeitzes zu trösten, und eine andere Art desselben zu befriedigen.

Aber nicht bloß den Schriftsteller machte die unglückliche, und eben daher der Begeisterung günstigere Liebe interessanter. Auch der Mensch im gemeinen Leben zeichnete sich aus durch den hinschmachtenden, schmelzenden Zustand der Leidenschaft, besonders nach den Begriffen des damahligen Zeitalters. Man sahe die begeisterte Empfindsamkeit als ein Zeichen des Edelsinns an. Man fand in der Zurückgezogenheit von Zerstreuungen und rauschenden Freuden, in der Beschränkung seiner Wünsche, in der Aufopferung für eine gesellige Leidenschaft, eine Erhöhung über die niedere Sinnlichkeit, und über den gröberen Egoismus. Selbst in Thränen unerhörter Liebe Wollust zu finden; ihre Qualen jedem Vergnügen, das sie nicht giebt, vorzuziehen; lieber für seine Dame sterben, als bey einer andern das höchste Glück genießen wollen; das waren Ideen, welche die damahlige Zeit bewunderte, schön fand, und welche die Werke der Troubadours und die Romanciers ausgebreitet hatten. Petrarka war mit ihrem Geiste vertraut.

Unzufriedenheit mit seiner Lage, Kränklichkeit, Launen, zwangen Petrarka oft, die Welt und seine Verhältnisse zu ihr in der Einsamkeit zu vergessen. Hier ward es ihm besonders wichtig, ein Bild mit sich herumzutragen, das seine Phantasie füllen, und diese zur verschönernden Schöpfung auffordern konnte. Die Hemmung seines Triebes nach Vereinigung mit seiner Geliebten leistete ihm hier mehr Dienste, als ihre Begünstigung, und die Entfernung ließ seiner Imagination ein freyeres Spiel, als die Annäherung.

Petrarka war sinnlich: aber er hatte Gefühl für Zucht und Reinheit der Sitten. Sein Stand und sein Herz legten ihm Keuschheit als Pflicht auf. Er verachtete sich selbst, wenn er gefallen war; so sagt er es selbst, und es ist zu glauben. Seine Leidenschaft zu Lauren schlug seine Begierden nieder: sie bewahrte ihn vor groben Ausschweifungen. So erleichterte sie ihm die Mittel, sich selbst zu achten, und seine Leidenschaft veredelte sich vor seinen Augen durch ihre Folgen.

Petrarka war devot. Alle zärtlichen Seelen, alle reitzbaren Imaginationen sind es, aber er ward dazu als Geistlicher und nach der Denkungsart seines Zeitalters doppelt aufgefordert. Freunde und Feinde machten ihm Vorwürfe über seine Liebe zur Kreatur. Der Kampf, den seine Seele empfand, verstärkte seine Leidenschaft: er suchte seine Schwäche mit seinem Gewissen auszusöhnen. Was er war, war er ja durch Lauren! Sie hatte ihn von größeren Lastern befreyet! Sie hatte ihn das Eitle ehrgeitziger Wünsche kennen gelehrt! Und seine Triebe zu ihr sind so rein! Was er an ihr liebt, sind ihre Vollkommenheiten, ihre Tugenden! Religiöse Schwärmerey gesellt sich zur Liebe: Er verehrt das höchste unsinnliche Wesen in dem vollkommensten seiner sichtbaren Werke.

Petrarka war ein enthusiastischer Verehrer des Alterthums. Er strebte unaufhörlich, die Denkungsart der Griechen und Römer zu seiner eigenen und zu der seines Zeitalters zu machen. Als er im Plato Ideen fand, die mit seiner Lage und mit seiner Denkungsart im Verhältnisse standen; wie reitzend mußten sie ihm nicht schon darum seyn, weil sie das Ehrwürdige des Alterthums für sich hatten!

Aus diesen Zügen läßt sich die Natur des Verhältnisses erklären, worin Petrarka mit Lauren stand. Es war nicht Liebe: es war begeisterte Empfindsamkeit, die sie ihm einflößte. Er strebte, seine Phantasie mit einem Ideale zu täuschen, wozu ihm Laura bloß den Stoff hergegeben hatte, theils um in dem Zustande der Spannung seiner edelsten Kräfte zu schwelgen, theils um den Stolz zu nähren, sich selbst so außerordentlich liebend zu fühlen, und seine Ruhmsucht zu befriedigen, von Andern für den lieblichsten Sänger der Liebe gehalten zu werden. Laura's Bild in der idealisierten Gestalt, die er ihm gegeben hatte, fing am Ende an, ihn völlig zu besitzen. Aber mehr aus einem angewohnten Bedürfnisse, als aus anhaltender Leidenschaft. Diese hat nun wohl Petrarka überhaupt für Laurens Person nicht empfunden: und wenn gleich einzelne leidenschaftliche Aufwallungen darauf schließen lassen; so bemerkt man doch im Ganzen eine Nüchternheit des Herzens, welche die Oberherrschaft des Triebes, seinem Kopfe eine angenehme Unterhaltung zu verschaffen, über die sympathetischen Neigungen deutlich zu erkennen giebt.

Mit einem Worte: Petrarka's Liebe zu Lauren war eine angewöhnte begeisterte Empfindsamkeit, vermöge deren er das Bild ihrer Person und seines Zustandes im Verhältnisse zu ihr zu idealisieren, und dadurch die Vorstellung von seinem Selbst zu verschönern suchte.

Nur dadurch wird es begreiflich, wie Petrarka den größten Theil seines Lebens in einer Stimmung habe zubringen können, die, wenn sie Folge einer Leidenschaft nach Vereinigung der Personen gewesen wäre, ihn um den Verstand hätte bringen müssen. Nur dadurch wird es begreiflich, wie er in seinen gelehrten Schriften so ruhig, so kalt, so überlegt, und in seinen verliebten Gedichten so schwärmerisch erscheinen kann. Seine Neigung zu Lauren hatte nie sein ganzes Wesen eingenommen. Sie beherrschte nur seine Phantasie, und ließ ihn kalt, wo er von dieser keinen Gebrauch machte. Lächerlich ist es, ihn als das Modell des uneigennützigsten Liebhabers aufzustellen. Er war so eigennützig als möglich; aber seine Selbstheit war von feinerer Art: sie war auf sympathetische Neigungen geimpft. Man kann ihm kein Verdienst aus seiner Beständigkeit und seiner Geduld machen. Er verzärtelte sich in seinem leidenden Zustande wie gewisse Kranke, die das körperliche Mißbehagen, das sie vor ihren eigenen und fremden Augen interessant macht, gegen das Bewußtseyn der vollkommensten Gesundheit, das sie in die Reihe gewöhnlicher Menschen zurückversetzen würde, nicht vertauschen möchten.

Den Beweis dieser Behauptung liefern alle Schriften des Petrarka, liefern alle Nachrichten, die er uns von seinem Leben hinterlassen hat.

Es ist schwer, einzelne Stellen auszuheben, die völlig beweisend sind, da der Charakter sich aus einer Menge kleiner Züge am besten zusammensetzen, und aus dem Geiste, der das Ganze belebt, am sichersten herausahnen läßt. Inzwischen will ich doch Einiges anführen. Er selbst gesteht, daß er seine Laura nie reitzender gefunden habe, als in der Abwesenheit von ihr: daß seine Imagination sie um so reitzender ausgemahlt habe, je entfernter sie von ihm gewesen sey.

Er sagt uns, daß er jene wollüstigen Schauer geliebt habe, welche eine Mischung von heftiger Erschütterung der Lebensgeister und nachdehnender Mattigkeit zum Grunde hätten! — Eine deutliche Bezeichnung jener Lüsternheit der Seele, die in der Spannung einer süßen Melancholie ihre größten Freuden sucht!

Auf einer Reise, die ihn von Laura entfernte, wirft er in einem Sonnet die Frage auf: wie es möglich sey, daß er, als der Körper, von Lauren, seiner Seele, entfernt leben könne? und er beantwortet diesen Zweifel mit der Bemerkung: es sey das Vorrecht der Liebenden, entbunden von allen menschlichen Eigenschaften zu leben.

Ich gebe es gern zu: in den Zeiten, worin Petrarka lebte, lag Vieles, was uns jetzt weit hergehohlt, und bloße Sache des Kopfs zu seyn scheint, dem Herzen näher, und ward nicht bloß bemerkt, sondern gefühlt. Ich will daher gern unsern Dichter von dem Vorwurfe frey sprechen, diese entfernten Verhältnisse mühsam herbeygezogen zu haben, um witzig zu scheinen. Aber wahre Wesenverwebung, Leidenschaft der Liebe, oder auch nur der Geschlechtssympathie wirft solche Zweifel nicht auf, und beantwortet sie nicht auf diese Art.

Beynahe in allen seinen Sonnets und Canzonen liegt etwas Spielendes, das freylich nicht auf einen Mangel an wahrer Empfindung, wohl aber auf einen Mangel an jenen sympathetischen und liebenden Neigungen schließen läßt, die sich mehr mit der Person, als mit ihren Zufälligkeiten zu vereinigen suchen. Alles, was Lauren umgiebt, Alles, was von ihr ausgeht, wird zu einem Stoffe, der seine Phantasie zur sinnlichen Verschönerung, oder zur Vergeistigung auffordert. Er ruhet auf dieser Beschäftigung und Sorge mit einer Genügsamkeit, mit einer Muße, welche mit der einseitigen Belustigung eines angenehm Träumenden, und zuweilen eines Entzückten die größte Aehnlichkeit hat. Seine Schwermuth hat nicht den zärtlichen Ausdruck eines Tibull, nicht die Energie einer Sappho: sie gleicht ganz der Stimmung eines Weichlings, der in der Auflösung und hinschmelzenden Abspannung seiner Kräfte das sicherste Mittel zu einem üppigen und behaglichen Zustande findet. Nie überschreitet er in seinen Klagen und Vorwürfen die Grenzen der Ehrfurcht und Demuth: er genießt in seiner Niederwürfigkeit vor dem angebeteten Gegenstande die ganze Süßigkeit, welche diesen Zustand den Schwärmern in ihren Verhältnissen zu Gott so angenehm macht. Darum ladet er uns auch nie zu peinlichen Empfindungen des Mitleidens ein. Wir halten es gern mit ihm aus, uns mit einiger Mischung von Schmerz anzapfen und dehnen zu lassen, und der Eindruck, der nachbleibt, ist im Ganzen sanfte Spannung, süße Melancholie!

Wie leicht konnte Petrarka in einer solchen Stimmung die Abwesenheit von seiner Geliebten ertragen! Beym Anblick der schönen Ufer der Loire, welche die Mauern Avignons, ihres Wohnorts, bespühlt, geräth er in die höchste Bewegung: er eilt sich ihr zu nähern. Aber kommt nur bis Lyon, und obgleich nur wenige Meilen von Avignon entfernt, bleibt er an dem ersten Orte die heiße Jahreszeit über ruhig liegen.

Petrarka fürchtet seine Geliebte durch Krankheit zu verlieren. Ueberläßt er sich verzweiflungsvoll den Empfindungen seines Unglücks? Nein! er untersucht den Platz, den sie unter den Sternen am Himmel einnehmen würde. „Stellt sie sich zwischen der Venus und dem

Mars, sagt er, so wird sie die Sonne verdunkeln; denn alle auserwählten Seelen werden sich zu ihr drängen, ihre unendliche Schönheit zu bewundern. Stellt sie sich unter der Sonne hin, so verfinstert sie alle Planeten, und sie allein wird man nennen. Im fünften Zirkel wird sie nicht wohnen wollen; aber fliegt sie noch höher; so wird sie, das weiß ich gewiß, alle andern Sterne auslöschen."

Welcher Frost, welcher Schwulst, welche Kostbarkeit, wird man ausrufen! Und mit Recht, sobald man bloß die Lage eines Verliebten betrachtet. Aber man darf deßhalb nicht annehmen, daß Petrarka sich in die Gefühle, welche solche Bilder hervorbringen, willkührlich hineingelogen habe. Sie liegen nicht dem Herzen, wohl aber dem Beschauungshange ganz nahe, sobald man das Zeitalter des Petrarka, und den Werth, den er auf den platonischen Mythus, nach welchem reine Seelen nach ihrem Tode irgend einen Stern beleben, in Anschlag bringt. Die verweilende, beynahe ins Kindische fallende Spielerey mit diesem Bilde gehört freylich nicht dem Manne, der mit der Person seiner Geliebten Alles auf dieser Welt zu verlieren fürchtet; aber sie ist demjenigen eigenthümlich, der an ihrem Bilde hängt, und in dessen Verschönerung seinen süßesten Genuß findet.

Einst als er an den Küsten von Toskana nach einer Seereise aus der Provence aussteigt, ist das erste, was ihm in die Augen fällt, ein Lorberbaum. Bey diesem Anblicke sinkt er ohnmächtig zu Boden, und in eine Quelle, die zu den Füßen des Baumes rauscht. Was ist seine Empfindung dabey? Er erröthet vor sich selbst: er freuet sich, daß nun seine Füße naß geworden sind, statt daß ehmahls seine

Augen weinten, und hofft, daß ein anderes Klima diese trocknen werde.

Gewiß hat Petrarka seine Phantasie mit vielen Bildern unterhalten, welche der gute Geschmack nicht billigen kann. Aber daneben finden wir auch andere, (und dieser ist gewiß die größte Anzahl,) welche auch die kältesten Seelen zur Bewunderung und zum Antheile an seinen Schönheitsgefühlen einladen, und zugleich einen erhöheten Reitz durch die sympathetischen Züge erhalten, die ihnen beygemischt sind.

Seine Sonnette und Kanzonen sind zu bekannt, als daß ich sie hier anführen sollte. Aber ich kann der Versuchung nicht widerstehen, eine der rührendsten Stellen aus seinem Triomfo della morte auszuheben. Nach diesem Gedichte erschien ihm seine Laura an eben dem Tage, als sie zu einem bessern Leben überging. Sie preiset sich glücklich: sie fängt nunmehro erst an zu leben, und Petrarka ist noch todt, wird todt bleiben, bis die letzte Stunde kommt, die ihn von dieser Erde weghebt. Sie geht eben so gern zum Himmel über, als der Verwiesene, der nach einem langen Elende wieder in sein Vaterland zurückkehrt. Ihr einziger Kummer ist, daß sie den Petrarka zurücklassen muß. — „Ist es möglich? ruft dieser. O sage mir, ich beschwöre dich darum bey der treuen Liebe, die ich so lange für dich gehegt habe, und die dir nicht zweydeutig seyn kann, hast du wirklich Mitleiden mit meiner Marter gehabt? Hab' ich mich nicht betrogen, wenn ich in deinen Blicken und Worten bey mancher Aeußerung von Strenge auch Güte habe durchblicken sehen, und dadurch lange Jahre in Zweifel über deine wahren Gesinnungen geblieben bin?" — Ein sanftes Lächeln überglänzte hier der Geliebten Antlitz. „Du hast stets mein Herz gehabt, sprach sie. Aber das Uebermaß deiner Leidenschaft erlaubte mir nicht, mich dem Ausbruch der meinigen zu überlassen. Ich mußte dir den wahren Zustand meines Herzens verhehlen, um unsern Ruf und unsere Seelen zu retten. Tausendmahl war der Ausdruck des Zorns auf meinem Gesichte, und brennende Liebe in meinem Herzen. Ach! die Gefühle, welche die Vernunft zu verhehlen befiehlt, sind nicht selten gewaltsamer, als diejenigen, die man ausläßt! Wie oft warf ich dir einen Blick voll Güte zu, wenn ich dich der Verzweiflung nahe sah! Wie oft drückten sich Schmerz und Furcht über deinen Zustand in meinen Mienen aus! Erinnre dich des Tages, da wir allein waren, und ich die Verse gütig aufnahm, die du mir mit den Worten überreichtest:" das ist Alles, was die Liebe sagen darf! „Durfte die meinige mehr sagen? Nichts mißfiel mir in deiner Leidenschaft, als das Uebermaß. Deine Aufführung machte sie der ganzen Welt kund. Ich wechselte oft mit strenger und sanfter Behandlung ab; aber dieser Kunstgriff war nöthig, um dich und meine Tugend meinem Herzen zu sichern. Beydes nehm' ich mit mir von der Erde weg, und das macht mein Glück und meinen Stolz aus. Mein Nahme ist durch deine Gedichte überall hin verbreitet: er wird mich überleben. Ich danke dem Schicksal: nur hätte ich in deinem Italien geboren werden mögen! Doch sollte mir das Land nicht gefallen, worin ich dir habe gefallen können? Wer weiß, ob nicht dein Herz, das jetzt meinen ganzen Stolz ausmacht, an diesem Aufenthalte deiner Jugend für einen andern Gegenstand entbrannt seyn würde! — Nie! rief Petrarka, nie! Die Natur schuf mich, um dich anzubeten!" — Der Morgen brach an, und Laurens Gestalt verschwand in den Lüften. —

Ein Paar Züge in Petrarka's Charakter scheinen mir noch merkwürdig, um die Natur seiner Schwärmerey und seiner Liebe zu entwickeln. Das Außerordentliche, das Seltene, das Alte beflügelte leicht seine Imagination, und riß sein Herz mit sich fort. Er liebte den Aufenthalt in Mayland, mit aus der Ursach, weil er nahe an der Kirche des heiligen Ambrosius lebte. Der leidenschaftliche Antheil, den er an der Revolution des Rienzi nahm, der die römische Republik wieder herstellen wollte, gehörte weit mehr dem Reitze, den das Bild des wiederkehrenden Alterthums für ihn hatte, als der Ueberzeugung von der innern Güte der Sache selbst. Denn mit gleichem Enthusiasmus sehen wir ihn in der Folge für die Wiederhersterstellung der römischen Monarchie durch den Kayser Karl den Vierten, und sogar für die Wiederkehr des Sitzes der päbstlichen Hierarchie in den Mauern Roms sich interessieren. Ja! der schwärmerische Republikaner hing sich sogar an den größten Despoten von Italien, Johannes Visconti, trat in seinen Rath, und nahm Theil an den Planen, die Genua's Freyheit untergraben sollten. Warum? weil, wie er selbst sagt, Johann Visconti ihm mehr Ehre erwies, als er verdiente, erwartete, und wünschte.

Ueberhaupt ist Eitelkeit, oder vielmehr Ruhmsucht, ein Hauptzug in seinem Charakter gewesen. Er schreibt an einen Griechen, daß er dem Kayser von Konstantinopel eben so bekannt zu seyn wünsche, als dem Kayser des Abendlandes. Auch Beweise einer enthusiasti schen Bewunderung von Personen niedern Standes reitzten ihn durch das Ungewöhnliche in der Hingebung. Ein Goldschmidt, dem die Liebe zu den Wissenschaften den Kopf verrückt hatte, opferte sich auf um der Ehre willen, mit Petrarka in Verbindung zu stehen. Er bewies ihm eine Art von Abgötterey, und Petrarka ward so sehr dadurch gerührt, daß er Gefälligkeiten gegen ihn hatte, die er für keinen Großen der Erde gehabt haben würde.

Was mit einer lebhaften Imagination leicht vereinigt zu seyn pflegt, Veränderlichkeit in den Neigungen, zeichnete besonders unsern Petrarka aus. Er ward von einer beständigen Unruhe getrieben, seinen Wohnort zu verändern, und kaum war er an dem neuen angelangt, so sehnte er sich wiederum nach demjenigen zurück, den er verlassen hatte. Würde, fragt man billig, dieser Mann nicht eben so mit Herzen gewechselt haben, wenn er dasjenige wirklich eingenommen hätte, nach dessen vollkommenem Besitz er vergebens strebte? „Das Einerley, sagte er, ist die Mutter der Langenweile. Ich suche beyden zu entgehen, indem ich oft meinen Aufenthalt verändere.“

Er hing sich mit unendlicher Wärme an seine Freunde. Wenn er sie nicht sah, so nahm er, wie er selbst sagt, seine gewöhnliche Zuflucht zu seiner Einbildungskraft, und dachte sie sich, als wenn sie gegenwärtig wären. Die Besorgniß, sie zu verlieren, war ihm peinlicher, als der Schmerz über ihren Verlust.

Er war über mehrere Vorurtheile seiner Zeit erhaben, ohne sich ganz von den Fesseln seiner Erziehung frey machen zu können. Er glaubte, wenigstens in den letzten Jahren seines Lebens, weder an astrologische

Weissagungen, noch an die Unfehlbarkeit des Pabstes; aber desto mehr an Träume, an Vorahnungen, und sogar an die Kraft der Steine, den Menschen, der sie trüge, unüberwindlich zu machen.

Noch ein Zug, der das Verhältniß seiner Vernunft zu seiner Einbildungskraft beweiset: er liebte die Karthausen und ihre Bewohner. Er hatte einen Bruder, der selbst dieß Gelübde auf sich genommen hatte. Auch lebte er gern in ihrer Nachbarschaft, füllte seine Phantasie gern mit den Bildern, die sie bey ihm erweckten; aber das Gelübde selbst auf sich zu nehmen, dazu fehlte es ihm an Muth. Er liebte die Einsamkeit, aber keine völlige Abgezogenheit von der Welt, und seine Freyheit ging ihm über Alles.

Diese Züge rechtfertigen also gewiß den Charakter, den ich vorhin unserm Petrarka und seiner Liebe beygelegt habe. Weich, sinnlich, eitel von Natur, nicht ohne Anlagen zu wohlwollenden geselligen Neigungen überhaupt, und zu zärtlicher Anhänglichkeit und Angewöhnung an bestimmte Personen, war er dennoch zu einer anhaltenden, sich aufopfernden Leidenschaft ursprünglich nicht geschaffen. Das Verhältniß, worin er zu Lauren stand, beruhte nicht auf Leidenschaft nach Vereinigung der Personen; es war eine angewöhnte gespannte Lage, eine zur Natur gewordene begeisterte Empfindsamkeit. Will man diesen Zustand Leidenschaft nennen, so war es Leidenschaft der Selbstheit, die den Beschauungshang und die sympathetischen Neigungen dazu nutzte, den Geist in einer üppigen, hinschmelzenden Spannung zu erhalten. Seine Schwärmerey war nicht von finsterer und wilder Art. Sie war auch nicht von der Stärke, um ihm das richtige Urtheil über die Verhältnisse zu seiner Sinnlichkeit und Vernunft zu rauben. Er würde sich gewiß nicht wie eine Sappho ins Meer gestürzt, oder wie ein Rance in ein Karthäuserkloster geworfen haben. Er vergaß sich selbst und sein Verhältniß zu den Dingen um ihn her nie weiter, als es nöthig war, um seiner Imagination ein freyes Feld zu lieblichen Schöpfungen zu lassen. Er liebte nicht Lauren selbst, sondern die Bilder, die er von ihrer Person und ihren Beschaffenheiten aufnahm, und vermittelst seines Schönheitssinnes verarbeitete.

Das Außerordentliche in dieser Stimmung ist bloß die Dauer derselben, der Reichthum und die Vortrefflichkeit der Bilder, die sie ihm eingab. Aber die Dauer läßt sich aus den Lagen und Umständen erklären, die ich vorhin entwickelt habe. Der Reichthum gehört großen Theils seinen Vorgängern, den Alten und den Troubadours. Die mehrsten seiner Bilder findet man schon bey diesen. Petrarka hatte weit mehr Talent als Genie, weit mehr Kunst, zu bearbeiten und auszuschmücken, als zu schaffen. Seine Bekanntschaft mit den Alten, und besonders mit den Ideen des Plato, hatte aber seinen Geschmack gebildet, und erhob ihn über die Dichter seines Jahrhunderts und der beyden vorhergegangenen. Daher finden wir so viel schönere und so viel erhabenere Bilder bey ihm als bey seinen Vorgängern.

Es läßt sich nach dem Charakter des Petrarka und nach der ganzen Art seines Genies kaum erwarten, daß er ein völlig zusammenhängendes System über die Liebe gehabt habe. Diejenigen, welche ihm das System des Plato beylegen, haben wahrscheinlich das Charakteristische des letzten nicht völlig begriffen.

Es läßt sich kaum von Petrarka erwarten, daß er völlig in die Ideen dieses Philosophen der Vorzeit eingedrungen seyn sollte, um so mehr, da dieser sich darüber nicht völlig einstimmig mit sich selbst in allen seinen Schriften äußert.

Es läßt sich nicht läugnen, daß beyde aus der Vereinigung mit den Gegenständen ihrer Anhänglichkeit einen geistigen Genuß zu ziehen gesucht haben. Eben so wahr ist, daß beyde behauptet haben, das Geistige verdiene in der Liebe den Vorzug vor dem Körperlichen, oder sey vielmehr einzig würdig, geliebt zu werden. Endlich kommen beyde darin überein, daß sie in der Liebe einen Anreitz zur Tugend finden, und sich durch die Bewunderung der physischen Schönheit zur geistigen, und von dieser sogar zu dem übersinnlichen und höchsten Wesen erheben wollen. Aber dieser anscheinenden Aehnlichkeit ungeachtet trifft man bey genauerer Prüfung dennoch eine große Verschiedenheit unter ihnen an.

Petrarka dachte über die Liebe ganz anders als Dichter und als Laurens Liebhaber, ganz anders als Moralist. In dieser letzten Eigenschaft verdammte er alle Liebe zur Kreatur, und glaubte, daß alles falschen Adels ungeachtet, welchen man dieser Leidenschaft beyzulegen suche, sie allemahl auf Sinnlichkeit beruhe, von der Liebe zu Gott und von der Religion abziehe, die besten Kräfte des Menschen verzehre, und folglich sowohl den Pflichten gegen das höchste Wesen, als gegen uns selbst und die Gesellschaft entgegen sey. Das Beste, was sie allenfalls einflöße, sey die Begierde nach Ruhm, mit der der Mensch aber gleichfalls nicht weit reiche.

Dieß erhellet ganz deutlich aus seinen Unterredungen mit dem heiligen Augustin, worin dieser Kirchenvater offenbar die Rolle des bessern Selbstes unsers Petrarka übernimmt. Es erhellet aus seinen Briefen an den Pater Dionysius, und es liegt in den Begriffen seiner Zeit über Tugend und Religiosität.

Schon hier eine auffallende Verschiedenheit vom Plato, nach dessen sittlichen Begriffen die Liebe wirklich ein Weg zur Tugend, und ein Mittel zur Veredlung des Geistes und des Herzens war.

Wir können also bloß die Denkungsart des Petrarka als Dichter mit dem Systeme des Plato vergleichen. Hier fällt es wieder auf, daß die Ideen, welche dieser dem Sokrates in seinem Gastmahle in den Mund legt, mit den Schwärmereyen des Petrarka gar keine Aehnlichkeit haben. Jener Zug zur Urschönheit für ewige Harmonie und Vollkommenheit genommen, aus dem Plato dort den Zug zur Schönheit überhaupt, und weiter hinunter zur Unsterblichkeit, ja! sogar zur physischen Zeugung erklärt, war gewiß für den Petrarka zu abstrakt, als daß er ihm auf die Spur hätte kommen sollen. Auch findet man davon bey genauer Prüfung keine Spur in seinen Schriften. Näher stimmt er mit den Ideen des Plato in seinem Phädrus zusammen, worin dieser die erhaltenen Begierden als ein Mittel zur Begeisterung für das Edle und Schöne, nach den Begriffen seiner Zeit, betrachtet.

Allein die Begeisterung, welche Plato von der Unterjochung der Begierden erwartet, war rüstig, unternehmend, wacker. Hingegen ist diejenige, auf welche Petrarka rechnet, hinschmelzend und träumend. Auch waren sie in ihren Begriffen von der Art der Vereinigung, von dem Genusse des Geistigen, und von Tugend, Edelsinn und Schönheit sehr von einander abweichend.

Plato's Liebhaber strebt nach Annäherung an den geliebten Gegenstand, um mit ihm gemeinschaftlich nach Bürgertugend zu ringen, sich dadurch über eine niedere Sinnlichkeit zu erheben, und mittelst dieser Vorbereitung der Wiedererlangung des verlornen Platzes in der Oberwelt würdig zu werden. Von der Ahnung einer schönen Seele aus einem schönen Körper ist dem Plato nichts bekannt, noch weniger sucht der Liebhaber, den er darstellt, seinen Liebling unter idealischen Gestalten zu sehen, sich Träume von ihren glücklichen Verhältnissen zu bilden, und überhaupt Genuß aus einer unglücklichen Liebe zu ziehen. Am wenigsten denkt er an die religiösen Ideen der neueren Zeit, den Werkmeister in seinem schönsten Werke zu bewundern, und in den Sitten seines Lieblings ein Bild des himmlischen Lebens zu finden. Ja! das ganze Verhältniß, welches zwischen dem griechischen Liebhaber und seinem jüngeren Lieblinge Statt fand, ließ die Ideen der neueren Galanterie, die Niederwürfigkeit vor seinen höhern Verdiensten, der Ausgleichung seines Werthes und Rufs, überall nicht zu.

Beym Petrarka ist die edlere Liebe ganz auf das Verhältniß eines unglücklichen Liebhabers zu einer Dame, die an Stand und innerer Würde über ihn erhaben ist, berechnet. Nach ihm beruht jede zärtliche aber leidenschaftliche Anhänglichkeit an einer Person von verschiedenem Geschlechte auf der Begierde, wieder geliebt zu werden, und durch den Besitz ihres Herzens zugleich einen Anspruch auf Alles zu erhalten, was Seele und Körper in der engsten Verbindung sich einander geben können. Wenn aber äußere Umstände, oder gar Mangel an Gegenliebe, eine völlige Vereinigung hemmen; so bleibt dem Liebhaber in seiner unglücklichen Liebe dennoch ein Genuß übrig. Petrarka drückt dieß so aus: „Hoffnung und Liebe nisten sich zusammen im Herzen ein. Aber wenn auch jene verschwindet, so bleibt doch diese zurück!"

Diese Liebe des unerhörten Liebhabers bildet sich dann die Person des Geliebten und alle seine wirklichen und möglichen Verhältnisse unter den schönsten Gestalten. Schon diese Beschäftigung der Imagination ist ein geistiger Genuß. Aber er wird dadurch noch mehr vergeistiget, daß diese Formen wieder Bilder unsinnlicher Vorzüge, ja! des höchsten aller Wesen erwecken. Man ahnet daher aus einem schönen Körper eine schöne Seele: man bewundert den Schöpfer in dem Schönsten, was man auf der Welt sieht. Das Herz wird dadurch zur Anbetung gegen ein so vollkommenes Wesen, und zur fernern Nacheiferung seiner Tugenden aufgefordert. Ob der Liebhaber gleich auf Gegenliebe nicht mehr Anspruch machen darf; so strebt er doch noch dahin, die Geliebte mit einem Bilde seines Wesens zu erfüllen, das demjenigen gleich sey, was er von ihr in seinem Herzen trägt. Sein Ruf, seine Tugenden, sollen ihn ihr interessant machen, und indem sie sich sagen kann: durch mich ist er dasjenige geworden, was er ist, soll sie fühlen, daß er würdig sey, von ihr geliebt zu werden, wenn gleich Pflicht und Anstand ihr verbieten, diese Gesinnungen in diesem Leben zu entdecken. In einem künftigen sind sie dann sicher, frey von allen Banden, die hier ihre verschwisterten Seelen trennten, auf immer vereinigt zu werden.

So sehr ich zweifle, daß dieß System je so zusammenhängend in Petrarka's Kopfe existiert habe; so sicher bin ich, daß er es unterschrieben haben würde, wenn es ihm vorgelegt wäre. Denn es leuchtet aus allen seinen Schriften hervor.

Eilftes Kapitel.

Fortsetzung. Italiänische Dichter nach dem Petrarka.

Petrarka hat in und außer seinem Vaterlande viele Nachfolger gefunden. Inzwischen ist seine Denkungsart über die Liebe bey weitem nicht alleinherrschend geworden. Schon neben ihm stand Boccaz, der diesen Gegenstand nicht bloß leicht, sondern sogar ausgelassen in mehreren von seinen Schriften behandelt hatte. Luigi Pulci, Boyardo, Ariosto, Teofilo Folengo, und mehrere Andere folgten seinem Beyspiele, und stellten die Geschlechtsverbindungen als Verhältnisse dar, bey denen Sinnlichkeit und geselliges Vergnügen zum Grunde lägen.

Ueberhaupt konnte sich bey dem zunehmenden Geschmack an der klassischen Litteratur der Alten die metaphysische und excentrische Wendung der Ideen des Petrarka nicht halten. Selbst diejenigen, welche auf eine edlere Art von der Liebe dachten, Sannazaro, und Tasso, Vater und Sohn, strebten bey ihren Darstellungen von der Liebe einem natürlichen Ausdruck von Gefühlen nach, die mehr mit dem Herzen als mit der Imagination in Verbindung standen. Eine feinere Sinnlichkeit mischte sich mit ein. Man behielt aus den Ideen der Vorzeit nur dieß bey, daß der höchste Reitz der Geschlechtsverbindung in der Beschäftigung liege, die sie dem Geiste giebt: daß die Seele allein lieben könne, und daher allein der Liebe werth sey: daß diese die Freuden des Körpers hauptsächlich schätzbar mache: daß selbst in den Qualen unerhörter Liebe eine geheime Wollust liege: und daß endlich Treue, Aufopferung und Beständigkeit die einzigen zuverlässigen Beweise einer wahren und edlen Zärtlichkeit wären.

So erscheint die Liebe noch beym Guarini und Marino. Aber ihr Ausdruck hat sich schon wieder von der Natur entfernt, und den bald pomphaften, bald schmelzenden, und bald witzigen Ton angenommen, dessen Entstehung theils dem Bestreben, die Vorgänger an poetischem Schwunge und an tönender Sprache zu übertreffen, theils dem Einfluß der spanischen Litteratur zuzuschreiben ist.

Zwölftes Kapitel.

Liebe bey den spanischen, französischen, englischen und deutschen Dichtern.

Die Spanier haben wahrscheinlich von den Troubadours und Arabern zu gleicher Zeit gelernt.

Ihre erotischen Gedichte zeichnen sich durch den abgemessenen steifen Ausdruck einer schwärmerischen Verehrung der Schönheit aus. Es ist nicht genug, daß der Liebhaber traure; er muß in Verzweiflung gerathen, wenn er vollkommen lieben soll. Der Witz der Spanier braucht nicht bloß Seufzer und Thränen, sondern Feuer, Brand und Tod, um die Leidenschaft zu bezeichnen. Dabey mischt sich ihr religiöser Fanatismus allerwärts mit ein. Einige Dichter haben die Klaglieder der Propheten, andere den Psalm de profundis auf ihre Leiden parodiert. Andere haben diejenigen als Märtyrer kanonisiert, die aus Mangel an Gelegenheit, ihre Damen zu sehen, gestorben sind. Man hat kaum einen Begriff von den abentheuerlichen Bildern und dem falschen Witze, wodurch sie ihre Bewunderung der Schönheit, und ihre Leidenschaft auszudrücken suchen. „Seitdem ihr geboren seyd, sagen sie, ist die Schönheit aus der Welt verschwunden, ihr allein habt sie hingenommen.“ — „Ihr entfernt das Gegenwärtige, und vergegenwärtigt das Entfernte; denn euer Anblick raubt zu gleicher Zeit alle Erinnerung an das Abwesende, und alle Empfindung des Nahen.“ — „Wer eure Größe mit weltlichen Dingen vergleichen wollte, würde die Vernunft brauchen, um die Geheimnisse des Glaubens zu erklären. Es ist unmöglich, euch zu loben, weil das Wahre das Unwahre brauchen müßte, um sich deutlich zu machen, und die Vernunft dasjenige, was sie für vernünftig erkennt, verwerfen muß. Demungeachtet verdiene ich Entschuldigung wegen meiner Schuld, weil mich meine große Schuld entschuldigt." — „Ich fühle mich frey in meinem Gefängnisse, sicher in meiner Gefahr, im Widerspruche mit mir selbst bey meiner Entschlossenheit. Die Liebe ist für mich ein freudiger Schmerz, eine unvernünftige Vernunft, eine muthige Furchtsamkeit, ein langweiliges Vergnügen, ein finsteres Licht, ein unbelobter Ruhm, ein kränkliches Wohlseyn. Sie hört nicht auf, mich zu verbrennen, und verwandelt mich doch nicht in Asche." u. s. w.

Eine solche fade Uebertreibung der Abhängigkeit von dem geliebten Gegenstande, verbunden mit der Begierde, durch Witz zu glänzen, wo die Empfindung reden sollte, ist der Hauptcharakter der spanischen Galanterie, die sich sogar in ihr Theater eingeschlichen hatte, und die sich bald über alle Länder von Europa ausbreitete.

Inzwischen findet man auch unter ihnen Spuren einer leichteren Behandlungsart der Liebe, und besonders sehr viel List, und sehr viel pomphafte Intrigue, als Mittel gebraucht, um aus den Geschlechtsverbindungen eine gesellige Unterhaltung zu ziehen. Von einer willkührlichen Beschränkung auf geistigen Genuß findet man wenig oder nichts in ihren Dichtern; allein der Zustand eines unglücklichen und verzweifelnden Liebhabers nimmt jenen Genuß als eine Schadloshaltung an, und als solcher wird er natürlicher Weise oft von ihnen dargestellt.

Bey den Franzosen nahm die Dichtkunst mit dem vierzehnten Jahrhunderte sehr ab. Gegen das Ende desselben traten die sogenannten Chants royaux, die Balladen, Rondeaux und Pastoralen an die Stelle der Provenzalpoesie, und wurden zusammen mit der Benennung neuer Poesie bezeichnet. In dieser herrschte viel Gelehrsamkeit, viel Allegorie, ein schwerfälliger, geschraubter Witz, und ein schwülstiger, hyperbolischer Styl. Clement Marot, der unter Ludwig dem Zwölften und Franz dem Ersten lebte, hat in seinen Elegien noch ganz den Ton der Troubadours und des Petrarka. In seinen Contes ist er schmutziger wie Boccaz.

Diese Italiäner waren damahls die Muster und Lehrer aller Nationen. Marot hat sehr viel Leichtigkeit des Witzes, und hin und wieder wahres Gefühl in seine verliebten Gedichte gebracht. Inzwischen hat er doch im Ganzen die Geschlechtsverbindungen mehr als ein Mittel zum sinnlichen Vergnügen und zur geselligen Unterhaltung, als wie ein ernstes Geschäft behandelt. Der asotischen Gattung hat er seinen Ruf hauptsächlich zu verdanken, und hierin ist ihm auch wohl allein etwas Eigenthümliches beyzulegen. Dieser Ton scheint sich unter den Nachfolgern Franz des Ersten bis zu Ludewig dem Dreyzehnten herunter erhalten zu haben. Unter dem letzten schlich sich die spanische Galanterie und der falsche Geschmack der neueren Italiäner in die französische Poesie ein, und die Liebe erschien auf dem Theater, in Gedichten, und in den Werken der Beredtsamkeit als das Hauptgeschäft des Lebens. Abentheuerliche Empfindungen wurden in gesuchte Ausdrücke eingekleidet. Selbst der große Corneille huldigte diesem Aberwitz, und schilderte Helden, welche die Liebe dem Ehrgeitz vorziehen, und Weiber, welche den Ehrgeitz über die Liebe setzen. Doch war dieser Geschmack nicht allgemein. Einige Schriftsteller wollten die Liebe mit Leichtigkeit darstellen, aber sie wurden matt, gemein, und zugleich geschroben.

In England hat Chaucer diejenigen Ideen über die Liebe verbreitet, welche seine Vorbilder, die Troubadours, Boccaz, und die Verfasser des Romans de la Rose darüber hatten. Er vermischt oft seine Darstellungen der Liebe mit abstrakten, metaphysischen Begriffen, und giebt ihnen einen pedantischen und scholastischen Anstrich, oft aber behandelt er sie auch mit einem Leichtsinn, der bis zum Muthwillen geht. Unter seinen Zeitgenossen soll sich Gower in seiner Beichte eines Verliebten ausgezeichnet haben, in der jene pedantischen Spielereyen und Ziererеyen mit der Liebe und allen ihren Abstufungen vorkommen sollen, welche dazumahls den französischen und italiänischen Dichtern geläufig waren, und wozu die Troubadours den Ton angegeben hatten. Ich habe sein Werk nicht gelesen.

Späterhin, im Anfange des sechzehnten Jahrhunderts, soll sich Heinrich Howard Graf Surrey durch seine Gedichte auf die schöne Geraldine berühmt gemacht haben, in denen, wie man behauptet, die Gedanken natürlich und ungezwungen sind, auch Natur verrathen. In den Reliques of ancient Poetry findet man mehrere Stücke, von denen sich das nehmliche sagen läßt. Dem Zeugnisse des Warton zu Folge trugen sonst die

Liebesgedichte unter der Königin Elisabeth alle Fehler an sich, die ich oben an den spanischen gerügt habe. „Wenn ein Liebhaber seine Dame pries, so geschah es in Deklamationen, die weder das Verdienst der Feinheit noch der Stärke hatten, ohne Eleganz und ohne Zärtlichkeit. Sie ward nicht in einem verständlichen, sondern bloß künstlichen Panegyrikus beschrieben, nicht mit echten Farben und natürlichen Vorzügen dargestellt, sondern als ein excentrisches Ideal aus einem andern Weltsystem, das Empfindungen einflößte, die eben so unverständlich hyperbolisch als unnatürlich waren.“

Mit Recht behauptet Warton, daß die Unterredungen zwischen beyden Geschlechtern in Shakespear den Fehler der steifen Galanterie an sich tragen, der eine Folge ihres wenigen Umganges mit einander war. Inzwischen müssen die Gespräche zwischen Julia und Romeo davon ausgenommen werden, in denen wahres Gefühl herrscht. Richtig ist dagegen die Bemerkung, daß die Weiber beym Shakespear, so wichtig sie auch in der Handlung sind, allemahl in den Hintergrund gestellet werden.

Nach dem Verfalle der schwäbischen Poesie in Deutschland kamen die Meistersänger ungefehr in der Mitte des vierzehnten Jahrhunderts auf. Ich bin außer Stande, etwas von dem Charakter zu sagen, den die Liebe in ihren Gedichten angenommen hat. Doch läßt sich nach dem platten Tone, der im Ganzen darin herrscht, kaum eine Veredlung in diesem Punkte erwarten.

Die schlesischen Dichter, besonders Hofmannswaldau und Lohenstein, haben den falschen Geschmack der Spanier und neueren Italiäner noch übertrieben, und

Schwulst für Erhabenheit, abgeschmackte Bilder, Gleichnisse und Anthithesen für den Ausdruck wahrer Empfindungen und Leidenschaften verkauft.

Dreyzehntes Kapitel.

Ueber die sogenannten Cours d'amours, und andere gesellige Unterhaltungen, zu denen die Liebe den Stoff geliefert hat.

Mit der Poesie, besonders mit der erotischen, stehen die sogenannten Cours d'amours, Cours amoureuses, Parlamens d'amours in Verbindung. Sie verdienen eine nähere Untersuchung, weil man so viel über sie geschrieben, so viel aus ihnen hergeleitet hat, ohne hinlängliche Kenntnisse von ihrer Einrichtung und Bestimmung zu haben.

Man setzt ihre Entstehung in das zwölfte Jahrhundert, aber ohne allen hinreichenden Beweis. In den Werken der Troubadours kommt keine Spur wirklich angeordneter Gerichtshöfe der Liebe vor. Diese Dichter warfen zuweilen Zweifel über die Pflichten der Liebe auf, oder untersuchten den Werth, den gewisse Gesinnungen oder Handlungen in Rücksicht auf Vollkommenheit der Liebe hatten: Sie vertheidigten die eine oder die andere Meinung gegen einen andern Troubadour, den sie in ihren Gedichten redend einführten, und riefen am Ende ihrer poetischen Komposition eine oder mehrere vornehme Damen zu Schiedsrichterinnen auf. [35]) Aber

35) Millot hist. des Troubadours T. 2. p. 105. Article Savary de Mauléon.

man würde sehr Unrecht haben, in einer poetischen Idee, die vielleicht die Veranlassung zu den Gerichtshöfen der Liebe gegeben haben mag, bereits eine förmlich eingerichtete und geordnete Gesellschaft zu suchen. 36) Man führt einen Gerichtshof der Liebe an, der gegen das Ende des zwölften Jahrhunderts von Maria Gräfin von Champagne zu Troyes soll gehalten seyn. Man will sogar die Erkenntnisse dieses Tribunals kennen. 37) Allein die ganze Nachricht beruht auf der Autorität eines italiänischen Manuscripts vom Jahre 1408, welches die Akademie della Crusca in ihrem Wörterbuche anführt, das wir gar nicht weiter kennen, und dem viel frühere Schriften vorausgegangen waren, worin man unter dieser Form dialektische Erörterungen über die Liebe vorgetragen hatte.

Es ist möglich, daß hin und wieder Gesellschaften zusammengetreten sind, die, nach Art der heutigen Akademien der Dichtkunst, unter dem Vorsitze eines Fürsten, oder einer Dame von Stande, welche die schöne Kunst beschützten, gewisse Aufgaben festgesetzt, und die beste Ausführung derselben in Versen mit ausgelobten Preisen belohnt haben. Da der gewöhnliche Gegenstand der Dichtkunst damahls Liebe

36) Dieß thut der Präsident Rolland, Recherches sur les prerogatives des Dames chez les Gaulois, sur les cours d' amours etc. à Paris 1782. Herr Klüber hat, meiner Einsicht nach, mit Unrecht dieser höchst unkritischen Kompilation sein Vertrauen geschenkt. Uebers. von St. Palaye T. II. 260.

37) Crescimbeni della volgar poesia. Memoires de la vie de Petrarque par l' Abbé de Sade in den Noten.

war, so ist es sehr möglich, daß dergleichen Hofhaltungen Cours d'amours genannt sind. Aehnliche gesellige Institute wurden plaids et gieux sous l'Ormelle genannt, und in der Piccardie gehalten. [38]) Diesen gab man gleichfalls oft den Nahmen Parlement. [39])

Nichts natürlicher nun, als daß in diesen der verliebten Dichtkunst gewidmeten Zusammenkünften auch zuweilen Streitfragen, zweifelhafte Fälle in der Liebe, Gegenstände der Aufgaben gewesen sind, und daß die Dichter sich in verschiedene Meinungen getheilt, der eine diese, der andere jene vertheidigt haben. Es ist nicht weniger wahrscheinlich, daß man nach dem ganzen Geiste der Förmlichkeit, der damahls selbst in den geselligen Belustigungen herrschte, und dem Jünglingsalter der Menschheit so angemessen ist, Partheyen habe auftreten lassen, daß Advokaten bestellt sind, und daß endlich der vorsitzende Fürst, Prince d'amour, oder die vorsitzende Dame ein förmliches Erkenntniß, Arrêt, ausgesprochen haben. Ja! es ist am allerwahrscheinlichsten, daß in diesem Zeitalter, worin Dialektik und Rhetorik so sehr zu Hause waren, und worin die ganze Philosophie und Theologie beynahe allein darauf ausging, Streitfragen aufzusuchen, und darüber für und gegen zu disputieren, dieses ernste Geschäft der Schulen zum Vorbilde einer geselligen Unterhaltung gedient habe. Mir ist es sehr

38) Velly hist. de France. T. III. p. 242.

39) Fauchet hist. des anciens poetes François. T II p. 578.

glaublich, daß die sogenannten Tençons der Troubadours hierin ihren Ursprung finden.

Es können dergleichen Gesellschaften zu Pierre feu, zu Romanin und zu Signes häufiger als an andern Orten gehalten seyn. Ich will ferner glauben, daß die Personen, welche man gemeiniglich als Theilnehmer dieser Cours d' amours anführt, wirklich gewisse Aemter dabey verwaltet, und sich darnach haben nennen lassen. Eben dieß trifft man bey den neueren poetischen Gesellschaften in Deutschland, Frankreich und Italien an.

Aber haben die Aussprüche dieser Cours d' amours wirklich eine anerkannte Autorität, ich will nicht sagen in der bürgerlichen, sondern nur in der guten örtlichen Gesellschaft gehabt? Sind es wahre Sittengerichte gewesen, deren Ansehn auf Uebereinkunft, Anstand, allgemeiner Mode beruhte: deren Erkenntnisse mit derjenigen Gewissenhaftigkeit befolgt wurden, womit wohlerzogene Menschen sich den Gesetzen der Ehre unterworfen glauben? Ward der Ungehorsam, der Widerstand gegen ihre Entscheidungen mit Ausstoßung aus der guten Gesellschaft, oder wenigstens mit ihrer Verachtung bestraft?

Hierüber haben wir schlechterdings keine anderen Data, als diejenigen, welche die Kenntniß des Menschen überhaupt, und besonders in den damahligen Zeiten liefert.

Diese macht es nicht unwahrscheinlich, daß sich gewisse Schwärmer in der Liebe jenen Cours d' amours wirklich können unterworfen, ihre Sache vor denselben vertheidigt, und ihren Ausspruch befolgt haben. Möglich, und wahrscheinlich! Wir finden in den

Werken der Troubadours, daß sich Freunde und Freundinnen zuweilen als Vermittler der Sache entzweyter Liebenden annehmen, oder daß diese in ihren Streitigkeiten einen Schiedsrichter wählen. Sehr leicht können sie auch auf eine Gesellschaft von Freunden und Bekannten, allenfalls unter gehöriger Beobachtung der Verschwiegenheit, compromittiert haben. Es ist auch möglich, daß die Resultate der Verhandlungen verliebter Materien in diesen Cours, in der Folge unter den Liebenden im gemeinen Leben ein gewisses Ansehn erhielten, und daß man sich zur Vertheidigung seines Betragens in einzelnen Fällen gegen den Verbündeten und gegen die Gesellschaft darauf berief. Aber das liegt nicht in jenen Fragen! Es kommt vielmehr darauf an: hatten jene Cours d'amours eine Autorität, welche von der ganzen guten Gesellschaft anerkannt wurde! Haben sie eine beständige und anhaltende Gerichtsbarkeit ausgeübt, und hat man der Regel nach in Sachen, welche die Sicherheit und den angenehmen Genuß des geselligen Lebens betrafen, vor ihnen plaidiert, ihre Erkenntnisse abgewartet und befolgt: Kurz! sind es wahre Sittengerichte gewesen?

Dieß läßt sich nicht allein gar nicht beweisen, sondern widerspricht vielmehr allen Nachrichten, die wir von den Sitten der damahligen Zeit übrig behalten haben.

Zuerst ist es unbegreiflich, daß die gleichzeitigen Geschichtschreiber von diesen Cours d'amours entweder gar nicht, oder nur im Vorbeygehn, und als von einem Spiele sprechen. Die Troubadours erwähnen ihrer gar nicht. Der Roman von der Rose läßt freylich den Liebesgott ein Parlament von seinen Baronen zusammenrufen; aber diese poetische Fiktion beweist nichts für ihr wirkliches Daseyn, und vielmehr gegen ihre festgesetzte Organisation. Die Romanenschreiber, welche einen so vortheilhaften Gebrauch von dieser Sitte hätten machen können, nutzen sie gar nicht. Petrarka behandelt sie nicht mit demjenigen Ernste, den ein so ehrwürdiges Sitteninstitut erfordert haben würde, und deutet ganz offenbar auf eine gesellige Belustigung hin. Die Jeux floreaux, die im Jahre 1324 zu Toulouse errichtet wurden, haben sehr vieles mit den sogenannten Cours d'amours gemein, sind aber offenbar eine poetische Akademie, die sich in die Angelegenheiten der wirklichen Welt gewiß nicht mischte. Johann Boccaz, der im vierzehnten Jahrhunderte neben dem Petrarka lebte, hat uns die Auflösung von dreyzehn Streitfragen über die Liebe aufbewahrt. [40]) Sie dient zur Unterhaltung einer Gesellschaft, die zufällig zusammenkommt, und des Dichters Geliebte, Fiametta, zur Königin wählt. Jedes Mitglied der Gesellschaft erzählt einen Fall, und wirft eine Frage zur Entscheidung auf. Die Königin giebt diese, der Erzähler macht Einwendungen, und zuletzt erfolgt das Endurtheil. Die Fragen sind höchst allgemein, und die Fälle betreffen nicht die Personen der Anwesenden. [41])

40) Ich habe eine französische Uebersetzung vor mir. Treizes elegantes Demandes d'amours premierement composées par le trèsfaconde Poëte Jéhan Bocace et depuis translatées en François 1541 à Paris in 16.

41) Z. B. Es wird gefragt, wer den Vorzug in der Liebe verdiene, der Tapfere oder der Weise? Wer die größten Auf-

Man hat ein fabliau aus dem dreyzehnten Jahrhunderte, welches auch le Grand anführt, worin der Liebesgott einen Gerichtshof von Vögeln zusammensetzt, welche über die Frage urtheilen müssen: ob der Gelehrte, (le Clerc,) oder der Ritter in der Liebe den Vorzug verdiene? Es ist mir unbegreiflich, wie man diese poetische Spielerey zum Beweise eines ernsthaften Sittengerichts anführen könne.

Ohne alle Kritik bezieht sich Rolland [42]) auf einen Ausspruch, der in Sachen Guillaume de Cabestaing gefället seyn soll. Dieser Cabestaing ist ein Troubadour aus dem zwölften Jahrhunderte, dem man sehr viele fabelhafte Geschichten und Situationen angedichtet hat. [43]) Der Proceß, in den er verwickelt gewesen seyn soll, gehört unter die Erfindungen der späteren Zeiten. Und von welcher Art ist er? Wie wird er entschieden? Cabestaing wird der Untreue gegen seine Dame angeklagt, weil er sich mit einer Bäuerin abgegeben hatte. Die Bäuerin übernimmt seine Vertheidigung, und versichert, daß sie ihm freywillig ihre Gunst geschenkt hätte. Das Tribunal erkennt, daß Cabestaing Recht gehabt habe, von der Gelegenheit Gebrauch zu machen. — Wenn die vornehmen Damen, welche dieses Sittengericht hielten, wirklich ein solches Erkenntniß gefället haben, so muß man gestehen, daß die weiblichen Censoren wenigstens nicht die strengsten Grundsätze hatten.

opferungen in der Liebe mache, derjenige, der seine Ehre oder der sein Leben, oder seine Güter hingiebt? u. s. w.

42) Recherches sur les prerogat. des Dames p. 130.

43) Millot hist. des Troub. T. I. article Cabestaing.

Eine völlig von der Geschichte bewährte Nachricht ist die von der Cour amoureuse, die unter Carl dem Sechsten in Paris gehalten wurde. 44) Sie ist offenbar eine Nachahmung der vorigen Cours d'amours, und von diesem gewiß dem Wesen nach nicht verschieden gewesen: eine gesellschaftliche Einrichtung zur Unterhaltung und Belustigung eines müßigen Hofes! Sie trägt alle Charaktere einer lächerlichen Förmlichkeit, und eines steifen Hofceremoniels an sich, welche alle Belustigungen der damahligen Zeit auszeichneten. 45) Im funfzehnten Jahrhunderte schrieb Martial d'Auvergne, (er starb erst 1508) arrêts d'amour, et l' amant Cordelier à l' observance d' amour. Diese arrêts sollen aus den Werken der Troubadours ausgezogen seyn. Aber diese Meinung würde geradezu beweisen, daß es poetische Fiktionen sind. Denn es ist ausgemacht, und sowohl Millot als Papon 46) kommen darin völlig überein, daß die Troubadours keine Sittengerichte der Liebe anerkannt haben. Allein es ist auch ganz klar, daß sie von neuerer Erfindung, und wahrscheinlich das Machwerk eines müßigen und galanten Prokurators sind.

44) Villaret hist. de France. T. XII, p. 97. Memoires de l' académie des inscriptions T. VII. p. 287. Melanges tirés d' une grande Bibliotheque. T. IV. p. 244.

45) Beym Rolland Recherches S. 163 findet man nähere Nachrichten. Er behauptet aber ohne Grund, daß diese Cour amoureuse ihrer Einrichtung nach von den älteren Cours d' amours verschieden gewesen sey, weil jene den Charakter des Ernstes an sich getragen hätten. Dieser Ernst läßt sich nicht erweisen, und wird willkührlich vorausgesetzt.

46) Hist. de Provence. T. II. Livre 3. p. 216—219.

Ich habe ein Werk vor mir, [47]) in dem alle diejenigen Erkenntnisse vorkommen, welche Rolland aus dem Martial d'Auvergne anführt. Auch den Prozeß wegen der Maskenfreyheit, und das Edikt, das ihre Rechte und Freyheiten bestimmt, (welche nach Rolland von Benoit de Court, dem Kommentator des Martial unter Nr. 52 hinzugefügt seyn sollen,) finde ich hinten angehängt, und die von Rolland ausgezogenen Stellen stehen wörtlich darin. Ich vermuthe daher mit Recht, daß dieß Werk die arrèts d'amour vielleicht nur mit einigen Abkürzungen enthält. Es läßt sich nichts abgeschmackteres denken, als diese Sammlung. Zugleich fehlt es nicht an Obscenitäten, und höchst ekelhaften und gemeinen Scherzen. Es wird z. B. darüber gestritten, ob der Liebhaber das Recht habe, eine Wachtel vom Fenster seiner Dame wegzunehmen, die allemahl Lärm mache, wenn er zu ihr komme? Welche Strafe eine Dame verdiene, die bey einem zu hart aufgedrückten Kusse ihren Geliebten verwundet habe? Die Entscheidung der ersten Frage fällt dahin aus, die Wachtel solle

47) Der vollständige Titel heißt: Droits nouveaux publiez de par Messieurs les Senateurs de Cupido, sur lestat et police Damour pour avoir entendu le plusieurs amoureux et amoureuses. Avec Privilege. Am Ende heißt es: Lecta, publicata et registrata in parlemento amoris audito procuratore generali in vigilia Regum 1540. Es ist möglich, daß dieß Werk eben dasselbe sey, welches Rolland p. 43. von Coquillart unter dem Titel droit nouveaux d'amour anführt. Allein dann ist dieß letzte eine Abkürzung der arrèts d'amour von Martial d'Auvergne, die mir nicht zu Gesicht gekommen sind. Rolland selbst scheint es nur aus der Description de l'arc de triomphe d'Aix zu kennen.

hängen bleiben: die der zweyten, die Dame solle bis zur Besserung die Wunde mit ihrem Speichel bestreichen. Erben eines Liebhabers, den seine Dame aus Furcht vor ihrem Manne nackend in einen Hünerstall geschlossen hatte, und der darin von dem Hünervieh todt gebissen war, fordern Gerechtigkeit. Ein Liebhaber beklagt sich, daß seine Dame ihm einen Eimer mit Wasser, ein anderer, daß die seinige ihm Blut beym Vorbeygehen vor ihrem Hause auf den Kopf geschüttet habe. Den Pastetenbäckern wird verboten, ihre Backofen nicht in der Nähe der Kirchen anzulegen, damit der Rauch die Liebhaber nicht verhindere, ihre Damen beym Ein- und Ausgehen aus der Kirche zu sehen. Ein Liebhaber, der sich an seiner Dame wegen eines gesellschaftlichen Spaßes thätlich vergriffen hat, wird verdammt, von vier Waschweibern in einer Decke voller Ungeziefer geprellt, und dann nackend auf einem Felde voller Disteln und Nesseln gewälzt zu werden. Den Masken wird endlich alle mögliche Freyheit gestattet. [48])

Uebrigens kommen auch hier juges ecclesiastes d'amour, und religieux de l' observance d' amour vor; kurz! Alles zeigt, daß hier eine gesellige Unterhaltung, und noch dazu für eine ziemlich schlechte Gesellschaft zum Grund liege.

Ungefähr von der nehmlichen Art ist eine Sammlung von Streitfragen über die Liebe, unter dem Titel: le Pourquoi d' Amours, welche Rolland nicht gekannt

48) Il est permis à tous Masques taster, baiser, accoler, et passeront laisement, sauf aux demoiselles leurs defenses au contraire.

hat. [49]) In der Vorrede wird dieß Büchelchen für einen Auszug aus den Kommentaren des Nikolas Leonicque aus Padua über die Ethic des Aristoteles ausgegeben. Die Fragen gehen auf Ergründung der Natur und Eigenschaften der Liebe, z. B. warum die Liebenden durch Blicke gefangen werden? warum die Liebenden des Nachts nicht schlafen können? u. s. w. Die Ausführung ist ärmlich; inzwischen zeigt der Ton der Decenz, der darin herrscht, daß dergleichen Fragen in der guten Gesellschaft haben aufgeworfen und beantwortet werden können.

Es ist bekannt, daß in spätern Zeiten in Frankreich, Deutschland, und besonders in Italien dergleichen Gerichtshöfe der Liebe zur Belustigung der Höfe bey feyerlichen Gelegenheiten, eben so wie die Tourniere, Caroußels, u. s. w. gedient haben. Auch Privatgesellschaften haben sich oft damit unterhalten. Mehrere italiänische Schriftsteller haben die Erfindung eines verliebten Hofes genutzt, um durch Darstellung der Unterhaltungen, die daran gewöhnlich waren, für die Belustigung der Leser zu arbeiten. [50]) Andere haben Pri-

49) Der vollständige Titel heißt: le Pourquoy d'Amours, auquel sont contenus plusieurs questions, demandes, ou problemes de ceste matiere desquelles s'ensuyvent les solutions et reponses, deduites par authoritez de raison naturelle, matiere fort joyeuse et delectable a ceulx principalement qui ont suyvi, suyvent, et ont desire de suyvir la triumphante Court du Seigneurial prince Cupido 1573. à Lyôn chez Morice Roy et Louys Pesnol mit gothischen Lettern in 16mo.

50) Dahin gehören z. B. die Raguagli di Amore e di Cipro. Venetia 1646. eine Sammlung von Erzäh-

vatgesellschaften von Damen und Herren bey Landpartien dargestellt, die sich über die Natur der Liebe und ihre Pflichten unterreden. Andere haben verliebte Zweifel aufgeworfen und erörtert. [51])

Wenn im siebzehnten Jahrhunderte im Hôtel de Rambouillet zu Paris unter Mitwirkung des Kardinals von Richelieu und der Scudery noch eine Cour amoureuse gehalten wurde; so war dieß keinesweges etwas Ungewöhnliches, keine Erneuerung einer längst abgekommenen geselligen Unterhaltung; sondern eine der letzten Spuren von einer vorher sehr gewöhnlichen Belustigungsart. Man findet in der Astrée vom d'Urfé und in den Romanen der Scudery, des Calprenede, und anderer Verfasser aus dieser Zeit sehr viele Questions d'amour, die mit der damahls gewöhnlichen Förmlichkeit in geselligen Zusammenkünften erörtert und entschieden wurden.

Genug! ich glaube bewiesen zu haben, daß die sogenannten Cours d'amours nie zum Range fest organisierter Sittengerichte erhoben, sondern allemahl in der Klasse litterärischer Institute oder geselliger Belustigungen geblieben sind.

lungen, Aufzügen, Gerichtshaltungen, witzigen Unterredungen, u. s. w. die zum Zeitvertreib am Hofe der Venus beygetragen haben sollen.

51) Dahin gehören unter den ältern die Dubbi amorosi di Gia Giacomo Canlandra Mantovano, welche bereits Equicola anführt: die Quistioni und Dubbi d'amore von Varchi, Zoppius, M. Agn. Firenzuola, Dominichi, Romei, die den von diesen Verfassern angezeigten Werken angehängt sind: Dubbi amorosi di Gia Franc. Loredano in Venezia 1652. u. s. w.

Das Merkwürdige liegt also bloß darin, daß man sich in diesen Jahrhunderten mit Spitzfindigkeiten belustigen konnte, die uns jetzt die größte Langeweile machen. Allein man muß Vieles darauf abrechnen, daß dergleichen Gegenstände der Dialektik damahls Stoff zu Deklamationen abgaben, und in der Gesellschaft abgehandelt, von einem gewissen Ceremoniel begleitet waren. Es waren jeux d'esprit, woran aber in früheren Zeiten Herz und Imagination mehr Antheil nahmen, als sie bey uns daran nehmen würden.

Die Liebe diente damahls auf unendliche Art zur Unterhaltung: sie machte Alles schmackhaft und interessant, was ohne sie trocken und langweilig gewesen wäre. Man schrieb Pacht- und Kaufbriefe, deren Gegenstand das Herz war. Calliere schrieb eine Logik der Liebe: eine wahre Logik, worin aber die Beyspiele zur Erläuterung der vorgetragenen Sätze aus der Galanterie hergenommen sind. [52])

52) Man findet sie auf der Wolfenbüttelschen Bibliothek. Rolland spricht davon, als wenn er das Werk nur vom Hörensagen kennte.

Vierzehntes Kapitel.

Einfluß der Liebe und der Geschlechtsverbindungen auf das handelnde Leben in dieser Periode.

Aus Allem, was ich bis jetzt gesagt habe, erhellet so viel unwidersprechlich, daß die Liebe und die engeren Verbindungen mit dem zärteren Geschlechte in der gegenwärtigen Periode der Lieblingsgegenstand der schönen Litteratur gewesen sind, und den Hauptstoff zur geselligen Unterhaltung hergegeben haben. Es erhellet ferner daraus, daß sie oft mit einem excentrischen Schwunge und mit einer Ziererey behandelt sind, welche der Geschmack des Zeitalters liebte, und daß man in dieser Art, sie zu behandeln, ihre Veredlung gesetzt hat.

Menschen, die zwischen Kultur und Rohheit schwanken, und ihren Zeitvertreib auf eine so ernsthafte und umständliche Art suchen, machen nicht so wie wir einen bestimmten Unterschied zwischen dem Reiche der Fictionen und der wirklichen Welt, zwischen Belustigung und dem handelnden Leben. Bey ihnen ist die Lust, zu realisieren, mit jedem Ideale verbunden, das ihre Phantasie lebhaft rührt, und der Zeitvertreib wird für sie ein ernsthaftes Geschäft.

Es ist daher höchst wahrscheinlich, daß sie die Grundsätze über die edlere Liebe, die in ihren philosophischen Rednern, in ihren Romanenschreibern und Dichtern angetroffen wurden, im wirklichen Leben anzuwenden gesucht haben. Es ist nicht minder wahrscheinlich, daß sie diejenigen Formen, welche ihnen bey feyerlichen Gelegenheiten in ihrem Betragen gegen das Frauenzimmer vorgeschrieben waren, auch im gewöhnlichen Umgange aus der Idee beybehalten haben, daß sie sich dadurch recht wohlerzogen zeigen würden.

Dieß bestätigt denn auch die Geschichte völlig. Die Geschlechtsverbindungen haben einen sehr großen und wichtigen Einfluß auf das handelnde Leben der Männer und auf die Begebenheiten der damahligen Zeit gehabt, und es hat unstreitig einen Theil der Wohlerzogenheit ausgemacht, diesen Einfluß öffentlich zur Schau zu legen.

Die Data darüber sind zu oft angeführt und zu bekannt, als daß ich sie hier wieder aufzählen sollte. 53) Wichtiger wird es mir, die Grenzen und die Natur dieses Einflusses so wie den Charakter der Verbindungen, denen man ihn zuschrieb, zu bestimmen.

Die Höfe Eduards des Dritten, und der Elisabeth in England, Karls des Sechsten und Siebenten, Franz des Ersten, Heinrichs des Vierten, Ludewigs des Dreyzehnten, und der Minorennität Ludewigs des Vierzehnten in Frankreich, stellen eine Menge von Helden auf, die sich zu Ehren ihrer Damen in die gefährlichsten Unternehmungen eingelassen haben, unter dem Ausruf ihres Nahmens Mauern erstiegen, und ihrer Leitung bey der Ausführung der wichtigsten Plane in Krieg und Frieden gefolgt sind. Andere Zeiten zeigen weniger von diesem Einflusse, und man darf daher annehmen, daß er nicht immer gleich gewesen sey. Er erstreckte sich auch nicht auf alle Stände, und ward in keinem

53) Vergleicht Thomas Essay sur les femmes. Meiners Geschichte der Weiber. St. Foix Essays historiques sur Paris. Rolland sur les Prerogatives des Dames Gauloises, St. Palaye, u. s. w.

allgemein empfunden. Dieß lassen schon die sehr verschiedenen Grundsätze in der Denkungsart über Liebe und Weiber, die wir bey Philosophen, Dichtern und Romanenschreibern antreffen, vermuthen. Die Geschichte lehrt uns aber auch, daß zu den nehmlichen Zeiten, worin so viel zu Ehren der Damen geschah, die ausschweifendsten Sitten herrschten, und das schwächere Geschlecht auf mancherley Art bedrückt wurde. Wenn man behauptet, daß jeder Ritter eine Dame seiner Gedanken gewählt habe, der er, gleich dem höchsten Wesen, alle seine Gefühle, alle seine Handlungen zum Opfer darbrachte, so ist dieß eine Uebertreibung, der kein Kenner des Menschen und der Geschichte Glauben beymessen wird. 54)

54) Merkwürdig ist die Anekdote eines deutschen Ritters von großem Nahmen und ausgebreitetem Rufe, Reinharts von Westerburg. Er war beständig im Gefolge des Kaysers Ludwigs des Bayern, und zeichnete sich zu gleicher Zeit durch seine Ritterthaten und seine Gedichte aus. Als er einst nach einer Niederlage der Bürger zu Koblenz mit dem Kayser ritt, machte er folgende Verse:

Ich dürfte den Hals mir brechen, wer rächet mir den Schaden dann?
So hätt ich niemand der mich räche, ich bin ein ungefreundter Mann.
Auf ihr (der Weiber) Gnad' acht' ich kleine Sach,
Das laß ich sie verstahn, u. s. w.

Erst als er auf Befehl des Kaysers das Gedicht „zu Ehren der Frauen" bessern mußte, sang er:

In Jammers Nöthen ich gar verbrinn
Durch ein Weib so minniglichen, u. s. w.

worauf der Kayser sagte: Westerburg hat es wohl gebessert S. Klübers Uebersetzung des St. Palaye Th. 2. S. 58.

Ferner hat sich dieser Einfluß der Geschlechtsverbindungen auf das handelnde Leben gewiß nicht weiter, als innerhalb der Klasse der Höflinge gezeigt, bey denen es Ton und Mode war, ihn, oft auf die abentheuerlichste Art, an den Tag zu legen.

Es gehörte nehmlich zum Ideale eines vollkommenen Ritters, für Liebe Alles dulden, Alles überwinden zu können. Dieß Ideal hatten die Romane aufgestellt: es ging in den allgemeinen Charakter der pomphaften Unterhaltungen über, wozu die Höfe den Stoff aus jenen Romanen entlehnten. Dazu kam die natürliche Folge des excentrischen Schwunges, den die Begriffe von Sittlichkeit und Anstand im Betragen gegen das schwächere Geschlecht nahmen, indem man Anbetung mit schonender Gefälligkeit, Wegwerfung mit Bescheidenheit verwechselte. Bey Tournieren, bey andern öffentlichen Gelegenheiten mußte der Höfling einer Dame dieses Hofes, die durch Stand und durch persönliche Vorzüge sich auszeichnete, seine Geschicklichkeit, seinen Muth, seine Talente zum Opfer bringen, die Zeichen seiner Weihe aus ihren Händen nehmen, sie öffentlich tragen, und endlich den Preis von ihr empfangen. Dieß Spiel, das mit dem größten Ernste betrieben wurde, ging bey mehreren Personen in Wahrheit über, und ward von ihnen selbst in den gefährlichsten Angelegenheiten des Lebens beybehalten. Man trug fortwährend die Merkzeichen, die Unterpfänder, welche die vornehme Dame ertheilt hatte, mitten im Kriege. Man ermunterte sich zur Tapferkeit durch den Gedanken an den Beyfall dieser Dame, und stritt sich um der Ehre willen, ihre Farben zu tragen. Fleuranges rief, indem er zuerst die Mauern einer belagerten Stadt erstieg: Ach wenn mich meine Dame sähe! [55]) Walter Manny, ein englischer Ritter, rief: daß ich nie Gnade vor meiner Dame erlange, wenn ich diesen Streit ausschlage! [56]) Galeaz von Mantua zog in der Welt umher, um zwey Ritter zu überwinden, und diese der Königin Johanna als Gefangene darzustellen, weil sie ihn zum Tanz aufgefordert hatte.

Das Frauenzimmer bey Hofe durfte diese öffentlichen Huldigungen annehmen. Sie waren bloßes Spiel bey Tournieren und andern feyerlichen Lustbarkeiten, und den Ernst, den ihre Diener daraus machten, konnten sie als Wirkung einer bloßen Courteoisie betrachten.

Natürlicher Weise aber waren diese Verbindungen von sehr verschiedenem Gehalt. Gewiß sehr häufig lag bloßer Austausch von Eitelkeitsgewährungen dabey zum Grunde: oft Belustigungstrieb, oft Mode, oder zunftmäßige Loosung. Zuweilen aber stiegen sie zu einem hohen Grade von Schwärmerey. Agnes von Navarra, Gemahlin des Grafen Phöbus de Foix, war eine der tugendhaftesten Prinzessinnen ihres Zeitalters, und sie genoß allgemein dieses Rufs. Aber dieß hinderte sie nicht, einen der besten französischen Dichter aus dem vierzehnten Jahrhunderte, Wilheim Machault, zu lieben. Sie machte Verse auf ihn, welche Leidenschaft athmeten: sie erlaubte ihm, in den seinigen von Zärtlichkeit zu ihr zu sprechen. Er ward eifersüchtig ohne Grund, und sie wandte ein sonderbares Mittel an, um ihn zu beruhigen. Sie sandte ihm ihren Beicht-

55) St. Foix T. IV. S. 13.

56) Warton Geschichte der englischen Dichtkunst. S. 256.

vater mit dem Auftrage, ihn durch Eröffnung des Inhalts ihrer Beichte von der Aufrichtigkeit ihrer Gesinnungen und der Ungerechtigkeit seines Verdachts zu überzeugen. [57])

Aber vieles von dieser Schwärmerey gehörte nicht sowohl der Liebe, als einer thörichten Jactanz, und dem Stolze, die abentheuerlichen Begebenheiten und Gesinnungen der Ritterromane zu realisieren. Geniesüchtige hat es zu allen Zeiten gegeben. Zu diesen würde allenfalls die Brüderschaft der verliebten Bußfertigen gehören, die unter dem Nahmen Galois und Galoises bekannt ist, wenn nicht ihre wirkliche Existenz auf dem höchst verdächtigen Zeugnisse des Ritters de la Tour beruhte. [58]) Diese Thoren sollen nach dem Grundsatze, daß die Liebe hinlänglich erwärme, allen Schutz gegen Kälte verschmäht haben, und im Winter erfroren seyn.

So wenig sich die Natur dieser Verbindungen im Einzelnen bestimmen läßt, so sicher darf man die pomphaften Beschreibungen der allgemeinen Denkungsart darüber, welche neuere Schriftsteller aufgestellt haben, für unwahr erklären. Auffallend unwahr ist es, daß der Ausspruch der Frauen über den Werth des Mannes je in der Maße entschieden habe, daß ihr Urtheil von dem Publiko erwartet, und unbedingt angenommen sey. Eben so auffallend unwahr ist es im Allgemeinen, daß die Geschlechtsverbindungen rein

57) Memoires de l' academie des Inscr. et belles lettres. T. XX. p. 403.

58) St. Palaye nach der Klüberschen Uebersetzung 2. Th. S. 262.

von sinnlichen Begierden gewesen, oder auch nur allgemein dafür gehalten sind. Alles dieß widerspricht nicht nur der Kenntniß des Menschen überhaupt, sondern auch der herrschenden Denkungsart, die wir in den Werken der schönen Litteratur aus dieser Zeit antreffen, und welche gewiß den sichersten Maßstab für dasjenige abgiebt, was die gute Gesellschaft für anständig und edel gehalten hat.

Funfzehntes Kapitel.

Begriff der Galanterie; ihre Entstehungsursachen und ihre Arten, nach Verschiedenheit der Länder.

Demungeachtet läßt sich eine gewisse ziemlich allgemeine Denkungsart in Europa nicht verkennen, nach welcher man den Einfluß der Geschlechtsverbindungen auf das Betragen des Mannes, unter Beobachtung einer gewissen Form, für edel und für einen wesentlichen Bestandtheil der Wohlerzogenheit gehalten hat.

Diese Form hat, ich weiß nicht genau wann, aber sicher in dem Zeitraume, mit dem ich mich jetzt beschäftige, [59]) den Nahmen der Galanterie erhalten. So verschieden sie in verschiedenen Ländern modificiert gewesen seyn mag, so hat sie dennoch im Wesentlichen überall die nehmlichen Züge an sich getragen. Diese

59) Ein anonymischer Schriftsteller behauptet in den Essays sur divers Sujets interessans de Politique et de Morale 1761. T. 1. Essay II. der Nahme Galanterie sey unter Franz dem Ersten aufgekommen.

setze ich in die wahre oder scheinbare Unterwürfigkeit unter den Willen des schönen Geschlechts, in der lauten Bewunderung seiner Vorzüge, und in der öffentlichen Darstellung dieser Gesinnungen, unter dem Schutze der guten Sitte, in Fällen, worin Moral und Gesetze die Bewerbung um die Gunst eines Weibes nicht billigen.

Unstreitig sondern diese Züge die Galanterie von allen ähnlichen Sitteninstituten ab, welche die Vorzeit gekannt hat. Keines gestattete dem Manne, dem Weibe eines Andern öffentlich zu huldigen: keines verlangte den Schein einer vergötternden Verehrung, einer gänzlichen Niederwürfigkeit gegen das zartere Geschlecht. Die Galanterie zeigte eine enge auf Leidenschaft beruhende Verbindung zwischen den Geschlechtern, welche nicht Ehe war, ja! die sich nach den herrschenden Begriffen nicht einmahl mit der Ehe vertrug. Denn allgemein war die Idee, daß diese gesetzliche Verbindung das Grab der Galanterie sey, wenn sie vorhin Statt gefunden habe, und daß sie besonders in der Aufwartung bestehe, welche man verheyratheten und solchen Damen brächte, mit denen eine Vereinigung durch ein eheliches Band nicht zu hoffen war.

Ihre Entstehung ist nicht einem Umstande allein beyzulegen, und hat sich erst nach und nach gebildet.

Der erste Keim hat in den Werken der Troubadours und der Romanenschreiber des zwölften und dreyzehnten Jahrhunderts gelegen, deren Geist im vorigen Buche entwickelt ist. Dieser ist in den Pomp übergegangen, mit dem die Tourniere und andere Feyerlichkeiten der Höfe, wozu der Stoff aus jenen Romanen genommen wurde, gehalten wurden. Aus diesen mit Ernst getriebenen Belustigungen haben einige Abentheurer von Ansehn, die zugleich Schwärmer waren, die ceremonieuse Verehrung des schönen Geschlechts und den prunkenden Ausdruck der Begeisterung für Damen von großem Stande ins gemeine Leben übertragen. Ihr Beyspiel hat auf ganze Korporationen von Rittern gewirkt, und da es bereits in ihrem Gelübde lag, des Schwachen zu schonen, und das bedrängte Frauenzimmer zu schützen, so haben sie, vermöge eines in den damahligen Zeiten sehr natürlichen Schwunges, diese Schonung in eine Entäußerung alles Selbstgefühls, und diesen Schutz in gänzliche Aufopferung verwandelt. Mystische Ideen über die Vollkommenheit der Liebe zu Gott, welche nach diesen in Zerknirschung, Leiden und Duldung bis zur gänzlichen Selbsttödtung bestehen soll, sind auf die Vollkommenheit der Geschlechtsliebe übertragen. Die Bemühungen der neueren Platoniker haben diese Begriffe noch weiter ausgebildet, und ihre Lehren von dem geistigen Zweck der Liebe haben den Kredit der Galanterie immer weiter ausgebreitet. Endlich haben zufällige Umstände, die Denkungsart einiger Regenten, die Würde einiger Frauenzimmer, und der zurückwirkende Einfluß der Litteratur zu ihrer Ausbreitung und Herrschaft beygetragen, bis sie endlich zu einem Theile der Courteoisie, der Wohlerzogenheit bey Höfen, geworden ist.

Der Hauptgrund, welcher dieser Galanterie, ungeachtet aller Mißbräuche und aller Thorheiten, wozu sie die Veranlassung geben konnte und mußte, dennoch den Schutz der guten Gesellschaft sicherte, war unstreitig der beträchtliche Nutzen, den die gesellige Unterhaltung daraus zog. Wir können uns keinen wahren Begriff davon machen. Wir haben einen Ueberfluß an Mitteln zum Zeitvertreib und zu Zerstreuungen. Lektüre und angenehme Talente machen uns fast die Vergnügungen des Umgangs mit andern Menschen ganz entbehrlich. Wir brauchen uns mit keinem genau zu verbinden, um an Schauspielen, Bällen, Assembleen und andern öffentlichen Gelagen Theil zu nehmen. Wir wissen durch die Art, wie die gewöhnlichsten Vorfälle des Tages in der Unterredung behandelt werden, und vermöge unserer Kenntniß allgemein interessanter Wahrheiten aus dem Umgange mit den unbekanntesten Menschen die leichte Nahrung für unsern Witz und unsern Verstand zu ziehen, die wir zur Erhohlung oder zum Zeittödten aufsuchen. Das Herz und die Einbildungskraft haben nach unserm Klima und nach unserer Erziehung wenig Bedürfnisse, und über diejenigen, welche uns übrig bleiben, werden wir durch Geschäfte und Zerstreuungen betäubt. Weiber gehen jetzt mit Weibern um, verbinden sich sogar unter einander, ohne Furcht, durch den unbewachten Ausbruch beleidigter Eitelkeit in steter Zwietracht zu leben. Die Männer, gleichfalls mehr gewöhnt, ihre Leidenschaften zu unterdrücken, sammeln sich mehr unter einander in Haufen zusammen, haben mehr bloße Bekanntschaften, ohne Besorgniß, daß ein unvorsichtiges Wort, eine unüberlegte Handlung, Ungezogenheit, ängstliche Begriffe von Ehre, oder andere Triebe des Eigennutzes zur Selbstwehr oder zur Rache auffordern. Männer tändeln mit Weibern: Weiber lassen sich den Beyfall unsers ganzen Geschlechts genügen. Wie so ganz anders war damahls Alles! Man kannte Gelage, man kannte Horden von Menschen, die zusammen kamen, um pomphaften Festen beyzuwohnen bey feyerlichen Gelegenheiten. Aber bestimmte Gesellschaften in

Privathäusern, Belustigungen für alle Tage, Zusammenkünfte zu einer Unterhaltung, wozu Jeder einen persönlichen Beytrag durch solche Talente lieferte, die ungefehr von jedem Menschen aus den höheren Ständen zu erwarten sind; die kannte man nicht. Der Stoff zur Unterredung war äußerst mangelhaft. Für die höheren Stände waren außer dem Kriege wenig Geschäfte. Jagd ward die Unterhaltung des Friedens, und wenn man Lektüre suchte, so bestand sie in Ritterromanen. Die Gattinnen der Großen saßen zwischen ihren Hofdamen, beschäftigt mit der Sorge für ihren Putz und mit Handarbeit, unterhalten durch Musik und durch eben jene Romane. Feste bey feyerlichen Gelegenheiten waren die einzigen Gelegenheiten, um mit Männern zusammen zu kommen. Franz der Erste führte zuerst die Damen seines Hofes in die Zirkel ein, wo sich beyde Geschlechter zum Spiel und zur Unterredung in größeren Haufen an bestimmten Tagen vereinigten. [60]) Wie förderlich war diese ganze Lage der Neigung nach Verbindungen, woran das Herz und die Imagination Antheil nehmen können! Schon das Klima fordert die südlichen Nationen dazu auf, wenn nicht durch fremde Sitten ihre ursprüngliche Anlage verdreht wird. Einsamkeit und Muße befördern diese Anlage, und noch mehr die Wahl solcher Unterhaltungen, welche entweder der Imagination freyen Spielraum lassen, oder sie gar noch mehr beflügeln. Welche Beschäftigung lag nicht darin, auf die Mittel zu sinnen, eine wahre oder angenommene Leidenschaft sinnreich an den Tag zu legen! Welche Plane die

60) Vergl. St. Palaye und Alexanders history of Women.

Eitelkeit entworfen haben mag, an dem kommenden Feste einen möglichst starken Eindruck auf den Gegenstand ihrer Bemühungen zu machen! Wie wichtig müssen die Gewährungen und die Versagungen der Wünsche dieser Eitelkeit damahls gewesen seyn! Welche Unruhen nach der Entzweyung, welche Freuden nach der Wiederversöhnung! Kurz! welch eine unversiegliche Quelle von interessanterem Zeitvertreib in der Besorgung einer galanten Intrigue, nach einer ohnehin von gewissen Regeln vorgeschriebenen Form, deren Kenntniß und Anwendung schon allein ein gewisses Studium und einige Fertigkeit erforderte! Selbst das Publikum war bey dieser Sitte interessiert. Sie vervielfältigte die Feste, jene Gelegenheiten für die Liebenden, sich häufiger zu sehen, und sich ihre Gesinnungen zu erkennen zu geben: sie gab ihnen neues Leben. Erfindung, Pracht. Geschicklichkeit vereinigten sich zur Hervorbringung der Mittel, der angebeteten Dame zu huldigen, und der große Haufe nutzte sie entweder zu ähnlichen Zwecken, oder zum gaffenden Zeitvertreib.

Unstreitig hat sich auch die Natur dieser Verbindungen nach Verschiedenheit des Charakters der Nationen und ihrer Lagen besonders modificiert. Die Italiäner wurden bald ein Raub kleiner Fürsten, welche die Republiken, die sich auf kurze Zeit zwischen ihnen gebildet hatten, unterjochten. Diejenigen Freystaaten, welche sich erhielten, seufzten unter der zunehmenden Macht der Aristokratie. Die päbstliche Hierarchie schlug wieder ihren Thron in Rom auf. Auswärtige Mächte stritten um die Oberherrschaft und um die Eroberung einzelner Provinzen dieses Landes. Wenn der Trieb nach Freyheit und nach kriegerischem Ruhme in der Brust seiner Einwohner nicht ganz erstarb, so sank doch die Energie des Charakters und der Muth, welche nöthig sind, ihn zu befriedigen.

Dagegen wuchs bey diesem Volke der Geschmack an der Ruhe, am süßen Nichtsthun, an einer Muße, die durch die Reitze der Phantasie, der Sympathie, und einer zwanglosen angenehmen Beschäftigung erheitert wird. Zu dieser feinen Sinnlichkeit gesellte sich eine gewisse Melancholie über ihren bürgerlichen Zustand, und Beydes brachte einen Geist der Behutsamkeit, der Eingezogenheit, der Intrigue hervor, wodurch sich ein Jeder für sein Individuum die möglichst glückliche Lage in der allgemeinen Bedrückung ohne vordringende Aktivität zu verschaffen suchte.

Die Galanterie der Italiäner hatte allerdings einen gewissen Prunk, aber es war nicht der Prunk eines rüstigen, muthigen Egoismus, und er diente nur zum Schutzmantel eines weiter liegenden heimlichen Genusses. Der Italiäner verdeckte mehr als er zeigte. Er gab sich freylich das Ansehn einer hinschmelzenden Empfindsamkeit, welche selbst aus der Spannung des Leidens Genuß zieht, viel wünscht, wenig hofft, und nichts verlangt, sich mit der bloßen geselligen Unterhaltung, mit dem bloßen Anschauen begnügen läßt; er verbreitete den Ruhm seiner Dame durch Deklamationen und geschmackvolle Verse; aber sein Hauptgenuß bestand in der Besorgung einer geheimen Intrigue, die ihn angenehm beschäftigte, und zur engeren Vereinigung führte; und blutige Auftritte, welche Eifersucht und Ueberdruß hervorbrachten, offenbarten oft den wahren Gehalt jener anscheinend geistigen Verständnisse.

Der Spanier suchte in seiner Galanterie überall das Pomphafte und Abentheuerliche auf. Dahin führte ihn sein eigener Charakter, und die Bildung, die er von den Mauren erhalten hatte. Sein Ansehn in Europa nährte seinen Stolz, und häufige Siege hatten seinen angebornen Muth erhöhet. So wie der Italiäner fand er Vergnügen an heimlichen Intriguen, denen er das Ansehn einer edlen Leidenschaft zu geben suchte. Aber er liebte das Heimliche, nicht sowohl um desto sicherer zu seinem Zwecke zu gelangen, als vielmehr, um desto mehr Schwierigkeiten zu überwinden zu haben, und seinen Stolz durch das Bewußtseyn seines Unternehmungsgeistes und seiner Feinheit zu befriedigen. Dieser mit einem hervorstechenden Zuge zur Melancholie und einer finsteren Schwärmerey gepaart, bewog ihn, die Martern, welche ihm die Liebe erdulden ließ, möglichst zur Schau zu tragen, sich vor dem Fenster der Geliebten bey öffentlichen Prozessionen doppelt zu geißeln, um ihr Mitleiden zu erwecken, klagende Guitarren zur Nachtzeit hören zu lassen, und überall darauf auszugehen, daß seine Dame ihn bey seiner Unterwürfigkeit unter ihren Willen bewundern sollte. Dabey war seine Ruhmsucht rüstig und muthvoll. Er warf sich vor den Augen seiner Dame dem Stiere entgegen, und trotzte in ihrer Abwesenheit den Gefahren des Zweykampfs und des Getümmels im Kriege für die Ehre, von ihr beweint oder bewundert zu werden. Vielleicht kam es ihm bey allen seinen Tollheiten auch nur darauf an, sich selbst bewundern zu können.

Der Italiäner gab folglich seiner Verbindung, die heimlich auf feinerer Sinnlichkeit und Beschäftigungstriebe beruhte, den äußern Anschein einer süßen Empfindsamkeit zur Erhöhung der Freuden eines geselligen und kontemplativen Lebens. Der Spanier, der heimlich neben einer gröberen Sinnlichkeit die Befriedigung seines geistigen Stolzes suchte, gab seiner Liebe den Schein einer auf Heldenmuth im Dulden und Handeln beruhenden Leidenschaft.

Die nördlichen Nationen nahmen von der Galanterie der Spanier und Franzosen eine Mischung an, die sie noch mit einigen Eigenthümlichkeiten ihres Nationalcharakters vermischten. Die Liebe als eine auf Ruhmbegierde gebauete Leidenschaft zu betrachten, welche Sinnlichkeit nicht ausschloß, aber ihre Befriedigung auch nicht wesentlich voraussetzte, und die gesellige Unterhaltung beförderte, scheint die gewöhnlichste Ansicht an den Höfen Johannes des Zweyten, Carls des Sechsten und Siebenten in Frankreich gewesen zu seyn. Aber auch damahls schon zeigt sich in diesem Reiche die eitle Anmaßung, durch die Galanterie und mit der Gunst der Damen zu glänzen.

Franz der Erste zog die Damen seines Hofes öfterer in Gesellschaft, und unter ihm nimmt die Galanterie den unsichern schwankenden Charakter an, der den Regenten bezeichnete. Sie war zu gleicher Zeit edel und verworfen, kriegerisch und gesellig, ernsthaft und spielend. Man trifft Eifersucht, Haß, Rache, schreckliche Verbrechen, Heldenthaten und Verschwörungen im Gefolge der Liebe an, und dann erscheint sie wieder als ein petrarchischer Beschauungshang, oder als die Beförderin geselliger Freuden.

Unter Heinrich dem Vierten hatte sie nur diese letzte Bestimmung, und die Sinnlichkeit nahm sich nicht einmahl die Mühe, sich zu verstecken. Alles, was von der älteren Galanterie übrig blieb, war ein gewisser äußerer Schein von ceremonieuser Verehrung des Geschlechts, und ein kriegerischer Muth, der sich mit der Sucht nach Vergnügen verband. Beydes wurde mit der diesem Volke eigenen prahlenden Eitelkeit geltend gemacht. [61])

Unter Ludewig dem Dreyzehnten und während der Minorennität Ludewigs des Vierzehnten erreichte aber die Galanterie in Frankreich ihre größte Höhe, durch die Verpflanzung spanischer Sitten auf einen Boden, wo die Weiber weit mehr Freyheit hatten, die Huldigungen der Männer öffentlich anzunehmen, und auf sie einzuwirken.

Die Damen des französischen Hofes bekamen in dieser Zeit ein Gefühl ihrer Wichtigkeit, das sie auf alle mögliche Art durch ihre persönlichen Eigenschaften begründeten. Sie zeichneten sich durch Talente und Geistesbildung aus, und da ihrem Geschlechte besonders diejenige Klugheit zu Theil geworden ist, die zu Führung von Hof- und Stadtintriguen dient; so fanden sie in einem Lande und zu einer Zeit, wo diese so häufig waren, ein geräumiges Feld zum Wirken und Handeln. Damahls waren Weiber an der Spitze jeder Parthey: damahls geschah alles durch und für sie. Die Huldigungen, die ihnen dargebracht wurden, nahmen den Charakter der Pflicht an, und die geringste Gunstbezeugung von ihrer Seite ward als die merkwürdigste Begebenheit in dem

61) Wie leichtsinnig, wie ausgelassen die Franzosen damahls über die Galanterie dachten, sieht man aus des Brantome femmes galantes.

Leben des Höflings betrachtet. Galant seyn, hieß damahls, für seine Dame Könige und Götter bekriegen. 62) Zu gleicher Zeit that man alles, um seine Leidenschaft möglichst laut werden zu lassen. Jedermann wollte für verliebt gehalten werden. Man bediente sich der hyperbolischen Sprache der Spanier, des glänzend sentimentalischen Ausdrucks der neueren Italiäner, und mischte beyden noch einen schalen und geschrobenen einheimischen Witz bey. Daß bey diesen Verbindungen geistige Liebe untergelegen habe, wird keiner glauben, der die Memoiren der Zeit gelesen hat: aber man schonte des Anstandes, und sprach nur von dem Ruhme, Gegenliebe zu gewinnen, und schönen Augen zu gefallen.

An dem Hofe Eduards des Dritten in England zeigt sich in der Verbindung dieses Königs mit der Gräfin von Salisbury eine Galanterie, die anfangs auf Sinnlichkeit von Seiten des Liebhabers ausging, aber von der Dame zurückgewiesen, auf Ruhmbegierde und geselliger Unterhaltung beruhen blieb. In den nachherigen Kriegen mit Frankreich erscheinen die englischen Helden wie die französischen, nur etwas schwerfälliger, und drükkender anmaßend. Dieser Charakter bleibt ihnen unter der Königin Elisabeth eigen, und spanische Aufgeblasenheit und Schwulst scheinen sich in ihre Galanterie eingeschlichen zu haben. Unter Jakob dem Ersten und Carl dem Ersten nahm sie mehr von dem italiänischen und

62) Der Duc de la Rochefaucault richtete folgende Verse an Mad. de Longueville.

Pour meriter son coeur, pour plaire à ses beaux yeux,
J' ai fait la guerre aux Rois, je l' aurois faite aux Dieux.

S. Thomas sur les femmes p. 165.

französischen Charakter an. Unter dem Protektor hatte die Galanterie ihr Ende erreicht. Alles verfiel in eine schwärmerische Devotion.

Den Deutschen scheint der Charakter der Nachahmung aller Nationen in der Galanterie, wie in ihren Sitten überhaupt, in dieser Periode eigen gewesen zu seyn, und schwerlich haben sie sich durch etwas anders als durch ihre Steifigkeit ausgezeichnet.

Zwey und zwanzigstes Buch.

Denkungsart der letzten Hälfte des vorigen und unsers Jahrhunderts über Liebe und Geschlechtsverbindung bis zum Anfange der französischen Revolution.

Erstes Kapitel.

Einleitung.

Es bleibt mir nun noch übrig, die Denkungsart der letzten Hälfte des vorigen und unsers Jahrhunderts über Geschlechtsverbindung und Liebe zu entwickeln. Aber vielleicht läßt sich diese im Allgemeinen gar nicht angeben. Wir haben beynahe keinen einzigen von den Begriffen fahren lassen, welche die Vorwelt mit diesen Gegenständen verbunden hat, und wir haben sie noch mit einigen vermehrt. Vielleicht ist es gerade das Charakteristische unserer Sitten, daß sie keinen auffallend allgemeinen Charakter an sich tragen.

In der vorigen Periode rechneten es wenigstens die Höfe zur guten Sitte, über Geschlechtsverbindung und Liebe einerley Grundsätze, nehmlich die der Galanterie, anzunehmen. Aber jetzt ist die Gesellschaft, mithin auch die gute Sitte, nicht mehr auf die Höfe eingeschränkt; jeder etwas größere Ort macht darauf Anspruch, sich seinen Ton selbst anzugeben, und die Politur hat so sehr zugenommen, daß man kaum die Seite zu finden weiß, an der das Unterscheidende in den Gewohnheiten einer Gesellschaft von der andern aufgefaßt werden könnte.

Ohne es mir anzumaßen, die herrschende Denkungsart unserer Zeiten zu bestimmen, will ich die Hauptbegriffe und Behandlungsarten der Geschlechtsverbindungen und der Liebe angeben, und mich dabey theils an die Darstellungen unserer schönen Litteratur, theils an die Ideen unserer Philosophen, theils an meine eigenen Bemerkungen über die Sitten meiner Zeit halten.

Da die Quellen, welche ich nutzte, größtentheils bekannt sind, so werde ich mich im Ganzen kurz fassen können, und nur da etwas länger verweilen, wo ich dem Bekannten eine neue Ansicht geben zu müssen geglaubt habe.

Die südlichen Nationen des kultivierten Europa scheinen von den nördlichen abgesondert werden zu müssen. Zwar haben die Sitten von Versailles und Paris überall hin, folglich auch über Spanien und Italien, ihren Einfluß verbreitet; inzwischen ist dieser in den zuletzt genannten Ländern weniger merklich, und diese hängen fortwährend stärker an den Sitten der vorigen Periode.

Die Regierung Ludwigs des Vierzehnten macht unstreitig in der Geschichte unserer geselligen Gebräuche Epoche, und ihre Wirkungen werden sich wahrscheinlich über die, noch zur Zeit unzuberechnenden, Folgen der französischen Revolution hinerstrecken. Ich habe jedoch geglaubt, mit dem Eintritt dieser letzten Begebenheit, meinen Untersuchungen ein Ziel setzen zu müssen.

Das Gemählde, welches ich von dem geselligen Menschen überhaupt in der gegenwärtigen Periode liefere, gleicht auffallend dem Bilde eines einzelnen Menschen, der nicht mit ganz gewöhnlichen Anlagen geboren, lange eingezogen gelebt hat, in seiner Eingezogenheit den Verirrungen der Phantasie ausgesetzt gewesen ist, nun aber mehr unter Menschen kommt, und durch Reife und Erfahrung sein Herz und seinen Verstand stärkt und ausbildet. Anfangs pflegt er den sympathetischen Trieben und einer feineren Sinnlichkeit unter Leitung der Vernunft zu huldigen, und Anstand und Geschmack in die Freuden zu bringen, die er aus dem größeren geselligen Verkehre zieht. Aber bald wird er keck auf seine vermehrten Einsichten, überläßt sich zu sehr den geselligen Zerstreuungen, und egoistische Klugheit tritt an die Stelle derjenigen Weisheit, die alle unsere Triebe im Gleichgewicht zu erhalten sucht; oberflächliche Anmaßung, alles aus den gröbsten Ursachen zu erklären, oder völliger Unglaube verbannt die bescheidene Forschung: Zügellosigkeit aus Grundsätzen, Abneigung gegen die schönen Künste der Geselligkeit nehmen den Platz der Schamhaftigkeit und einer feineren Sinnlichkeit ein.

Zweytes Kapitel.

Einfluß der Regierung Ludewigs des Vierzehnten auf die Verhältnisse des geselligen Lebens, besonders in dem weiteren Verkehre zwischen beyden Geschlechtern.

Unter Ludewig dem Vierzehnten gewann die gute Gesellschaft an Umfang. Vorher hatten nur diejenigen Personen dazu gehört, welche zum Hofe gerechnet wurden. Aber bey dem zunehmenden Luxus der Großen mußten diese die Mittel, ihn zu bestreiten, durch Verheirathung mit den Töchtern der reicheren Financiers, Negocianten, und anderer Personen aus den mittleren Klassen zu ergänzen suchen. Diese letzten fingen an, ihr Geld zum Genuß des Lebens anzuwenden, und mit den Hofleuten gemeinschaftlich eine Gesellschaft in der Stadt zu bilden, die sich von dem Hofe, besonders nachdem dieser Versailles zur Residenz gewählt hatte, trennte. Im Ganzen blieb der Ton der Stadt abhängig von demjenigen, welchen der Souverain angab; aber in mehreren Stücken hatte er doch etwas Eigenthümliches, das sich auch wieder bey Hofe einschlich. Kurz! das höfische Wesen, die Kourteoisie, ward nach und nach wieder zum städtischen, zur Urbanität.

Denn dadurch, daß die gute Gesellschaft wohlerzogener Menschen nicht unmittelbar unter den Augen des Hofes ihr Verkehr trieb, ward sie von demjenigen Zwange befreyet, den ihr die Etiquette und ein eitles Ceremoniell aufgelegt hatten. Sie sonderte mehr das Ueberflüssige, bloß Prunkende von dem Zweckmäßigen und Schönen ab; durch die Vermehrung ihrer Mitglieder, und durch ihre Verstärkung mit Männern, die sich den Wissenschaften und Künsten gewidmet hatten, gewann das Urtheil über die gute Sitte an Vielseitigkeit der Ansicht, an Richtigkeit und an Bestimmtheit; dadurch, daß die Menschen sich häufiger sahen, mithin öfterer Gelegenheit fanden, die Regeln des guten Tons in Anwendung zu bringen, mußten sie an Fertigkeit und Ungezwungenheit gewinnen.

Die beförderte Mittheilung der Ideen, die vermehrten Mittel zu einem angenehmen Lebensgenuß, die häufigeren Zerstreuungen schwächten die Gewalt der Imagination, machten den falschen Witz fühlbar, und sicherten der Vernunft eine freyere Wirkung. Dadurch, und unter Mitwirkung einiger guten Köpfe, welche die Schätze der Alten unter einem reitzenderen Gepräge als vorhin in Umlauf setzten, gewann der gute Geschmack und jene feinere Sinnlichkeit, ohne welche er nicht bestehen kann.

Von nun an verschwanden nach und nach jene übertriebenen Höflichkeitsbezeugungen im gemeinen Leben, die ihrem innern Gehalte nach frostig unwahr, und ihrer äußern Form nach lächerlich kostbar waren. Von nun an setzte man den Adel der Seele nicht mehr in excentrischen Gesinnungen, und die Schönheit einer Handlung nicht mehr in marktschreyerischem Prunke. Von nun an verwechselte man die unterhaltende Unterredung nicht länger mit dialektischen Wettstreiten, und hielt nicht weiter metaphysische Dissertationen für Ergießungen des Herzens.

Sogleich wurden freylich die Fesseln alter Sitten und Gewohnheiten nicht abgeworfen. Vieles von der ehemahligen Courteoisie, von dem Maurisch-Spanischen Bombast, von dem sentimentalisch witzigen Schimmer der Italiäner ging mit in die neue gesellige Organisation und ihren Styl über, und klebt noch jetzt daran mit unvertilgbaren Spuren. Allein im Ganzen nähern sich doch diese Zeiten der Natur und der Vernunft.

Diese Stimmung hat nun besonders auch auf das Betragen gegen das Frauenzimmer, auf die Achtung und Gefälligkeit eingewirkt, die man ihm im weiteren geselligen Verkehre bewies. Die excentrischen Ideen von seiner Superiorität über unser Geschlecht, und die davon abhängende Niederwürfigkeit vor ihm haben nachgelassen. Das zärtere Geschlecht hat immer mehr gelernt, den wahren Gehalt der Huldigungen, die ihm dargebracht werden, zu wägen. Es hat sich nicht mehr mit dem äußern Scheine einer Verehrung begnügt, die eben darum beleidigend seyn mußte, weil sie den Stempel der Unverschämtheit, einer Lüge, oder einer Aufwallung von Lüsternheit an sich trug. Es hat gleiche Ansprüche auf Menschenwerth mit dem unsrigen, und solche Aufmerksamkeiten verlangt, die keine Herabwürdigung der Dame zu schönen Kindern oder zu eitlen Werkzeugen des Vergnügens verrathen. Von dieser Zeit an ist es eine Kunst geworden, zu loben, ohne in den Fehler der Schalheit und des Abentheuerlichen, oder in den Verdacht verwegener Wünsche zu fallen.

Inzwischen ist in die Urbanität gegen das Frauenzimmer gleichfalls vieles von der alten Courteosie übergegangen; d. h. vieles, was nach einem richtigen Urtheil über das Wahre und Schöne im geselligen

Umgange übertrieben, unzweckmäßig und unangemessen erscheint.

Alle Nachrichten kommen dahin überein: daß es Ton unter dem Frauenzimmer wurde, einer gewissen geselligen Liebenswürdigkeit nachzustreben, die in früheren Zeiten wenig bekannt gewesen war, und auch bald darauf wieder selten geworden ist. Frankreich hatte Damen aufzuweisen gehabt, die sich durch höhere Geistesbildung ausgezeichnet hatten. Aber diese war entweder nicht zum Vortheil der geselligen Unterhaltung angewandt worden, oder bloß auf einen eitlen Glanz, der nie ohne Kostbarkeit, Gernwitz und Demüthigung anderer erlangt zu werden pflegt, berechnet. Die Geißel des Lächerlichen vertrieb diese Anmaßung. Man fing an, sich ihrer zu schämen, und konnte doch der Kenntnisse und der Kultur des Verstandes zur Unterhaltung nicht mehr entbehren. Das zärtere Geschlecht suchte daher diese Kultur mit seinem schönsten Vorzuge, mit dem Herzen, in ein näheres Verhältniß zu setzen: es fühlte, daß diejenige Eigenthümlichkeit, welche es seiner Gabe im Beobachten und Darstellen des Gegenwärtigen, Einzelnen, und Zunächstliegenden verdankt, ihm zum wahren Vorzuge angerechnet werden müßte: es sah ein, daß das mühsam Erworbene und Gesuchte in der Bildung und den Aeußerungen seines Geistes ihm weniger kleide, daß hingegen eine Aufklärung, die so natürlich geworden ist, daß ihre Spuren sich gleichsam von ungefähr und unwillkührlich ankündigen, sich für jedes Geschlecht schicke: daß die Bestimmung höherer Talente bey dem Weibe vorzüglich auf die Behandlung desjenigen Stoffs gerichtet werden müsse, der zur Unterhaltung der örtlichen

Gesellschaft dient; und daß endlich die Superiorität des Geistes alsdann leicht geduldet, und sogar geliebt wird, wenn sie mit anspruchloser Liebe gepaart, niemand zurückschreckt, und den großen Haufen zu keiner anhaltenden Spannung seiner Aufmerksamkeit verpflichtet.

Zartheit der Empfindungen, Feinheit der Bemerkungen, Lebhaftigkeit des Ausdrucks, leichte Behandlung aller Gegenstände, die im täglichen Leben vorkommen, unter Leitung des Geschmacks, des Anstandes, und der Bescheidenheit zeichnen die Werke einer Sevigne, la Fayette, la Sabliere, la Suze, Lambert, Deshoutieres und anderer aus. Sie konnten nur das Produkt einer Gesellschaft seyn, die sich oft genug sah, um das Abentheuerliche, Excentrische, Steife und Unnatürliche abzuschleifen, und nicht so viel, um das Neue, Auffallende, Hervorstechende bloß zur Verscheuchung der Langenweile herbeyzuhohlen.

Drittes Kapitel.

Folgen, welche die veränderte Denkungsart unter Ludewig dem Vierzehnten auf engere Geschlechtsverbindung und Liebe gehabt hat.

Diese veränderte Stimmung der Gesellschaft überhaupt und der Weiber insbesondere mußte Einfluß auf die engeren Geschlechtsverbindungen und die Art, sie darzustellen, haben. Das Natürliche und Vernünftige bekam auch hier die Oberhand. Der Glaube an wahre Freundschaft unter beyden Geschlechtern breitete sich immer mehr aus, und der Werth der Anhänglichkeit an einer bestimmten Person von verschiedenem Geschlechte ohne allen weitern Zweck als den, anzuhangen, ward immer fühlbarer. Vorhin hatte man geliebt, um sinnliche Begierden, um die Triebe nach Ruhm, nach Eitelkeit, nach Beschäftigung, zu befriedigen. Jetzt liebte man, — um zu lieben; wenigstens suchten die Dichter, die Romanenschreiber, die Weltphilosophen der Leidenschaft diesen Zweck beyzulegen, und sie von jeder andern weiterliegenden Absicht abzusondern. Von nun an durfte der Liebhaber mit dem Zustande seines Herzens nicht mehr prunken, und seine Huldigungen, so wie die Beweise der Auszeichnung, die er erhielt, nicht mehr öffentlich zur Schau ausstellen. Der Anstand verbot heimliche Verständnisse zur Befriedigung der Sinnlichkeit: er ließ aber geheime Verbindungen der Herzen zu. Da das Interesse ihrer Darstellung nicht mehr in der Ueberwindung äußerer Hindernisse gesucht werden konnte; so setzte man innere an ihre Stelle, und schilderte forthin die edelste Leidenschaft im Streite mit der Pflicht. Die Spannung, die Beschäftigung der Liebenden, lag nicht mehr in dem Kampfe wider Schwierigkeiten, welche Riegel, Hüter, höchstens Stolz und Rücksicht auf den Anstand hervorbrachten; er lag in dem Kampfe der Liebe gegen Tugend und Furcht vor innerer Unruhe. Der Sieg der einen oder der andern ward immer durch Thränen und Verzweiflung verkümmert. Der Liebhaber konnte das Herz, den edelsten Theil der Sinnlichkeit seiner Geliebten, ihrem noch edleren Selbst, ihrer Moralität, nicht abgewinnen, ohne seine stolze Freude durch die Aeußerungen ihrer Gewissensangst getrübt zu sehen. Die edle Frau konnte weder über sich selbst den Sieg erkämpfen, noch ihrem Herzen unterliegen, ohne ihren Triumpf und ihren Fall auf gleiche Weise zu bereuen!

So erscheint die Liebe bey der Princesse de Cleves, einem Romane der la Fayette, worin die Sitten ihres Zeitalters einem früheren beygelegt werden, und worin zuerst Wahrheit in die Charaktere, in die Verknüpfung der Begebenheiten, in die Empfindungen, und in ihren Ausdruck gebracht wird. [1]) Nach solchen Grundsätzen kommentiert die Marqu'se de Lambert über die Freundschaft zwischen Personen von verschiedenem Geschlechte.

Neben den Darstellungen solcher Herzensverbindungen giebt es andere, worin die Leidenschaft sinnlicher und vielleicht darum stärker ausgedruckt wird. Sie zeichnen sich aber von den früheren Produkten immer durch Wahrheit und Geschmack aus. Die Lettres d'une Religieuse Portugaise, die theatralischen Werke des Racine und Quinault verdienen hier besonders genannt zu werden.

Die Galanterie nahm jetzt eine Gestalt an, die dem Geist der Zeiten angemessen war. Sie verließ ihren Anspruch an die Imagination und die Ruhmsucht, mit deren Hülfe sie sonst das Herz der Schönen zu rühren gesucht hatte, und wandte sich an den Witz und die Eitelkeit, um dadurch einen vorübergehenden Eindruck auf den Geist der Damen zu machen. Schon die Scudery, die Voiture, Balzac, Cyruno de Bergerac, und andere, hatten diesen Ton angestimmt, aber er

1) Ihr früheres Werk, Zaide, hat lange diesen Werth nicht.

erhielt späterhin durch Bussy, Boursault, Fontenelle, u. s. w. mehr Ausbildung. Die Galanterie ward in der Folge von der Liebe und Zärtlichkeit ganz abgesondert, und beym Richelet findet man die lettres tendres, und die lettres galantes unter zwey verschiedenen Rubriken.

Das auffallendste in der früheren Galanterie war die öffentliche Huldigung des verheiratheten Frauenzimmers, die unbefangene Anerkennung seines Einflusses auf die Gesinnungen und Handlungen des Mannes gewesen, der nicht durch Bande der Ehe mit ihm verbunden war. Der Ernst, womit dieß war betrieben worden, fiel natürlicher Weise ins Lächerliche, nachdem die geselligen uud die bürgerlichen Verhältnisse sich verändert hatten. Die repräsentierende Anmaßung, womit der excentrische Verehrer der Schönen das Panier seines Dienstes geschwenkt hatte, konnte bey geläuterten Begriffen über Schicklichkeit und Anstand nicht weiter geduldet werden, und der Einfluß der Weiber auf die öffentlichen Angelegenheiten verschwand vor der Alleinherrschaft Ludewigs des Vierzehnten.

Man behielt den Begriff der losen, ungebundenen Aufwartung des schönen Geschlechts bey, aber man verwandelte den Ernst in ein Spiel, in eine gesellige Belustigung. Den Damen ward noch ferner öffentlich gehuldigt, aber nur in dem engeren Zirkel der guten Gesellschaft, nicht vor den Augen der ganzen Welt; und die Huldigungen selbst waren ganz aus dem Kreise der geselligen Unterhaltungsmittel hergenommen. Es waren Verse, kleine Geschenke, Komplimente, und besonders Billets und Briefe, welche dazu genutzt wurden. Sie waren als ein Tribut anzusehen, den man der über alles gebietenden Schönheit brachte, und der kein besonderes Verständniß voraussetzte. Der Verstand mußte daran noch mehr Antheil haben, als das Herz, und vor allen Dingen mußte ein leichter, munterer, glänzender Witz, der mit dem Ausdruck wahrer Zärtlichkeit ganz unvereinbar ist, daraus hervorleuchten.

Diese Galanterie, die oft sehr vorübergehend gegen jede Dame von hohem Range, ausgezeichneter Schönheit, und hervorstechenden Talenten angewandt wurde, [2]) machte auch zuweilen den Grundstoff dauernder und engerer Verbindungen aus. Weiber, die ihren Verstand und ihre Kenntnisse geltend machen wollten, und die Censur des größeren Haufens bey einer öffentlichen Ausstellung ihrer höhern Geistesbildung fürchteten, vereinigten sich mit Männern von Talent, wechselten mit ihnen im Geheimen witzige Ideen in Briefen und in der mündlichen Unterredung aus, und gaben diesen Unterhaltungen zur Erhöhung ihres Reitzes oft einen zärtlicheren Anstrich. Das Artigste, was diese Verbindungsart hervorgebracht hat, sind die lettres de Babet an Boursault.

In unsern Tagen nennt man ähnliche Verhältnisse liaisons d' esprit.

2) Voiture rühmte sich: d' en avoir conté depuis le Sceptre jusqu' à la houlette, et depuis la Coronne jusqu' à la cale.

Viertes Kapitel.

Einfluß der Regentschaft und der nachfolgenden Regierungen in Frankreich auf die Denkungsart über die nehmlichen Gegenstände.

Seit Ludwig dem Vierzehnten stand die Denkungsart über Geschlechtsverbindung und Liebe mit dem bürgerlichen Leben weiter in gar keinem Verhältnisse, sondern bloß mit dem Privatleben in der örtlichen Gesellschaft.

Die übertriebene Devotion, in welche Ludwig der Vierzehnte in den letzten Jahren seiner Regierung verfallen war, veränderte zwar den Ton, den die Stadt einmahl angenommen hatte, nicht völlig; aber sie ließ ihm doch einen gewissen Zwang fühlen. Sobald der Regent an seinem Hofe aller Sittlichkeit und allem Anstande Trotz bot, suchte die gute Gesellschaft in Paris die wiedererhaltene Freyheit doppelt zu nutzen, und verfiel in Ausgelassenheit. Durch die gänzliche Umwälzung der Glücksgüter, welche das System des Law hervorbrachte, ward der äußerste Luxus und das höchste Elend erzeugt, und beydes hatte sehr nachtheilige Folgen für die Sitten. Wenn es auch nicht allgemeiner Ton wurde, sich gänzlich über allen Anstand wegzusetzen, so zeigte sich doch ein Leichtsinn, der zugleich mit vielen unnützen Formen der alten Courteoisie und Galanterie auch viele wesentliche Bestandtheile der Urbanität wegwarf.

Die Geschlechtsverbindungen erhielten ganz sinnliche Zwecke, und diejenigen, welche die Liebe zu verschönern suchten, schränkten sich darauf ein, die gröbsten Begierden durch kurze Hindernisse und Beymischung solcher Verzierungen, woran der Verstand mehr Antheil hatte als das Herz, schmackhafter und dauernder zu machen. Das Wort Galanterie nahm nun eine ganz andere Bedeutung an. Zu Anfange des Jahrhunderts hatte Richelet noch von der Des Jardins ohne Vorwurf sagen dürfen: daß sie sich nach dem Verluste zweyer Gatten in die Galanterie geworfen hätte: d. h. den Umgang mit unserm Geschlechte nur zur Unterhaltung ihres Geistes aufgesucht habe. In der Mitte des nehmlichen Jahrhunderts, und schon früher, würde dieser Ausdruck eine sittenlose Aufführung bezeichnet haben, die sich nur von der Ausgelassenheit gemeiner Buhlerinnen durch Beobachtung solcher Formen unterscheidet, welche zur Erhöhung des Vergnügens und zur Bewahrung des Scheins der Achtung für das Publikum, der Selbstschätzung, und der Verehrung für die Damen dienen.

Die verworfenen Weiber, welche uns Crebillon und einige andere Schriftsteller aus diesen Zeiten schildern, geben sich bey aller Bereitwilligkeit zu den stärksten Gefälligkeiten immer das Ansehn, als ob sie gegen ihre Schamhaftigkeit und gegen Rücksichten auf ihren Ruf zu kämpfen hätten, und nur der Ueberzeugung von der Stärke und Dauer der Leidenschaft ihrer Liebhaber wichen. Diese geben sich gleichfalls den Schein der Achtung für das begehrte Weib, des Glaubens an die Schwierigkeit des Siegs, des Feuers und der Beständigkeit. Dieß konventionelle Benehmen, wobey man von beyden Seiten auf Wahrheit und Ueberzeugung keinesweges rechnete, hieß von nun an Galanterie, und bezeichnete eine Art von Buhlerey, welche die gute Gesellschaft dulden zu können glaubte, weil der äußere Anstand geschont wurde. Jetzt wie ehmahls bestand ihr Wesen in einer ungebundenen Aufwartung des schönen Geschlechts, die auf Rechnung einer bloß geselligen Unterhaltung und unschuldigen Verehrung der Alles beherrschenden Schönheit gesetzt werden konnte. Nur mit dem Unterschiede, daß ehmahls diese Form, eben weil sie durch Uebertreibung und Umständlichkeit zu viel verkündigte, nur wenig sagte: jetzt, da sie unter einer leichten Behandlung zu wenig errathen lassen wollte, alles vermuthen ließ.

Ein entnervtes, leichtsinniges, eitles Volk begnügt sich überall mit dem Schein, und läßt sich leicht bewegen, bey ähnlichen Wirkungen gleiche Ursachen anzunehmen. Das Feuer, das Schüchterne, die Gefälligkeit, die Beharrlichkeit der Begierde, gilt ihm für Stärke und Wahrheit liebender Empfindungen, für Zärtlichkeit und Standhaftigkeit. Aber wo sollte es selbst jene Vorzüge unter Personen finden, die von Jugend auf angelernt sind, Gesinnungen zu heucheln, die sie nicht haben, und die sich willkührlich betrügen, um nur dem gröbsten Vergnügen nicht alle diejenigen Reitze zu entziehen, die ihm der Anstand leiht? Seht alle Darstellungen nach, welche uns die Marivaux, die Riccoboni, die Graffigny, die Crebillon, die Voltaire, die Bernard und selbst noch die Marmontel von wahrer und schöner Liebe liefern! Woher nehmen sie ihre Helden? Aus dem Stande der Neulinge unter den Jünglingen und der unerfahrnen Mädchen! Wohin verlegen sie ihre Situationen? Aufs Land, zwischen die meist rohe Natur! Es ist nicht mehr der Streit zwischen Liebe und Tugend, der ihre Pinsel beschäftigt; es ist das Mißverständniß zwischen Begierde und Unerfahrenheit, zwischen niederer Sinnlichkeit und instinktartiger Scham! Und wie erlogen, wie geziert ist demungeachtet oft der Ausdruck der Naivetät, aus dem sie die größten Reitze für die Liebe zu ziehen suchen!

Ganz im Geiste der Zeit nahm man zwey Liebesgötter an, die beyde von der himmlischen Venus verläugnet worden wären. Der eine war der Sohn der Venus Pandemos, und ganz so schmutzig und niedrig, als Sokrates ihn beym Plato schildert: er sprach allem Anstande und selbst den Vorschriften des wahren Vergnügens Hohn. Der andere hatte dem wahren und edleren einen fremden Schimmer abgestohlen, der aber mit seiner Gestalt nicht mehr Aehnlichkeit hatte, als die Porcellainfigur aus der Fabrik von Seve mit den Meisterstücken von Marmor, die uns das Belvedere aufbewahrt.

Dieß brachte die größte Verwirrung in die Begriffe. Bernards Kunst zu lieben ist davon der sicherste Beweis. Diese Parodie des ovidianischen Gedichts gleiches Nahmens schwankt beständig zwischen Unanständigkeit und Rücksicht auf den Anstand, zwischen Witz und wahrer Empfindung, zwischen der eigennützigsten Begierde und liebender Aufopferung. Der herrschende Begriff bricht aber allerwärts durch; Liebe ist Begierde nach Vergnügen der Sinne, unterstützt von den Annehmlichkeiten, welche eine feinere

Reitzbarkeit, eine feurige Imagination und ein glänzender Witz ihm geben können. [3])

Neben dieser leichten und unbeständigen Art von engeren Geschlechtsverbindungen gab es aber auch andere, die dauernder waren, und an denen das Herz bald mehr bald weniger Antheil hatte. Amours platoniques, Interéts oder Liaisons de Societé, Commerces d'habitude, u. s. w. Die ersten kamen besonders auf, seitdem Rousseau die Ideen der älteren Italiäner wieder in Umlauf gebracht hatte. Man verstand darunter eine Verbindung, worin gegen die Gewalt der Sinne zum Vortheil der Begeisterung angekämpft wurde. Aber oft ward dieser Streit bloß geführt, um den vorausgesehenen Fall zu beschönigen, und den Sieg kostbarer zu machen. Oft trotzte man auf Unschuld und Unsträflichkeit der Verbindung, wenn nur die Gesetze nicht Verbrechen strafen konnten, und überließ sich mit schamloser Verstocktheit und verruchtem Uebermuthe nahmenlosen Sünden, die dem Charakter nachtheiliger sind, als Schwächen, welche die bürgerliche Ordnung stören.

Die Interéts de Societé waren Verständnisse, die auf Eitelkeit und Belustigungssucht beruhten, nebenher

3) Es ließe sich eine interessante Vergleichung zwischen Bernard und Ovid in Rücksicht ihrer Begriffe von Sittlichkeit und Anstand anstellen. Im Allgemeinen herrscht doch mehr Egoismus, mehr Frivolität, mehr wahre Verdorbenheit bey dem Franzosen als bey dem Römer. Dieser kennt wenigstens dauernde Anhänglichkeit: er lehrt das Mädchen, das uns gefällt, erweichen, (exorare,) und wenn wir seine Gunst erhalten haben, diese zu bewahren. Der Franzose hingegen sucht sein Mädchen zu entflammen, und zu genießen. (enflammer et jouir.)

auch die Sinnlichkeit körnten und befriedigten, und mit gutem Tone und Geschmack verbunden unstreitig viel zur Unterhaltung und Belebung geselliger Zirkel beytrugen: eine Art von Cicisbeatura, aber leichter, kürzer, und minder langweilig!

Die Commerces d'habitude wurden als eine Art von eheligen Verbindungen zwischen Personen angesehen, die sich ehmahls mit Leidenschaft geliebt hatten, und nunmehro, nachdem der längere Genuß des ungetrennten Zusammenlebens die Heftigkeit ihrer Neigung abgestumpft hatte, durch die Bande einer süßen Gewohnheit vereinigt blieben. Sie flohen einige Unannehmlichkeiten der Ehe, um sich einer Menge anderer, die ihr fremd sind, auszusetzen.

Männer, die vermöge eines dieser Verhältnisse häufigern und freyeren Zutritt zu verheiratheten Damen hatten, wurden unter dem Nahmen der amis de la maison von der guten Sitte gelitten und anerkannt.

Unter den höheren Ständen waren die Liebeshändel mit unverheiratheten Mädchen sehr selten, weil diese gemeiniglich in Klöstern, oder unter sehr strenger Aufsicht, ausgeschlossen von verführerischen Zerstreuungen der größern Welt, auferzogen wurden. Die französischen Romanenschreiber haben daher den Zustand der Bewerbung um die Hand des vornehmeren Mädchens, welches diese zugleich mit seinem Herzen verschenkt, minder häufig zu ihren Darstellungen genutzt.

Fünftes Kapitel.

Denkungsart über die Verbindungen mit den anerkannten Buhlerinnen (femmes entretenues et filles) in Frankreich.

Die anerkannten Buhlerinnen in Frankreich sind allemahl vor der Revolution von der guten Gesellschaft ausgeschlossen gewesen, und die gute Sitte hat die engeren Verbindungen mit ihnen nie gebilligt, sobald sie öffentlich zur Schau ausgestellet sind. Der sittenlose Umgang mit einer Frau, die sich nicht bezahlen läßt, kann geduldet werden, so lange der äußere Schein nichts Sittenloses zeigt; aber der nähere Umgang mit einer Person, von der es bekannt ist, daß sie ihre Gunst feil bietet, kann den Anstand nie ungekränkt lassen, weil er durch sich selbst schon auf sittenlose Begriffe führt.

Der allgemeine Charakter der Weiber aus dieser Classe lag in der Ueberzeugung, die das Publikum von ihnen hatte, daß sie ihren Unterhalt durch ihre Gefälligkeiten erwerben. Sie waren übrigens von sehr verschiedener Art. Einige unter ihnen verkauften diese nur einem Einzigen, und zwar auf Lebenszeit: oft ohne allen Eigennutz, und bloß gegen einen Ersatz für die Aufopferung, die sie dem Verbündeten mit ihrem Rufe und der Ausschließung von aller guten Gesellschaft brachten. Unter diesen waren Personen von guter Herkunft und Erziehung, die aber durch die gewählte Lebensart auf das Ansehn, das sonst diese Stücke gaben, Verzicht leisten mußten. Andere verkauften sich gleichfalls nur einem Einzigen, aber nach mehreren anderem, und nur auf einige Zeit. Wieder andere beschränkten sich mit einer Mäßigung, welche Ehrgeitz, Laune, und Eigennutz vorschrieben, auf vorübergehende Gefälligkeiten gegen vornehme, liebenswürdige, talentvolle oder reiche Männer. Derjenigen, welche ihre Gunst für jeden feil hatten, der den gesetzten Preis bezahlte, war eine größere Menge; und endlich bestand die größte Anzahl aus solchen, die nicht bloß aufgefordert gaben, sondern sogar die Gelegenheit aufsuchten, mit ihren Reitzen einen kärglichen Wucher zu treiben.

Alle diese Weiber, von derjenigen an, welche die mehrste Nachsicht verdient, bis zu dem Auswurf des Geschlechts herunter, unterschieden sich von ähnlichen Weibern in andern Ländern durch die Gabe, den gröbsten sinnlichen Genuß durch Geschwätz und andere Künste der Unterhaltung zu erhöhen, und durch eine gewisse Aufmerksamkeit auf ihr Betragen, vermöge der sie, selbst bey der sittenlosesten Aufführung, einer völligen Erniedrigung vorbeugten, und dadurch das Vergnügen noch zu würzen wußten. Die vornehmeren Buhlerinnen, (les filles hupées) strebten sogar dem Anstande vornehmer Damen nach, suchten Männer, die durch gesellige Liebenswürdigkeit, oder als Künstler ausgezeichnet waren, in ihre Gesellschaft zu ziehen, und legten in ihren Häusern einen Luxus aus, der den Künsten Beschäftigung, und der feineren Sinnlichkeit einen ausgesuchten und seltenen Genuß verschaffte. Einige von ihnen waren durch einen Witz berühmt, der selbst in der guten Gesellschaft wiederhohlt, überall und selbst bis zu den spätesten Zeiten hin Stoff zur Unterhaltung geben wird.

Dennoch bin ich durch eine oberflächliche eigene Erfahrung, und durch das Zeugniß solcher Männer, die lange in den Zirkeln der berühmtesten Weiber dieser Art gelebt haben, überzeugt worden, daß eine große Abstumpfung der Empfindungen, ich will nicht sagen der Sittlichkeit, sondern nur des Anstandes und der Urbanität, dazu gehört haben muß, um sich im engeren Umgange mit diesen französischen Hetären auf die Dauer zu gefallen. Mitten durch ihr Bestreben, den feineren Ton der großen Welt anzunehmen, brachen bäurische Ausgelassenheit und zwangvolle Verlegenheit allenthalben durch. Schmutzige, ungezogene Scherze, die sogar die Würze der Zweydeutigkeit verschmähten: Stellungen und Geberden, welche die ekelhaftesten Ideen erweckten, und überhaupt ein Ton von offenbarer Vertraulichkeit, der die geheimere ahnen ließ, die kurz vorher eingetreten war, oder gleich darauf eintreten sollte: ein Ton, der es laut verkündigte, daß hier für Geld alles zu haben, alles erlaubt sey; hoben in den Augen des Mannes von Gefühl die Reitze einer minder unterhaltenden, aber sittsamen Gesellschaft bey der geringsten unter den ehrliebenden Frauen. Und wie leer von innerem Gehalte war zugleich die Unterredung mit diesen Weibern! Wie so ganz auf das Bedürfniß vornehmer und reicher Weltleute berechnet, die entweder, an Geistesbildung vernachlässigt, ein jedes Geschwätz als eine Zugabe zu der Befriedigung des materiellen Hauptzwecks betrachten, oder absichtlich Gesellschaften dieser Art aufsuchen, um sich von der kleinen, aber für sie immer erschöpfenden, Anstrengung zu erhohlen, in der bessern Gesellschaft zu glänzen! „Warum leben Sie zwischen diesen Personen?“ fragte ich einen Mann von vielen geselligen Talenten. „Weil mein Geist hier im Schlafrocke seyn kann!“ war die Antwort.

Sechstes Kapitel.

Denkungsart einiger französischen Philosophen, und besonders Rousseau's, über Geschlechtsverbindung und Liebe.

Die herrschende Denkungsart der guten Gesellschaft unter einer Nation hat immer einigen Einfluß auf die Grundsätze der Selbstdenker. Keiner der französischen Philosophen hat sich von diesem Einflusse in Rücksicht seiner Ideen über Geschlechtsverbindung und Liebe frey erhalten, selbst da nicht, wo die herrschenden Grundsätze gemißbilligt werden. Alle sehen die engeren Verhältnisse zwischen beyden Geschlechtern als die Wirkung eines verfeinerten Egoismus an.

Ein anonymischer Schriftsteller hat in einem Aufsatze über Liebe und Eifersucht einige obenher abgeschöpfte, aber übrigens vernünftige Bemerkungen vorgetragen. Er erklärt die Liebe für eine Zusammensetzung des physischen Bedürfnisses, an welches der Schöpfer die Fortpflanzung der Gattung gebunden hat, mit dem allgemeinen Zuge der moralischen Welt zur Gründung einer engeren Gesellschaft mit einer bestimmten Person. Das Glück der Häuslichkeit, verbunden mit der Befriedigung körperlicher Triebe, mithin bloß egoistische Gründe, sollen uns zur Liebe einladen. [4])

Helvetius hat in seinem Buche sur l'esprit, (einer Sammlung von Paradoxen und Anekdoten, deren Berichtigung nur darum schwer ist, weil sie zu weitläuftig werden würde, und beynahe jeden Perioden umfassen müßte,) die Freundschaft geradezu für die Wirkung des gröbsten Eigennutzes, und die Liebe für den Trieb nach physischem Vergnügen erklärt. Leider! muß man sagen, daß nach der Art, wie beydes unter dem großen Haufen in Frankreich getrieben wurde, viel Lokalwahres in diesen Behauptungen liegt.

Rousseau wird der Plato unsers Jahrhunderts genannt. Möglich! Man sagt, er sagt es selbst von sich: er sey der Liebendste der Menschen gewesen! Unmöglich!

Rousseau kannte den Rausch der Sinne und der Imagination: er kannte den Trieb nach engerem traulichem Zusammenleben mit der Gattin: hinreißende Stellen in seinen Schriften schildern den Einfluß der Geschlechtsverbindung auf Seelenerhebung; aber — wahre Liebe und Zärtlichkeit hat er nie gekannt.

Rousseau's Lebensgeschichte liefert eine Gallerie von Gemählden, worin alle verschiedenen Wirkungen der Geschlechtssympathie, alle verschiedenen Arten der Vereinigung mit Weibern, bis auf die einzige noch, die auf wahrer Liebe beruht, vorkommen. Aus ihr

4) Essays sur divers sujets interessans de Politique et de Morale 1761 ohne Druckort. T. I. Ess. 2. sur l'amour et la Jalousie.

sind zugleich seine Grundsätze über diesen Punkt zu erklären.

Er war in früheren Jahren Weib, der ganzen Reitzbarkeit seines Körpers und seiner Seele nach, und weit mehr dazu gestimmt, leidend und einnehmend, als angreifend und vordringend Lust oder Unlust zu empfinden. Gleich die erste Regung seiner Lüsternheit unter den Händen der Mademoiselle Lembercier gehört der Sinnlichkeit eines Mädchens, und nicht der eines Knaben. Daher auch sein Geschmack an dem Gefühle, sich verzärtelt zu wissen, mit dem ganzen Anhange, den die Eitelkeit hinzufügt.

Dieser Geschmack lag bey der Neigung zum Grunde, die er als Kind für die Demoiselle Vulson empfand: hingegen Regung körperlicher Triebe, und der Reitz der ersten Intrigue bey seinen Vertraulichkeiten mit der kleinen Goton. Rousseau nennt beyde Verhältnisse seiner Kinderjahre Liebe. Mit welchem Rechte, in welchem Widerspruche mit seinen übrigen Grundsätzen, das wird die Folge lehren. Das Schoßhündchen kann schon dasjenige empfinden, was ihm Mademoiselle Vulson einflößte; und der kleine Affe, l'ami des Dames, kann gegen eine Behandlung, wie diejenige war, die er von der kleinen Goton erfuhr, gleichfalls empfindlich seyn.

Eitelkeit, Sucht zu glänzen, war es, die in früheren Jahren nur Damen und Demoisellen seiner Aufmerksamkeit werth machte, die ihm die Hoffnung gab, die Augen der Prinzessinnen am Turiner Hofe auf sich zu ziehen, und ihm verliebte Neigungen zu allen Frauenzimmern einflößte, denen er sich als Dienstbothe oder als Zögling nahte. Wenn seine

Aufwartungen nicht angenommen wurden, so erkaltete sein Eifer, sie fortzusetzen. In den kleinen Roman, den er mit Madame Bazile spielte, und den schon mehr als ein Page gegen seine Königin gespielt hat, mischte sich der Stolz, ein Herz auf eine feine Weise zu erobern. Aber wie wenig dieser vorübergehende Affekt auf Rechnung der Liebe zu setzen sey, das beweiset schon der Umstand, daß er während seines ferneren Aufenthalts an dem nehmlichen Orte mit ihr, sie sobald für andere Weiber vergaß.

Rousseau's Verhältniß mit Madame de Warens verdient eine besondere Beleuchtung. Es würde uns viel erklärbarer seyn, wenn die Schilderung, die er uns von ihr geliefert hat, treuer wäre. Aber wir finden hier Züge zusammengestellt, die nach aller Erfahrung nicht zusammen gehören. Das Bild kann nicht ähnlich seyn: es ist verzeichnet; die Verhältnisse sind nicht in der Natur.

Madame de Warens soll nach R. wenig körperliche Geschlechtssympathie gehabt haben. Allein es kommt auf die Maße an, womit er mißt. Immerhin mag ihre Schwäche von dieser Seite nicht bis zur höchsten Ausgelassenheit gegangen seyn; aber warmes Blut hatte sie unstreitig, und zwar so gut als eine. Die übrigen Eigenschaften ihres Charakters scheinen es zu beweisen. Jene sorglose Gutherzigkeit und Weichheit, jener Leichtsinn in allen ihren Handlungen, jene Leichtgläubigkeit, mit der sie jedem Abentheurer folgte, jene Blindheit in der Verfolgung thörichter Projekte; — alles dieß bürgt für die Richtigkeit meiner Behauptung, da es nicht allein oft bey galanten Frauen angetroffen wird, sondern auch mit jenem warmen Temperamente ein beynahe unzertrennliches Ganze ausmacht. Noch mehr aber beweist es ihre Aufführung. Sie liefert sich mehreren Liebhabern, und endlich sogar ihren Dienstbothen nach der Reihe in die Arme. Rousseau behauptet, dieß sey ein bloßer Fehler ihres Verstandes gewesen: sie habe die Sache selbst für ganz gleichgültig gehalten, und aus dem Grunde, weil die Männer einen so großen Werth darauf legten, sie als ein Mittel gebraucht, diejenigen, die ihr angehörten, sich desto enger zu verbinden. Wer wird, wer kann dieß glauben, da R. selbst denjenigen für einen Dummkopf hält, der ähnlichen Versicherungen trauet! [5])

Sicherer geht man, wenn man der Frau von Warens sehr wenig Anlagen zur zärtlichen und leidenschaftlichen Anhänglichkeit, und zugleich sehr grobe Grundsätze über den Werth des unnennbaren Genusses beylegt. Dieser wird dann zum sinnlichen Bedürfnisse, oder zu einem Vergnügen, woran Seele und Herz keinen, oder sehr geringen Antheil nahmen. Weiber, die sich viel mit Wissenschaften, Geschäften, Experimenten und Künsten abgeben, welche eigentlich außer dem Kreise ihres Geschlechts liegen, kommen sehr leicht zu dieser Denkungsart. Ihre Seele ist, wie sie glauben, zu etwas Wichtigerem bestimmt, als der Leidenschaft der Liebe zu huldigen, und sie suchen

5) Man vergl. eine Note im 5ten Buche des Emil: Je sais, que les femmes, qui ont ouvertement pris leur parti sur un certain point, prétendent bien se faire valoir de cette franchise, et jurent, qu' à cela près il n'y a rien d'estimable, qu'on ne trouve en elles. Mais je sais bien aussi, qu'elles n'ont jamais persuadé cela qu' à des Sots.

der Störung, die sie durch Bekämpfung körperlicher Begierden erfahren würde, durch die leichte Art auszuweichen, mit der sie ihre Befriedigung behandeln. Darum legen sie auch auf die Untreue, welche sie gegen ihren Liebhaber begehen, einen sehr geringen Werth. Als Rousseau sich über eine solche von Seiten der Madame de Warens beklagte, und versicherte, sie würde ihn das Leben kosten, so antwortete diese: davon stürbe man nicht, er sey ein Kindskopf, darauf so viele Wichtigkeit zu legen. Mit dieser Denkungsart besteht übrigens ein weicher, mit dem Wohl und dem Leiden anderer Menschen sympathisierender Charakter sehr gut. Sie schließt sogar ein gewisses Gefühl von Anstand und Stolz nicht aus. Madame de Warens, die sich ihren Bedienten im Geheimen Preis gab, nahm es doch sehr übel, als der Abentheurer Venture einen zu freyen Ton in ihrer Gegenwart annahm.

Weil aber solche Frauen in dem unnennbaren Genusse gerade nur sinnliches Vergnügen von der vorübergehendsten und gröbsten Art suchen; so sind sie auch über die Art, wie sie dieses finden, weniger gleichgültig als zärtlichere Seelen. Und so kann man es erklären, wie R. nicht in den Fall kam, über die Lüsternheit der Warens ein vollgültiges Urtheil zu fällen. Er für seine Person scheint sie weder jemahls sehr rege gemacht, noch sehr befriedigt zu haben. Als er zu ihr kam, war er das, was man im Deutschen nicht gut ausdrücken mag, ein Nigaud. Sie war vor der Hand mit Claude Anet von einer gewissen Seite versorgt, und sie litt unsern R., weil sie gutherzig und sorglos war: weil es sie belustigte, weil es ihr schmeichelte, ihn an sich hängen, sich lieben zu sehen, ohne daß der Knabe wußte, wie und warum?

Leidenschaftliche Liebe hat sie nie für ihn empfunden. Wie hätte sie sonst ihn fortschicken, und gerade diese Zeit nutzen können, sich zu entfernen, ohne ihm die geringste Nachricht von ihrem Aufenthalte zu geben. Wie hätte sie ihn zum zweyten Mahle, nachdem sie ihm bereits den Besitz ihrer Person eingeräumt hatte, fortsenden, und sich unterdessen einem andern ergeben können! Es ist vielmehr sehr wahrscheinlich, daß sie des Jünglings, den sie sich unvorsichtiger Weise aufgehalset hatte, gern mit guter Manier wieder los gewesen wäre.

Dieß zum Voraus, ehe wir zur näheren Beleuchtung der Art von Neigung übergehen, die er, Rousseau, für Madame de Warens empfand. Das, was er darüber sagt, ist eben so unzuverlässig, als die Schilderung ihres Charakters.

Der erste Augenblick, worin er Madame de Warens sah, ist, seiner Behauptung zu Folge, der einzige gewesen, worin er eine leidenschaftliche Bewegung für sie empfunden hat. Dieß ist falsch, wie wir gleich sehen werden. Aber gewiß ist es, dasjenige, was er in diesem Augenblicke empfand, war nicht Liebe. Es war Verwunderung, untermischt mit Eitelkeit und geheimer Regung der Sinnlichkeit. Er hatte sich die Wohlthäterin, an die man ihn gewiesen hatte, als ein altes, grämliches, eingeschrumpftes Mütterchen gedacht, und er fand eine junge Dame, die ihn mit Freundlichkeit und einer gewissen Art von Achtung aufnahm. Die Empfindung, welche sie ihm einflößte, war nicht von langer Dauer. Als sie ihm Aussichten zu seinem weiteren Fortkommen in Turin eröffnete; wie gern verließ er sie: wie bald war sie über andere Weiber dort vergessen!

Nach seiner Wiederkunft gerieth er wirklich in eine Art von leidenschaftlicher Spannung, welche zu interessant zu meinem Zwecke ist, als daß ich sie nicht etwas näher auseinander setzen sollte:

„Dasjenige, was ich für Madame de Warens empfand, sagt er, war nicht Liebe. Wer nur diese fühlt, empfindet noch nicht den süßesten Genuß des Lebens! Ich kenne ein anderes Gefühl, das vielleicht weniger heftig, aber tausendmahl köstlicher, oft mit der Liebe verbunden, und oft davon getrennt ist. Dieß Gefühl ist nicht bloße Freundschaft: es ist wollüstiger, zärtlicher. Ich glaube nicht, daß es eine Person unsers Geschlechts uns einflößen könne!“

Roußeau gesteht selbst, dieß sey nicht klar; aber in der Folge, wenn er die Wirkungen dieser Liebe beschreiben würde, werde es deutlicher werden. Wir müssen also die Wirkungen kurz anführen.

Er behauptet bey der Vergleichung seines nachherigen Aufenthalts bey Madame de Warens zu Chambery mit dem früheren zu Amecy, er sey an dem letzten Orte in einer wollüstigen Trunkenheit gewesen. Und so war er wirklich. Bey den kleinsten Abwesenheiten von ihr, bey jeder Störung in dem unbefangenen Zusammenseyn mit ihr, gerieth er in die lebhafteste Unruhe, fühlte das heftigste Nachsehnen nach ihr hin, eine unbestimmte Traurigkeit, und den lebhaftesten Vereinigungstrieb mit allem, was der Freundin nur von fern angehörte.

Wer erkennt hierin nicht jene Lüsternheit der Seele, die ich schon oft berührt habe, bey der die Lüsternheit des Körpers unstreitig mit wirksam ist, aber ohne daß diese sich durch gröbere Symptome und deutliche, bestimmte Begierden ankündigt! Diese Lüsternheit, vermischt mit dem Geschmack am traulichem Zusammenleben, und an der Verzärtelung einer an Einsicht, Jahren und Stande über den Jüngling erhabenen Frau, erklärt das ganze Räthsel. Rousseau hat hier Leidenschaft empfunden. Aber freylich, keine Herzensliebe! Es war Begeisterung, Rausch der Imagination, der bald verschwand, und sich von einem ähnlichen späteren Zustande, in den ihm Madame d' H. versetzte, dadurch unterschied, daß in dem letzten Falle der Aufruhr der physischen Lüsternheit in deutliche Begierde nach Körpervereinigung überging, der in dem ersten nur seine Lebensgeister überhaupt erhöht hatte.

Warum aber verhallete diese leidenschaftliche Stimmung so bald? Weil die Frau von Warens die Sache zu natürlich, zu gleichgültig, zu tändelnd nahm. Sie hätte dieser Leidenschaft nur Schwierigkeiten in den Weg legen mögen, oder sie wichtig behandeln können; sie würde zu einer dauernderen Flamme Nahrung gegeben haben. Aber sie betrachtete ihn als ein Kind, und seine Neigung als eine Kinderey. Rousseau ward bald zur Vernunft zurückgebracht, und eine Abwesenheit that das Uebrige.

Jene arglose, unbefangene, tändelnde Behandlung, welche Rousseau von Madame de Warens erfuhr, verbunden mit dem Respekt, worin sie ihn demungeachtet zu halten wußte, schlug nun zugleich seine Begierden nach dem unnennbaren Genusse um so mehr nieder, als er die sonderbarsten Begriffe von diesem hatte, und längst gewohnt war, mehr durch Bilder der Imagination, als durch sinnliche Eindrücke in körperliche Bewegungen einer gewissen Art zu gerathen.

Es ist aber auch sehr zu zweifeln, ob die Frau von Warens gerade diejenigen Reitze besessen oder genutzt habe, welche stark auf die gröberen Sinne wirken. Schon die sorgfältige Verhüllung gewisser Theile, welche sonst die Lüsternheit am leichtesten aufrühren, ist bey dem Neuling von großer Wichtigkeit. Und dann ihre Kränklichkeit in dem Grade, nicht einmahl den Geruch der Speisen vertragen zu können, die ekelhafte Beschäftigung mit ihren Quacksalbereyen; — kurz! gewisse Eigenheiten an ihr müssen, den Annehmlichkeiten ihrer Person unbeschadet, die Begierden der Männer niedergeschlagen haben. Eine sehr gewöhnliche Erfahrung bey sonst schönen, aber durch Mangel an Gesundheit, durch die Art der Beschäftigung, Wahl der Kleidung, und Vernachlässigung der Reinlichkeit zurückstoßenden Weibern! Unmöglich hätte auch sonst Claude Anet den Besitz ihrer Person so ruhig mit Roußeau in der Folge theilen, unmöglich hätte Winzenried sich durch die Reitze einer alten häßlichen Kammerjungfer so leicht zur Untreue gegen sie verleiten lassen können; unmöglich würde sonst Roußeau selbst den Genuß, den er späterhin bey einer älternden Frau fand, demjenigen, den ihm Madame de Warens gegeben hatte, vorgezogen haben.

Fünf Jahre nach der kurzen Aufwallung von Leidenschaft, die R. für Madame de Warens empfunden hatte, räumte sie ihm den Besitz ihres Körpers ein, zu einer Zeit, als er für sie gewiß nichts als kalte

Anhänglichkeit empfand. Warum erst jetzt? Aus Phantasie, aus gereitzter Eitelkeit und Mißgunst. R. war reifer geworden; die Weiber zu Chambery fingen an ihn zu bemerken, und ein Frauenzimmer besonders schien die Bemühung auf sich nehmen zu wollen, ihn völlig klug zu machen. Dieß Vorrecht ließ sich die Warens nicht nehmen. Man hätte glauben sollen, daß diese Gunst ihn wieder stärker an seine Wohlthäterin geknüpft haben würde; denn es ist eine ziemlich allgemeine Erfahrung, daß Neulinge für das Frauenzimmer, daß sie in diesem Punkte zuerst aufklärt, wenigstens etwas der Leidenschaft Aehnliches empfinden. Allein dieß war bey R. nicht der Fall; und zwar ganz natürlich. Bey Madame de Warens war es, wie gesagt, bloß Sache der Eitelkeit und der Mißgunst, allenfalls der Phantasie, den Neuling zuerst zu haben. Sie genoß also ganz egoistisch, und unbekümmert um die Entzückung, in welche sie den Jüngling setzen würde. Ja! da sie ihr Vergnügen sogar vorzüglich in einer Vorstellung suchte, welche er gar nicht theilen konnte, so erhielt er nicht einmahl den Genuß, den sonst das Gefühl, Vergnügen in einem hohen Grade zu geben, hervorbringt. Sie nahm, und gab nichts, und noch dazu auf eine Art, woraus allenthalben die Sorge hervor scheint, sich von ihrem Ansehn bey ihm nichts zu vergeben. R. hatte die Vereinigung nicht gewünscht: sie ward ihm aufgedrungen, und zwar als Sache der Vernunft, als ein Mittel, sich vor gröberen Ausschweifungen zu bewahren, mit allen pedantischen Vorbereitungen einer Tugendübung. Der Antrag war mehr dazu gemacht, seine Phantasie zu schrecken, und seine Eitelkeit zu beleidigen, als ihn mit wollüstigen Bildern anzufüllen. Es war eine Pflicht, die ihm aufgelegt; es war kein Vergnügen, nach dem er lüstern gemacht wurde. Auch verfehlte Madame de Warens das Wesentliche ihrer Absicht; sie lehrte ihn nur die Form des höchsten sinnlichen Vergnügens kennen; ihn das wahre Gefühl desselben zu geben, war späterhin der Madame de Larnage vorbehalten, und genau genommen ist es diese, welche zuerst den Neuling in die Mysterien der Wollust eingeführt hat.

Ohnehin war R. damahls durch seine schönen Schülerinnen in Chambery zu sehr zerstreut, seine Eitelkeit fand bey ihnen zu viel Nahrung, als daß er einen Genuß, den er außerdem mit Claude Anet theilte, sehr hoch hätte schätzen können. Fünf Jahre früher würde er einen ganz andern Eindruck auf ihn gemacht haben.

In der Folge kam R. gegen Madame de Warens in diejenige Stimmung, welche er im Emil l' affection naturelle de l' homme pour sa compagne nennt. Er lebte ganz behaglich mit ihr im Genuß ihrer wechselseitigen Vertraulichkeit. Leidenschaftlich war dieß Verhältniß durchaus nicht, und man darf sagen, es war nicht einmahl zärtlich. Wie kalt sind die Briefe, die er nach einer kurzen Abwesenheit von Besançon an sie schrieb! Er will nur dann zu ihr wiederkehren, wenn er sicher seyn kann, in der Stadt Chambery eine gute Aufnahme zu finden.

Seine Unzufriedenheit nach seiner Zurückkunft enthält eine Menge von Beweisen, daß der Umgang mit seiner Freundin ihn vor der Furcht einer bedrängten ökonomischen Lage nicht bewahren, und für die Versagungen seines Ehrgeitzes nicht schadlos halten konnte, und seine nachherige Reise nach Montpellier steht nun gar mit aller Zärtlichkeit im offenbarsten Widerspruche.

Daß er sich von einer älternden koquetten Frau zur Untreue verleiten ließ, läßt sich entschuldigen. Aber daß ihn diese Schwäche nicht gereuete, daß er mit der größten Ruhe genoß, sich dergestalt in Wollust berauschte, daß er seiner bisherigen Wohlthäterin, wie er selbst sagt, völlig vergaß, die Verbindung fortzusetzen dachte, die Unterstützung an Gelde, die ihm Madame de Larnage (so hieß die galante Dame,) darbot, aus Eitelkeit ausschlug, und von Madame de Warens, deren bedrängte Umstände er kannte, Geld zur Fortsetzung dieses Verhältnisses fordern mochte; dieß alles ist mit Zärtlichkeit unvereinbar.

R. lernte hier zuerst die Freuden der — — Lascivität kennen: Körperliches Vergnügen, vereint mit dem eitlen Gefühle, es theilen zu sehen, und es zu geben. Die Beschreibung, die er von seinem Zustande macht, ist sehr richtig: „Wenn das, was ich für sie empfand, keine Liebe war, sagt er, so war es wenigstens eine Empfindung, die ihr sehr nahe kam. Ich war so zärtlich dankbar für die Liebe, die sie mir bezeugte, meine Sinnlichkeit war so brennend in dem Augenblicke des Vergnügens selbst, es herrschte eine so süße Vertraulichkeit in unsern Unterhaltungen, daß dieß Verhältniß alle Reitze der Leidenschaft, und nichts von der Raserey mit sich führte, welche den Kopf verdreht, und uns unfähig macht zum Genusse. Bey Madame de Larnage war ich stolz, mich als Mann und zugleich glücklich zu fühlen. Ich überließ mich meiner Sinnlichkeit mit Freude und Vertrauen. Ich theilte den Eindruck, den ich auf die ihrige machte. Ich hatte mich genug in meiner Gewalt, um meinen Triumpf mit eben so vieler Eitelkeit als Wollust zu betrachten, und für diese letzte doppelte Reitze herzunehmen." — „So, fährt er fort, berauschte ich mich mit dem süßesten Vergnügen. Ich genoß es rein, lebhaft, ohne Mischung von Leiden. Es ist das erste und das einzige, was ich genossen habe, und ich kann sagen, daß ich es Madame de Larnage schuldig bin, nicht ohne Kenntniß desselben gestorben zu seyn!"

Welch ein Beweis, daß R. nie die Freuden kennen gelernt hat, welche selbst auf diesem Wege das Herz bereitet! Wie gesagt, was er kennen lernte, war nur Lascivität, war nur Genuß einer damit genau verbundenen Eitelkeit, Mann für ein Weib von heftigen Begierden zu seyn. Aber ach! welch' eine ganz andre Wollust, für das einzige Weib in der Welt der einzige Mann, der einzige Geber solcher Freuden zu seyn, deren höchster Genuß in der Empfindung der genauesten Vereinigung liegt, zu der Menschen gelangen können!

Ich übergehe billig die vorübergehenden Anwandlungen von Enthusiasmus, Eitelkeit und Sinnlichkeit, die R. schon früher für die Mädchen im Schlosse Toune empfunden hatte, und die ihn nachher noch für eine Madame de Mably, Demoiselle de Serre, Juliette, und Madame Dupin anwandelten. Das alles ist sehr interessant in der Art, wie er es in der Folge vermöge seiner schöpferischen Phantasie ausgemahlt und dargestellt hat, aber unter die Fackel der Menschenkenntniß gebracht, von sehr geringem inneren Gehalte. Die Liebeserklärung, die er der Demoiselle de Serre schrieb, und die wir noch haben, ist ein so weitschweifiges Romanengeschwätz, ein Produkt, woran das Herz, und sogar die Begeisterung so wenig Antheil haben, daß es unbegreiflich seyn würde, wie der Verfasser der neuen Heloyse so hätte schreiben können, wenn wir nicht billig voraussetzen müßten, daß Eitelkeit allein ihm dabey die Feder angeführt habe.

Jetzt verbindet sich R. mit Theresen, und diese Verbindung wird zur dauernden Anhänglichkeit.

Er behauptet, nie Leidenschaft für sie empfunden zu haben; und dieß ist in einer gewissen Rücksicht wahr. Er nahm sie aus Bedürfniß, um traulich mit einem weiblichen Geschöpfe zusammen zu leben, und den Gefahren gröberer Ausschweifungen, wozu ihn sein Temperament hätte verführen können, auszuweichen. Seine Absicht war gar nicht, sich mit ihr auf die Länge zu verbinden. Er behielt sie in der Folge bey aus Gewohnheit, und weil er fühlte, daß diese Häuslichkeit ihm zur Verfolgung seiner litterarischen Plane nützlich wurde. Es war die Neigung des Mannes zur Gehülfin und Gefährtin seines Lebens, die R. an Theresen fand.

So sehr also diese Verbindung auf Eigennutz beruhte, und weder durch Ideale, noch durch Eitelkeit, oder gehemmte Begierde einen hohen Schwung von Begeisterung erhielt; so gerieth er doch dabey Anfangs in eine gespanntere Stimmung, die von allem demjenigen, was R. unternahm, nicht zu trennen war. Er fühlte mit jedem Tage mehr, wie sehr sie und er für einander gemacht waren. Die geringsten häuslichen Freuden wurden durch den Reitz ihrer Vertraulichkeit gehoben. Es ist gewiß, daß R. hier der Zärtlichkeit näher als jemahls stand.

Aber Therese war, das einzige abgerechnet, daß sie sich in ihn zu schicken, und die Qualen der Einsamkeit ihm zu versüßen wußte, übrigens ein höchst unbedeutendes Geschöpf. Und so konnte keine Achtung für ihren selbständigen Werth in ihm entstehen. Er ließ sie an seinen Schicksalen Theil nehmen, weil er ihrer Gesellschaft nicht entbehren konnte, um sich zufrieden zu fühlen. Der Wunsch, ihr Wohl zu befördern, kam nur in untergeordneter Maße dabey in Betrachtung. Wo ihr Glück mit dem seinigen kollidierte, da ward das erste ohne Bedenken aufgeopfert. Wie hätte er sonst ihre Kinder wider ihren Willen, und ihrer Thränen ungeachtet, ins Findelhaus schicken mögen! Wie hätte er die Pension des Königs ausschlagen können, die ihre häusliche Lage verbessert haben würde, bloß um seinem Stolze und seiner Begierde nach Unabhängigkeit Nahrung zu geben! Wie hätte er ihren kranken Vater ins Hospital senden, und ihr dadurch den Gram bereiten können, den Greis entfernt von seiner Tochter, beraubt ihrer Hülfleistung und ihres Trostes, sterben zu sehen!

Nichts bleibt also sicherer, als daß nicht Theresens Person, sondern sein Verhältniß zu ihr ihm theuer war. Hundert andere Weiber des nehmlichen Charakters hätten sie ersetzen können: so deutet er es selbst an.

Aber einmahl hat Rousseau doch geliebt. Wenigstens sagt er es. Wir werden sehen, was an dieser Behauptung Wahres ist.

Rousseau's frühere Eitelkeit hatte sich in späteren Jahren in geistigen Stolz verwandelt. Das Wahre, Gute, und Schöne, rührte ihn darum so stark, weil es ihn vor seinen eigenen Augen erhob, es so stark fühlen und darstellen zu können. Er opferte diesem Bewußtseyn alle Triebe eines niedrigen Egoismus auf, und gerieth wirklich durch Selbstdünkel und Ehrgeitz in jene leidenschaftliche Stimmung, welche er selbst so treffend la folie de la vertu nennt. Aber diese Schwärmerey dauerte nur so lange, als er sich in Paris unter Menschen befand, in deren Gesellschaft er sich auszeichnete. Auf dem Lande, wohin er sich nachher begab, ward er ein Mensch, wie andere, und noch dazu wie einer von jenen Weichgeschaffenen, zu deren Klasse er seiner ursprünglichen Anlage nach gehörte. Aber dieser Zustand ward ihm unerträglich. Er suchte nach einem andern, worin er wenigstens den Vorzug, durch die Idee des Außerordentlichen gespannt zu werden, wieder erlangen könnte. Aeußere Verhältnisse traten hinzu. Der Reitz der schönen Natur, die ihn umgab, und ihn zur Zärtlichkeit einlud: die Langeweile, die er bey Theresen empfand, bey der er sich zwar von einem gespannten Zustande, den er anderwärts herhohlte, ausruhen, die ihn aber nicht darein versetzen konnte. Gerade die Versagung von dieser Seite scheint ihn auf die Spur eines bessern Ausweges geleitet zu haben. Er fiel darauf, daß ihm in Rücksicht der Liebe noch etwas fehle, um alle die gespannten Lagen durchgemacht zu haben, in welche eine reitzbare Phantasie, verbunden mit feiner Sinnlichkeit und Anlagen zu sympathetischen Empfindungen, uns versetzen könne, und daß gerade dieß auch wieder das wirksamste Mittel seyn würde, den Begriff, den er sich von seinem außerordentlichen Charakter machen wollte, zu vollenden, und die Menge selbst in seiner Einsamkeit zu interessieren. Denn an dem Interesse für seine Person lag ihm vielleicht noch mehr, als an dem für seine Schriften. Beydes ließ sich aber mit einander vereinigen; ja! beydes konnte sich wechselseitig unterstützen. Er mußte einen Roman von der Liebe schreiben, und dieser Roman mußte einen Mann zeigen, der so zu lieben verstand, wie kein anderer. Bey dieser Bemühung würde er sich selbst, vermöge seiner Imagination, in eine leidenschaftliche Stimmung versetzen, und man würde ihm die Gefühle beylegen, die in seinem Buche vorkämen, und noch mehr, sogar die Begebenheiten.

Daß ich R. hierin gar nicht Unrecht thue, beweiset die ganze Art, wie er selbst die Entstehung seiner Heloyse angiebt. „Zuerst fühlte ich, daß mir noch etwas zur Ausfüllung meiner Bestimmung fehlte, daß ich begabt mit so entzündbaren Sinnen, mit einem Herzen, so zur Liebe geformt, noch nie eine Leidenschaft für einen bestimmten Gegenstand empfunden hätte. Ich wollte nicht sterben, ohne das erste Bedürfniß meines Lebens befriedigt, ohne geliebt zu haben."

Aber Liebe von der gewöhnlichen Art, die würde ihn nicht befriedigt haben. Er schuf sich also ein imaginäres Wesen, und verliebte sich in dieß. Verhältnisse, unter denen er sich mit ihm vereinigen konnte, mußte er gleichfalls haben, und so entstand ein Roman: zuerst in seinem Kopfe, dann auf dem Papier, dann in der Absicht ihn ins Publikum gehen zu lassen, endlich verbunden mit dem Zweck, die Vermuthung zu erwecken, daß ihm selbst die darin dargestellten Begebenheiten wiederfahren wären. Mithin setzte er auf das Titelblatt der ersten Ausgabe seiner neuen Heloyse folgende zwey Verse aus dem Petrarka.

„Die Welt kannte sie nicht während ihres Lebens; aber ich kannte sie, ich, der zurückblieb, um sie zu beweinen.“ Er fügte auch eine Vorrede hinzu, worin er eine so zweydeutige Sprache über die Wahrheit der Geschichte führte, daß sie die Vermuthung nur bestätigte, daß dieser Roman eine verschönerte Erzählung der eigenen Schicksale seines Herzens sey.

Alles dieß versetzte ihn in eine der Liebe ähnliche Spannung. Er war begeistert: er war es in der schmelzenden Art, welche der Liebe eigen ist. Während dieser Stimmung erschien eine Dame, die er vorher mit Gleichgültigkeit gesehen hatte. Sie erschien aber jetzt zu zweyen Mahlen unter etwas ungewöhnlichen Verhältnissen und Aufzügen. Sie entflammte seine Imagination; sie machte ihn zum Vertrauten ihrer Liebe für St. Lambert; er hörte vielleicht zum ersten Mahle in seinem Leben den Ausdruck eines wahrhaft gerührten Herzens; — — und Roußeau setzte Madame d' Houvetot an die Stelle seiner Julie, legte ihr alle Reitze seines Traumbildes bey, und liebte nun das lebendige Wesen.

Billig fragt man: war denn dieß Liebe des Herzens: Zärtliche, dauernde Anhänglichlichkeit an der Person der Madame d' Houvetot? R. weiß sich dieß selbst nicht recht zu erklären. Seine Sinne waren in Aufruhr; seine Begeisterung war aufs Höchste gestiegen. Er strebte nach ihrer Gegenwart, nach ihrer unschuldigen Umarmung, nach der Unterredung mit ihr, auf eine so leidenschaftliche Art, daß selbst sein Körper aufs Höchste dadurch angegriffen wurde. Und dennoch liebte Madame d' Houvetot einen Andern, und er war es zufrieden. Er verlangte nichts von ihr, als daß sie sich lieben lassen möchte. Er fand es eben so süß, der Vertraute, als der Gegenstand ihrer Liebe zu seyn. Nie betrachtete er ihren Liebhaber als seinen Nebenbuhler, sondern nur als seinen Freund. „Man wird sagen, setzt R. hinzu, auch das war nicht Liebe. Wohl, sagt er, so war es mehr!"

Mehr und weniger kann man antworten! Es war allerdings Leidenschaft; aber war es liebende Leidenschaft? War es ihm zur Natur, zum Charakter geworden, das Wohl der Madame d' Houvetot, schon für sich betrachtet, als unentbehrlich zu dem seinigen anzusehen? Nein! Von allem diesen war es nichts. Es war Wuth, Wahnsinn, wenn man will, das Bild, das in seiner Seele lag, realisiert zu sehen, und den einseitigen Genuß, den er von diesem nahm, möglichst zu versinnlichen. So haben oft Wollüstlinge, welche gröbere Begierden bey einem bestimmten Gegenstande nicht befriedigen konnten, feile Dirnen umarmt, indem sie sich das Bild der nicht erreichbaren Geliebten darunter dachten.

Roußeau sagt: „wenn schon nicht getheilte Liebe so glücklich macht, welche Freuden muß nicht Gegenliebe geben!" Schwerlich würde diese ihm wahre Freuden gewährt haben. Eben der Umstand, daß er liebte, ohne wieder geliebt zu werden, gab dem Verhältnisse den höchsten Reitz; er machte das Ungewöhnliche, Außerordentliche aus, was er in allen seinen Schicksalen, Gesinnungen und Handlungen suchte: er gab ihm die Spannung, die Aufforderung zum Streben nach der Ueberzeugung, daß er hätte geliebt werden können, wenn das Herz der Madame d' Houvetot nicht vorher eingenommen gewesen wäre; eine Ueberzeugung, woran ihm in seinem Alter vielleicht eben so viel, und vielleicht mehr lag, als an dem Besitz eines Herzens. O gewiß! wäre er wieder geliebt worden, sein Streben hätte aufgehört, seine Imagination wäre erkaltet, alles wäre natürlich geworden, und er hätte sich wieder in dem Falle befunden, worin er schon so oft gewesen war, die Wirklichkeit unter der Vorstellung zu finden!

Diese Kenntniß des Charakters und der Schicksale Roußeau's wird uns der Entwickelung seiner Ideen über die Liebe näher bringen. Einzeln darf man seine Schriften nicht lesen, um den gehörigen Zusammenhang dazwischen herauszubringen. Da R. nie wahre Herzensliebe empfunden, und, so viel wir wissen, diese nie eingeflößt hat, so sind seine Begriffe von dieser Art der Liebe bloße Ahnungen, denen er ohnehin nicht mit Stätigkeit gefolgt ist.

In seinem Discours sur l' inégalité entre les hommes scheint er nur zwey Empfindungen zu kennen, welche das zärtere Geschlecht dem Manne einflößt: den körperlichen Vereinigungstrieb und die Eitelkeit, von demjenigen Individuo vorgezogen zu werden, das wir vor andern durch Schönheit und Verdienst ausgezeichnet sehen. Ja! im Grunde nimmt er nur eine Empfindung, nehmlich die physische an, welche durch Eitelkeit besonders modificiert wird, und die Seele mit ins Interesse zieht.

In seinem Emil bezieht er sich auf diese früher geäußerte Meynung, giebt ihr aber eine andere Deutung. Er unterscheidet hier die süße Gewohnheit des Zusammenlebens mit der Gattin, die er noch natürliche Liebe nennt, von der zügellosen Aufwallung der

Phantasie, die den Mann mit chimärischen Reitzen eines Gegenstandes berauscht, den er nicht mehr sieht, wie er ist. Die letzte Leidenschaft, sagt er, ist nur darin von der Eitelkeit verschieden, daß diese eine höchst unbillige Neigung ist, jene hingegen eben so viel giebt, als sie verlangt, mithin höchst billig ist.

Nach dieser Stelle zu urtheilen, die auch mit mehreren in seinen übrigen Schriften übereinkommt, hat er in späteren Jahren zwey Arten der Liebe angenommen. Die eine beruht auf der Gewohnheit, mit einem Gegenstande zu leben, der unsre körperlichen Begierden befriedigt, und uns im traulichen Zusammenleben, in der Häuslichkeit, die stillen, ruhigen, aber süßen Freuden der Pflege und des Kosens bereitet: affection de l'homme pour sa compagne. — Die andere sucht er in dem Aufruhre der Seelenlüsternheit, in der Begeisterung. — Zu einem deutlichen Begriffe von der letzten scheint er erst durch seine Verbindung mit Madame d' Houvetot gekommen zu seyn.

Aber offenbar giebt es doch noch eine andere Art der Liebe, welche ich vorher die Liebe des Herzens genannt habe, und auf die mehrere Stellen in der neuen Heloyse hinweisen. So sagt Julie zu St Preux: „Ich weiß in Ihnen sehr wohl die Gewalt des Herzens von dem Rausche einer erhitzten Einbildungskraft zu unterscheiden.“ 6) So wird auch ganz richtig bemerkt, daß jene nur vorübergehend sey, mit der Zerstörung

6) Je sais fort bien distinguer en Vous l' empire, que le coeur a sçu prendre, du delire d' une imagination échauffée.

des Idols, und nach der gelungenen körperlichen Verbindung endige: daß sie einseitig genieße: daß hingegen diese ausdauernd sey unter allen Verhältnissen, und daß das Glück des Geliebten eigentlich den höchsten Genuß für den Liebenden ausmache. R. bemüht sich auch, die Helden dieses Romans so handeln zu lassen, als wenn ihr Herz gerührt, nicht bloß ihre Imagination erhitzt sey. Aber deutlich fühlt man demungeachtet, daß die Kenntniß, die er von dieser Liebe hatte, weniger Sache der Erfahrung als des Verstandes war: daß sie mehr auf Ahnungen und Bildern von anhaltender und gänzlicher Hingebung beruhte, welche die Begeisterung zuweilen herbeyführt, als auf wahrer Ueberzeugung von ihrer Wirklichkeit. Darum widersprechen so viele andre Handlungen denjenigen, aus welchen wahre Liebe hervorleuchtet: darum ist die Sprache, welche die Liebenden führen, noch so sehr von der Sprache des Herzens verschieden.

St. Preux schreibt in den mehrsten seiner Briefe wie ein Begeisterter. Aus andern guckt der Autor hervor: es sind Aufsätze des Poeten und des Philosophen. Julie handelt in dem ersten Theile wie ein höchst leidenschaftliches Mädchen, und schreibt sehr oft wie eine kalte Vernünftlerin, die überher ganz vergißt, daß ihr Wandel sie zu solchen Tugendlehren gar nicht berechtigt. Kein Weib, das wahre Liebe empfunden hat, wird sich überzeugen können, daß diese ihre Feder geführt habe. Der Brief, den sie ihrem Geliebten nach dem Tode ihrer Mutter schreibt, enthält Vorwürfe, die nicht einmahl mit der Zartheit eines weichgeschaffenen Herzens, viel weniger mit der Liebe bestehen. Diese nimmt von den Vergehen, zu denen sie durch Leidenschaft hingerissen ist, allemahl die größte Schuld auf sich selbst. Juliens spätere Handlungsart läßt sich nur dann als möglich denken, wenn man nicht mehr liebt. Aber so, wie R. sie schildert, unfähig, ihre Leidenschaft aus ihrem Herzen zu reißen, noch auf ihrem Todbette Liebe für ihn bekennend; wie war es möglich, daß sie so schnell, so ruhig das Glück der Verbindung mit einem andern Manne fühlen konnte! Die Liebe kann sich der Pflicht und dem Glück des Geliebten aufopfern. Aber das Herz bricht: es ist unfähig jeder weiteren Freude. Es geht nicht mit dem Liebhaber als mit einem Freunde um, und thut ihm nicht aus kluger Vorsicht, sich selbst den Stand der Versuchung zu erleichtern, wohlüberlegte Vorschläge, sich freywillig in die Arme eines andern Weibes zu werfen!

Und St. Preux! Ja! ich weiß auch, was Liebe zu ertragen im Stande ist; aber den Anblick des geliebten und ehemahls besessenen Gegenstandes in den Armen eines Andern zu dulden, — ruhiger Zeuge, zufriedener Theilnehmer der häuslichen Freuden zu seyn, welche die Familie der Gebieterin giebt, die man nicht sein nennen kann; — Nein! es ist nicht möglich! Man kann fliehen, man kann sich des Glücks des Geliebten freuen; man kann, wenn es erforderlich ist, selbst gegenwärtig dazu beytragen; aber es ist kein Zustand der Zufriedenheit, des Genusses; es ist Aufopferung, es ist Qual; man geht dabey zu Grunde! Nach dem Laufe der Natur hätte St. Preux sterben müssen, und nicht Julie.

Laßt es uns daher gestehen: R. legte seinen Personen Sprache und Handlungen bey, die nicht immer mit dem Charakter ihrer Leidenschaft übereinstimmen, und dieser Charakter selbst war seinem Systeme von der Liebe, und seiner Ueberzeugung von ihrer wahren Natur zuwider. Gleich in der Vorrede sagt er: „Die Liebe ist nur Illusion: der Enthusiasmus ist ihr höchster Gipfel.“ — Uebereinstimmend mit der Denkungsart des Autors, nicht mit derjenigen, welche Julien in seinem Buche beygelegt wird, ist die Stelle, worin Liebe von der Ehe ausgeschlossen wird. „Wenn die Schönheit verschwindet, und das Alter herannaht, heißt es daselbst, so vergeht auch die Liebe. Früh oder spät hört man auf, sich anzubeten, zertrümmert das verehrte Idol, und sieht sich, wie man ist. Dann sucht man erstaunt und vergebens den geliebten Gegenstand. Man findet ihn nicht, und das, was übrig bleibt, wird uns doppelt zuwider. Die Einbildungskraft entstellt es eben so sehr, als sie es vorher verschönert hatte. Es giebt wenige Menschen, die nicht dann beschämt seyn sollten, sich geliebt zu haben, wenn sie sich nicht mehr lieben!“

Wie kontrastierend mit den Hoffnungen eben dieser Liebenden im ersten Theile! Doch! wer wird Konsequenz bey R. suchen? Hundertmahl behauptet er: Liebe bestehe nur mit Achtung, ja mit Begeisterung: sie endige mit dieser! Und doch liebt Eduard Bomston mit unüberwindlicher Leidenschaft ein Weib, das er selbst verachtet, und das seine Sinne nicht mehr in Bewegung setzt. Die Aufführung des Emil gegen die untreue Sophie ist eben so unerklärlich, eben so unharmonierend mit seinen Grundsätzen.

Diejenige Art der Liebe, welche R. wirklich und ganz gekannt hat, ist folglich diejenige, welche auf

Begeisterung beruht. Hierüber sind seine Ideen wahr und edel. Im Emil sind sie am zusammenhängendsten und vollständigsten vorgetragen, und diesem werde ich daher bey der Entwicklung seines Systems am mehrsten folgen.

Liebe ist folglich ein leidenschaftliches Verhältniß, welches die Schönheit und das Verdienst eines bestimmten Gegenstandes in uns erweckt. Unsre Sinne kommen dabey in Aufruhr, und die Imagination wird erhitzt. Dadurch entsteht der Zustand von Begeisterung, worin wir den Geliebten zu einem Ideal der Vollkommenheit erheben, und uns zugleich mit ihm vor unsern eigenen Augen. Es ist Eitelkeit, aber eine sehr edle, die dabey zum Grunde liegt. Wir wollen von demjenigen, was wir anbeten, geschätzt seyn. Alles ist Illusion in der Liebe; nur nicht die hohe Empfindung des wahren Schönen, welche sie uns einflößt. Dieß Schöne liegt nicht in dem Gegenstande: es liegt in dem Wahnbilde, das wir uns schaffen. Allein darauf kommt es nicht an. Man opfert diesem Geschöpfe seiner Einbildungskraft darum nicht weniger alle seine niedrigen Neigungen auf: man erfüllt darum nicht weniger sein Herz mit den hohen Tugenden, welche man dem Geliebten beylegt, und erhebt sich darum nicht weniger über sein niedriges Ich! Wo ist der wahre Liebhaber, der nicht gern sein Leben für die Geliebte aufgeopfert hätte; und wo hat je das niedrige Verlangen der Sinne eine solche Aufopferung hervorgebracht!

Eine Wirkung dieser Begeisterung, worin wir unser niedriges Selbst vergessen, ist nun auch das Ankämpfen gegen körperliche Begierden. Man fürchtet, durch die

Beymischung sinnlicher Freuden das schöne Bild und den Genuß der Seele zu beflecken. Die Versagungen, die man sich hierunter auflegt, erhöhen uns noch vor unsern Augen. Inzwischen früh oder spät gewinnen doch die Sinne die Oberhand, und mit diesem Siege, oder wenigstens mit dem ungestörten Besitze der Person, endigt die Begeisterung. Darum muß dieser Zeitpunkt so sehr als möglich entfernt werden. „Wenn ich meinen Emil den höchsten Gipfel des Glücks erreichen lasse, sagt R., so zerstöre ich den Zauber. Es ist unendlich viel süßer, den letzten Genuß zu hoffen, als ihn zu erhalten. Sein Reitz besteht hauptsächlich in der Erwartung. Darum, guter Emil, liebe, und werde geliebt! Genieße lange, ehe du besitzest! — — Ach! dieser Zauber muß bald aufhören; aber er soll dir wenigstens immer in der Erinnerung theuer bleiben!"

Eben so drückt er sich auch in der Anrede an den Emil selbst aus. „Das Glück der Sinne ist vorübergehend: allemahl verliert das Herz dabey. Du hast unendlich mehr in Hoffnung genossen, als die Wirklichkeit dir gewähren kann. Die Einbildungskraft, welche den Gegenstand während der Begierde schmückt, erkaltet bey dem Besitze. Außer dem einzigen Wesen, das für sich existiert, giebt es nichts Schönes, als dasjenige, was nicht wirklich ist." —

Dieß war Rousseau's moralische, auf der Einrichtung unserer bürgerlichen Verfassung beruhende Liebe in ihrer edlern Gestalt. Nun urtheile man, ob das wahre Liebe, Liebe des Herzens war!

Siebentes Kapitel.

Denkungsart der Engländer, Deutschen und übrigen Nordländer über Geschlechtsverbindung und Liebe, von der Mitte des siebzehnten Jahrhunderts an, bis jetzt.

Auf die Bigotterie und die Eingezogenheit Cromwells folgte der Unglaube und die Ausgelassenheit Carls des Zweyten in England. In diesen Zeiten zeichnen sich die Sitten der Großen und die Produkte des schönen Genies durch Leichtsinn und selbst durch Schmutz aus.

Es ist zu vermuthen, daß dieser Ton nur bey Hofe herrschend gewesen sey. Nach der Revolution, welche Wilhelm den Dritten auf den Thron setzte, gewann die Sittlichkeit auch bey diesem die Oberhand, ohne die französische Höflichkeit, welche Carl der Zweyte mit nach England herübergebracht hatte, zu verbannen. Die Regierungen der Königin Anna, und der Könige aus dem Hause Braunschweig-Lüneburg haben diejenigen Romane hervorgebracht, welche Muster für alle kommende Jahrhunderte in dieser Gattung abgeben werden: die Meisterstücke Richardsons und Fieldings.

In einem Staate, dessen Verfassung sich der republikanischen nähert; unter einem Volke, das sich viel mit dem Handel und öffentlichen Angelegenheiten beschäftigt, die jungen Mädchen nicht bis zu ihrer Verheirathung in Klöster eingesperrt, und dabey sehr religiös ist; müssen die Begriffe über den Anstand strenger, der Umgang unter beyden Geschlechtern minder häufig, mithin auch das Betragen gegen das zärtere zurückhaltender seyn, und dieß im Ganzen vielleicht mehr innere Achtung, aber weniger äußeres Ansehn als in dem monarchischen Frankreich genießen. Folgen davon sind, daß die weiblichen Ideale mit einer Verschämtheit, mit einer Zartheit der Empfindungen, und zugleich mit einem zurückhaltenden Stolze in jenen Romanen dargestellt werden, die an Schüchternheit, Hinschmelzung, und zuweilen an Eigensinn grenzen; daß die Helden unter den Liebhabern weit weniger leidenschaftlich als vernünftig zärtlich handeln, und daß die edleren Geschlechtsverbindungen allemahl auf Ehe, unter allen von den Gesetzen vorgeschriebenen Bedingungen, abzwekken müssen. Man findet also hier keinen Streit zwischen Liebe und ganz entschiedener Pflicht, wie ihn die Franzosen bey dem verheiratheten Frauenzimmer schildern; sondern es ist der Streit, den ein unverheirathetes und liebendes Mädchen wider den Willen unbilliger Aeltern, wider Vorurtheile der Religion, wider das Mißtrauen in den Charakter des Liebhabers, oder gar nur wider die Besorgniß führt, sich einer Neigung zu überlassen, die keine Erwiederung finden, oder deren Stärke seiner natürlichen Schamhaftigkeit, und dem Gefühle seiner moralischen Selbstwürde widersprechend und nachtheilig werden dürfte.

Hieraus bildet sich ein eigener Begriff von edlerer Geschlechtsverbindung bey dem Engländer, den wenigstens vor ihm keine andere Nation zur ästhetischen Darstellung genutzt hat. Er entspringt aus der Lage der Bewerbung eines Biedermannes, (oder eines Verführers, der diese Maske annimmt,) um das Herz und die Hand eines sittigen Mädchens, das nicht sowohl gegen vollkommene Pflicht und Ruf, als vielmehr gegen seine Weiblichkeit ankämpft, ehe es dem Geliebten den Besitz seiner Person unter Autorität der Gesetze zusichert. Die Engländer nennen dieses Verhältniß Courtship, Hofmachen; aber die Helden sind nicht Hofleute, und handeln nicht bey Hofe, oder in der großen Welt. Sie gehören vielmehr zu der bürgerlichen Welt, zu derjenigen Ordnung des wohlhabenden und wohlerzogenen Landadels und der vornehmeren Städtebewohner, die zwischen dem Hofe und den untern Ständen steht. Es sind die unverdorbenen und dennoch gebildeten Sitten der Mittelklassen, welche ihre Erotiker hauptsächlich schildern. Der Begriff wahrer Liebe ist bey ihnen häufiger als irgendwo vorher anzutreffen. Da sie aber weniger Müssiggang und gesellige Zerstreuung kennen; so wissen sie weniger von der französischen Galanterie in allen ihren Bedeutungen. Aeußerst bemüht sind sie, diejenigen Stände, für deren Bildung sie hauptsächlich arbeiten, vor der Ansteckung der verdorbenen Sitten der Großen zu bewahren. Sie streben eben so sehr nach Belehrung als nach Unterhaltung.

Englische Philosophen, welche die Geschlechtsliebe zum Gegenstande eigener Untersuchung gemacht hätten, sind mir unbekannt geblieben.

Da ich England nicht selbst bereiset habe, da ich, wenn ich es bereiset hätte, schwerlich die gute Gesellschaft genau genug würde kennen gelernt haben, um über das wahre Wesen der engeren Verbindungen, die dort Statt finden, urtheilen zu können; so begnüge ich mich damit, den hervorstechenden Charakter angegeben zu haben, den die Liebe in den Werken der schönen Litteratur dieser Nation annimmt.

In Deutschland war die gute Gesellschaft bis tief in unser Jahrhundert hinein hauptsächlich auf die Höfe eingeschränkt. An dem Wiener Hofe herrschten die Sitten des südlichen Europa: an den übrigen waren mehr die französischen eingeführt. Die Galanterie Ludwigs des Vierzehnten ward mit einer Steifheit, der freye Ton des Regenten mit einer Derbheit nachgeahmt, die Lachen und Ekel erregen. Die Schriften der Pöllnitz, Bielefeld und anderer geben nur einen schwachen Begriff von der Rohheit, womit der Adel von beyden Geschlechtern an den Höfen von Berlin, Dresden, u. s. w. unter sich zur Befriedigung der ausgelassensten Lüste zusammenlief, während daß er gegen die untern Stände mit einem falschen Anstrich französischer Artigkeit prunkte.

Ungefähr gegen die Mitte dieses Jahrhunderts fing der Begriff der guten Gesellschaft an, sich über die Mittelklassen auszudehnen. Seit dieser Zeit hat auch der Geschmack an der englischen Litteratur, und besonders an englischen Romanen gewonnen. Eine gewisse Gleichheit der Lagen zwischen der lesenden und schreibenden Klasse bey uns und derjenigen, welche in jenen Romanen als handelnd dargestellt wird, hat diesen Geschmack sehr befördert. Allein da unsre bürgerliche Welt, (ich nenne sie so in Vergleichung mit der Welt der Höfe,) gegen die englische an Originalität, vernünftigem Freyheitssinn und independenter Wohlhabenheit noch sehr zurücksteht: da die mehrsten unserer Schriftsteller nicht einmahl die gute Gesellschaft der Mittelklassen kennen; so haben sich in die Schilderungen, welche unsere schöne Litteratur von Liebe und Geschlechtsverbindung liefert, alle Fehler eingeschlichen, welche schlechte Erziehung, Nachäffung, Unbändigkeit und Aermlichkeit der äußeren Lagen nach sich ziehen. Ausnahmen, auf die wir stolz seyn können, und die uns die Achtung auswärtiger Nationen zugezogen haben, giebt es allerdings. Aber der herrschende Ton in unsern Romanen, Schauspielen, Liebesgedichten, u. s. w. zeigt Männer, die wie verliebte Schüler sprechen und handeln, und Mädchen, die den Stand der Nätherinnen nicht verläugnen. Einige dieser Erotiker haben die Veredlung der Liebe in einer anekelnden Empfindsamkeit, andere in den Aeußerungen einer ungezügelten Heftigkeit gesucht, die noch mehr den Wahnsinn der Begierde, als den Rausch der Imagination bezeichnet. Noch andere haben die Eleganz und die feinere Lüsternheit der Franzosen verdeutschen wollen, und sind in die lächerlichste Ziererey verfallen.

Die gute Gesellschaft in den Mittelklassen, und selbst hin und wieder bey Höfen, schwankt zwischen der englischen Courtship, der französischen Galanterie, der italiänischen Cicisbeatura, und der deutschen Romanenempfindsamkeit. Aber mit wahrer Freude und nicht geringem Stolze kann ich zugleich sagen, daß in meinem Vaterlande unter den höheren Ständen vielleicht mehr wie in jedem andern Lande, etwa Dännemark ausgenommen, viele glückliche Ehen angetroffen und geschätzt werden: Ehen, worin wahre Zärtlichkeit, Anerkennung eines gleichen Anspruchs auf Menschenwerth und Menschenwohl von Seiten beyder Gatten herrscht: Ehen, in denen der Mann in seiner Frau um so mehr die Freundin aufsucht, als in unsern egoistischen Zeiten das Zutrauen zu dem Freunde von seinem Geschlechte eine immer seltnere Erscheinung wird.

Deutschland hat verschiedene philosophische Abhandlungen über die Liebe aufzuweisen, von denen jedoch nur wenige sich mit der Geschlechtsliebe beschäftigt haben. 7)

Die Dänen nähern sich, wie ich aus eigener Erfahrung weiß, in ihren Ideen hauptsächlich den Engländern. Die Unverdorbenheit der Sitten, die unter ihren ersten Ständen herrscht, läßt wenig ungebundene Liebesverständnisse zu, und die gute Sitte scheint sie kaum zu dulden.

Die höheren Stände unter den Pohlen, Russen, Schweden und Holländern neigen sich mehr zu den Franzosen hin. Die untern entgehen meiner Kenntniß, so wie ich denn überhaupt diese Länder nicht selbst bereiset, und über ihre Sitten wenig eigene Beobachtungen habe anstellen können. Der holländische Philosoph Hemsterhuys hat einen Aufsatz über das Verlangen geschrieben, dessen Grundsätze von mir im ersten Theile dieses Werks bestritten sind.

7) Ueber die Liebe gegen das andere Geschlecht, ein Lesebuch für Jünglinge und Mädchen. Winterthur 1783. Ueber die Liebe, allen liebenden Jünglingen und Mädchen gewidmet. Leipzig 1795. Herder und Schlosser haben über die Liebe in einer weiteren Bedeutung geschrieben: Der erste in seinem Aufsatze: Liebe und Selbstheit; letzterer in der Fortsetzung des platonischen Gesprächs von der Liebe. Hannover 1796. Die Beurtheilung dieser Schriften liegt außer den Grenzen, die ich mir gesetzt habe. Doch kann ich mich nicht enthalten, Herdern für die schönen Blumen zu danken, die er nach seiner Weise über diesen Gegenstand ausgestreuet hat.

Die Schweiz kenne ich gleichfalls nicht. In den Schriften des Major Weiß kommen Stellen über die Liebe vor, worin Rousseauische Ideen mit Aeußerungen der eitlen Intriguensucht vermischt sind, welche die Langeweile in den ehemaligen französischen Garnisonen so leicht erzeugte.

Achtes Kapitel.

Denkungsart der südlichen Nationen von Europa über Geschlechtsverbindung und Liebe: Italiänische Cicisbeatur.

Die südlichen Nationen des kultivierten Europa weichen in ihren Sitten in Rücksicht auf ihre Geschlechtsverbindungen merklich von den nördlichen ab. Bey ihnen hat die frühere Galanterie, wie sie im vorigen Buche geschildert ist, zwar eine andere Form angenommen; aber sie dauert im Wesentlichen noch in der Cicisbeatur der Italiäner und Spanier fort.

Das Auffallende in diesem Sitteninstitute ist dieß, daß eine Verbindung zwischen Personen von verschiedenem Geschlechte, die durch keine Bande der Ehe vereinigt sind, nicht bloß von der guten Sitte geduldet, sondern für anständig, ja! auf gewisse Weise für die verheirathete Frau als nothwendig angesehen wird, um mit gehörigem Ansehn in der guten Gesellschaft aufzutreten. Unverheirathete Mädchen erscheinen darin noch weniger als in Frankreich.

Es ist für jeden, der sich nicht in der Lage befunden hat, diese Verhältnisse genauer zu beobachten beynahe unbegreiflich, mit welcher Wichtigkeit sie behandelt werden. Zuerst ist gemeiniglich die Einwilligung des Gatten, entweder stillschweigend oder ausdrücklich vorhanden, daß die Frau sich einen Cavaliere Servente, Patito oder Cicisbeo zulegen dürfe. [8]) Dann ist es beyden Theilen erlaubt, sich oft allein zu sehen, sich öffentlich ohne Begleitung des Mannes zu zeigen, und sich Beweise einer ausgezeichneten Achtung und Zärtlichkeit, ja! sogar der Leidenschaft vor den Augen einer ganzen Gesellschaft zu geben. Ich habe in Genua bey Gelegenheit des Krönungsfestes des Doge gesehen, daß der Cicisbeo aus der nehmlichen Tasse mit seiner Dame Choccolade trank, und seinen Mund sorgfältig an die Stelle ansetzte, die ihr Mund berührt hatte: Ich habe in Rom gesehen, wie eine Dame im Unmuth über das Betragen eines Prälaten, der ihr erklärter Aufwärter war, in großer Gesellschaft vor ihm hin trat, und ihm in theatralischer Stellung und mit deklamatorischer Stimme Vorwürfe machte. Er selbst hörte diese mit demüthigem Stillschweigen, die übrige Gesellschaft aber mit gerührtem Herzen an. Ich habe gesehen, wie Freunde, Verwandte der Verbündeten, über ihren anscheinenden Bruch in Furcht gesetzt, alles angewandt haben, ihm vorzubeugen, und wie sie, nachdem die Aussöhnung erfolgt war, diese mit allgemeiner und freudiger Theilnahme feyerten. Ich habe endlich gesehen, wie allgemein diese Verhältnisse als eine Art von Ehe betrachtet wurden; und einmahl auf meine an

8) Die Bedeutung des ersten Worts ist von selbst klar. Patito heißt ein Gelittener: Cicisbeo ein Ohrenflüsterer.

einen gewissen Herrn gerichtete Frage: wer die Dame sey, die ich ihm in der Gesellschaft bezeichnete, die Antwort erhalten: Ich habe die Ehre, ihr zu dienen! 9) Nicht anders, wie bey uns ein Gatte sagen würde: sie ist meine Frau!

Sobald die Dame des Morgens sichtbar ist, findet sich der Cicisbeo bey ihr ein: ihr Zimmer ist ihm zu jeder Stunde des Tages offen: er begleitet sie des Morgens zur Kirche, des Nachmittags auf den Corso, nnd des Abends ins Schauspielhaus, wo er in ihrer Loge den Platz gegen ihr über einnimmt, und die Honneurs bey den Besuchen macht, die ihr in den Zwischenakten gegeben werden. Endlich folgt er ihr gegen die Nacht in die Konversationen, wo er der Regel nach nicht von ihrem Platze weicht. In Venedig ruht er an ihrer Seite in der Gondel, deren Gardinen zugezogen sind, und folgt ihr in die Casinos und Kaffeehäuser. Kurz! Ueberall ist er ihr Schatten!

Was hat dieser Sitte ihre Entstehung geben können? Sie ist ein Ueberbleibsel der alten Galanterie, die nach und nach durch den französischen Ton eines freyeren Umgangs zwischen beyden Geschlechtern besonders modificiert, unterstützt von dem Glauben an die Beschränkung der Liebe auf einen bloß geistigen Genuß, die Gestalt einer engeren Vereinigung angenommen hat. Sie verdankt ihre Ausbreitung dem Charakter der Südländer, der geselligen Einrichtung der Italiäner, und der politischen Verfassung einiger ihrer Staaten.

Jene alte Galanterie der vorigen Jahrhunderte erlaubte die öffentlichen Beweise der Achtung, welche

9) Jo ho l'onore di servirla.

in den Verhältnissen eines weitern Umgangs den Schönen, und von diesen wieder tapfern und talentvollen Männern bey seltenen feyerlichen Gelegenheiten vor den Augen vieler Menschen gegeben wurden. Diese Beweise nahmen nach dem Geiste der Zeit sehr oft die Gestalt der Zärtlichkeit und Leidenschaft an. Aber die Personen, welche sich auf solche Art wechselseitig auszeichneten, kamen selten in engeren Zirkeln ausgesuchter Bekannten zusammen, und sahen sich nicht allein. Die Dame ward entweder eingeschlossen, oder sie erschien nicht anders, als in Begleitung ihres Gatten, bejahrter oder naher Anverwandten.

Auf diese Eingezogenheit des Frauenzimmers, auf diese ängstliche Sorge der Gatten für die Tugend und den Ruf ihrer Frauen ward ein lächerliches Licht geworfen, als die Sitten des französischen Hofes von dem übrigen Europa angenommen wurden. Man fand darin mit Recht einen Beweis des geringen Vertrauens, das die Männer in die Liebe und die Stärke ihrer Weiber setzten, sich selbst zu bewachen.

Man suchte sich also den herrschenden Ideen bey den Nordländern mehr zu nähern; aber sie ganz anzunehmen, litt der verschiedene Charakter des Volks und dessen abweichende Lage nicht.

Die Weiber in den höhern Ständen von Italien gehen wenig oder gar nicht mit einander um. Noch seltener sind Freundschaften oder genauere Bekanntschaften unter ihnen. Von häuslichen Geschäften sind sie ganz abgezogen, und viel seltener, als man gemeiniglich glaubt, mit den Talenten geschmückt, deren Ausübung die Muße auf eine, dem Charakter unnachtheilige, Art ausfüllt. In einer solchen Lage, bey einer feurigen Imagination, und sehr entzündbaren Sinnen, im Kloster erzogen, und auf einmahl in die Welt an die Seite eines Gatten versetzt, dessen Wahl ihr Herz nicht bestimmt; würden sie den eigensinnigsten, ausschweifendsten und abwechselndsten Neigungen ausgesetzt seyn, sich und ihre Familie dem öffentlichen Scandal aussetzen, wenn man ihnen eine völlige Freyheit gestatten, oder auch nur bey einer beschränkteren nicht erlauben wollte, eine Verbindung einzugehen, die einen Theil ihrer Wünsche befriedigt, ihrer Eitelkeit schmeichelt, und ihre Muße ausfüllt.

Die geselligen Unterhaltungen in Italien sind bey weitem nicht so abwechselnd, so lebhaft und so häufig, wie in Frankreich. Das Herz und die Imagination werden hier nicht zerstreuet: der Verstand wird hier nicht allein belustigt. Unter solchen Umständen ist schon die Besorgung der Formen der Cicisbeatur von Wichtigkeit zur Ausfüllung der Muße; und diese Sitte der Italiäner scheint in der genauesten Verbindung mit ihrem dolce far niente zu stehen.

Die Ausgelassenheit des Pöbels, der rohere Ausbruch der Leidenschaften selbst in den Zirkeln höherer Stände, zeigt die Nothwendigkeit, daß die Dame, wenn sie außer Hause geht, einen Begleiter, einen Beschützer haben müsse. Der Mann konnte dieß nicht immer seyn, ohne sich dem Verdacht der Eifersucht auszusetzen. Man ließ den Cavaliere Servente, den Patito zu, und das Volk gewöhnte sich leicht an das Geleit von einem Fremden, den es von dem nahen Anverwandten nur selten zu unterscheiden wußte.

In den Freystaaten von Italien hat diese Einrichtung besonders viel Empfehlendes finden müssen. Der

Mann, der sich öffentlichen Geschäften oder dem Handel widmet, kann weder seine Frau beständig begleiten, noch viel zu ihrer Unterhaltung beytragen. Junge Männer, die noch nicht das gesetzliche Alter zur Bekleidung von Bedienungen haben, werden durch Verbindungen mit Damen von anerkannter Würde und Tugend von Ausschweifungen zurückgehalten, für gesellige Liebenswürdigkeit ausgebildet, in und mit der Welt bekannter. Junge Damen, die erst eben in die Welt treten, erhalten an einem Manne von Gewicht und Ansehn, der ihr Cavaliere wird, eine Stütze, einen Rathgeber, und nicht selten ist dieser auch die Stütze des Gatten in Staaten, wo der Parteygeist so nothwendig ist, und alle Mittel angewandt werden, ihn zu erwecken, und zu erhalten.

Erwägt man diese Vortheile, welche die Cicisbeatura mit sich führt; so wird es erklärbar, warum man die Ideen von Unschuld und Unsträflichkeit solcher Verbindungen, die bereits in den Werken der Dichter und Philosophen herrschend waren, in der wirklichen Welt angenommen, und, so zu sagen, zur Glaubenspflicht gemacht hat. Unter hundert Ehemännern, die eifersüchtig sind, giebt es kaum zehn, die es auf die Personen ihrer Frauen sind: alle übrigen sind es auf ihre Ehre und ihren Ruf. Dieser letzte leidet nach den Sitten Italiens gar nicht. Die Ehre des Mannes bleibt ungekränkt.

Man darf aber sogar mit einiger Zuverlässigkeit behaupten, daß die eheliche Treue bey diesem Institut nicht mehr, und vielleicht weniger Gefahr läuft, als in andern Ländern, wo es nicht eingeführt ist.

Die Menschen wachsen mit den Ideen auf, daß ein unschuldiger näherer Umgang zwischen den verschiedenen Geschlechtern Statt finden konne. Es ist unglaublich, wie sehr sich die Sinne nach einer solchen Ueberzeugung gewöhnen, und ungerührt bey Gelegenheiten bleiben, welche für Menschen, deren Begriffe über Sittlichkeit und Anstand eine andre Richtung erhalten haben, einen sehr verführerischen Reitz erwekken würden. In verschiedenen kleinen Republiken der Schweitz und an mehreren Orten in Deutschland werden junge unverheirathete Personen von beyden Geschlechtern, sogar Verlobte, frey von aller Aufsicht der Aeltern und Vorgesetzten, bey den Lustbarkeiten gelassen, die sie unter sich anstellen, ohne daß die Ausgelassenheit der Sitten dadurch befördert würde. Es scheint, daß im Moralischen wie im Physischen die Idee von Gefährlichkeit, welche man mit gewissen Lagen verbindet, die Gefahr vergrößert. Oft geht derjenige unversehrt am Rande des Abgrunds vorüber, der gewiß hineingestürzt wäre, wenn man ihn durch den Zuruf, daß er fallen könnte, schwankend in seinem Tritte gemacht hätte. Freylich giebt es schlechte Menschen, die das Zutrauen des Publikums mißbrauchen; aber diese entscheiden nichts für den größern Haufen.

Die Gelegenheit, sich täglich, und mit so vieler Freyheit zu sehen, spannt die Imagination weit weniger, und reitzt dadurch viel minder die Sinne, als wenn Hindernisse und Trennung sie in beständiger Unruhe erhielten. Die Gewohnheit der Italiäner, nie die Thüren zu verschließen, die Bedienten immer im Vorzimmer zu haben, die langen Tage, die Ohrenbeichte, u. s. w.; alles dieß trägt dazu bey, wenigstens vor einer solchen Verirrung der Sinne zu bewahren, wodurch die Rechte der Paternität zweifelhaft gemacht würden.

Dieß vorausgesetzt, darf man den Italiänern keinen Vorwurf über ihre Leichtgläubigkeit an die Unschuld, oder wenigstens an die Abwesenheit gröberer Ausschweifungen bey diesen Verbindungen machen. Man hat daran um vieler Vortheile willen, welche diese Einrichtung gewährt, wohl glauben wollen: man hat daran um mehrerer Ursachen willen glauben können, ohne sich dem Vorwurfe der Unvernunft auszusetzen.

Inzwischen ist dieser Glaube keinesweges allgemein. Nur unter den höheren Ständen ist er ausgebreitet, und auch unter diesen verliert er sich immer mehr in denjenigen Städten, wo französischer Leichtsinn mit französischen Sitten täglich Oberhand gewinnt.

Es läßt sich durchaus nichts Allgemeines über den innern Gehalt dieser Verbindungen sagen. Ich bin überzeugt, daß es einige darunter giebt, in denen wahre Liebe mit unsträflichem Betragen gepaart wird. Ihre Zahl muß der Natur der Sache noch sehr gering seyn. Es giebt andere, die bloß auf Eitelkeit und Beschäftigungstrieb beruhen; ihre Zahl ist wahrscheinlich die größere. In einige mischt sich die Imagination: in andere die Sinnlichkeit ein. Viele haben nichts zum Grunde, als die Mode und die Idee, daß eine Dame nicht ohne Begleiter seyn dürfe.

Der Cicisbeo wird sehr oft für die junge Frau von den Anverwandten gewählt; und daß die Wahl nicht immer auf den Liebenswürdigsten falle, läßt sich leicht denken. Darum ist der Patito, der Gelittene, nicht immer der Gradito, der Geliebte, und die Cicisbeatur ist für die Dame eine zweyte Art von Heirath, oft drückender als die erste. Häufig gewinnt der Mann dabey, der seltener gesehen, seltener lästig wird. Zu der Zeit, als ich in Italien war, suchten die Weiber du bel air ein lächerliches Licht auf diese Verhältnisse zu werfen. Sie gaben ihnen das Ansehn einer bloßen Ceremonie, deren Langweiligkeit sie auf keine Art und Weise zu verbergen suchten. Nur diejenigen, welche an Cicisbeen von schöner Gestalt und angenehmen Manieren hingen, wagten ihre Neigung für diese zu gestehen, und bemühten sich zugleich, die Idee einer bloß platonischen Liebe als altfränkisch zu entfernen. Das alte System behielt inzwischen noch seine Anhänger unter beyden Geschlechtern.

Zu Anfang dieses Jahrhunderts hielt Gravina in seiner Ragione Poetica dem amore razionale ovvero Platonico eine schöne Lobrede. 10) Der Graf Algarotti versichert uns hingegen in seinem Congresso di Citera, der 1768 herauskam, daß zu seiner Zeit die gute Gesellschaft in Italien, (le gentile persone) in zwey Sekten getheilt gewesen sey, von denen die eine die Art zu lieben, die jenseits der Alpen die gewöhnlichere ist, die andere die alte vaterländische Weise in Schutz genommen hätte. Er läßt nun zwar die letztere Partey, als die bessere, die Oberhand behalten, und ihre Delegatin zu dem Congresse absenden; aber doch am Ende durch die Wollust (volutta) die Entscheidung fällen: Ovid sey der wahre Lehrer

10) Libr. II. §. 28. p. 232.

der Liebe: ihr Zweck sey Vergnügen, und dieß müsse durch Schwierigkeiten und gesellige Annehmlichkeiten geboben werden. Er nennt in einem Briefe des Leonzius an den Eroticus die Lauren Jansenisten in der Liebe, und die Petrarchisten Quäker des Parnasses.

In der letzten Hälfte dieses Jahrhunderts ist überhaupt die Sittlichkeit, und die Beschränkung dieser Verbindungen auf einen bloß geistigen Genuß häufig bestritten worden. Ein merkwürdiger Brief über diesen Gegenstand erschien in den Lettere des Antonio Costantini. [11]) Der Verfasser erklärt sich gegen die platonische Liebe, behauptet, daß sie gar nicht existiere, daß sie nur ein Netz sey, womit Einfältige gefangen würden, und setzt am Ende hinzu: daß, wenn Gott diese Liebe gut gefunden hätte, er nicht bloß einen Mann und ein Weib geschaffen, sondern ihnen auch gleich einen Cicisbeo zugegeben haben würde.

Zu Florenz kamen im Jahre 1770 zwey Briefe unter der angenommenen Maske eines Irländers und eines Engländers über die Cicisbeatur heraus. [12]) In dem ersten dieser Briefe wird zwischen der engeren und weiteren Cicisbeatur, (stretta e larga) ein Unterschied gemacht. Die erste wird verdammt: sie

11) Lettere Critiche, giocose Morali, Scientifiche ed erudite del Conte Agostino Santo Pupieri, o sia del avocato Guiseppe Antonio Costantini. Venezia 1768. T. I. p. 34.

12) Lettera sopra la Cicisbeatura Scritta dal Signore T. B. Irlandese. dedicata alla Signora Strozzi Ugucioni — und Lettera seconda sopra la Cicisbeatura, scritta da un Signore Inglese, à S. E. il Sig. Duca N. N.

raubt selbst dann, wenn sie sich noch so sehr vor gröberen Ausschweifungen bewahrt, dem Gatten das Herz seines Weibes: sie beschränkt diesen Gatten bloß auf die Freuden der sinnlichen Begierde, die ihm noch dazu bloß aus Pflicht eingeräumt werden; und der edlere Theil der Liebe, die Freundschaft, bleibt dem Cicisbeo. Dieß führt eine förmliche Bigamie herbey: es vermehrt die Reitze des Cölibats, indem der Cicisbeo alle Annehmlichkeiten, und keine der Unannehmlichkeiten des Ehemanns empfindet: es erschwert eben dadurch, und weil die verheiratheten Frauen zwey Männer haben, den Mädchen die Gelegenheit zur Versorgung.

Die Cicisbeatura larga, welche eine bloße Freundschaft, ohne allen Anspruch auf Auszeichnung und Vertraulichkeit enthält, wird dagegen in Schutz genommen, und durch die Autorität des heiligen Franziskus de Sales unterstützt.

Der zweyte Brief findet seine Veranlassung in der Vertheidigung, die Baretti [13]) gegen die Angriffe des Dr. Sharp in seiner Reise in Italien wider die Cicisbeatur übernommen hatte. Unser verkappter Engländer begleitet diese Vertheidigung mit einigen Bemerkungen. Sharp hatte die Verhältnisse, welche man unter dem Nahmen der Cicisbeatur zusammenfaßt, als lauter ausgelassene Liebeshändel und Ehebrüche betrachtet. Baretti sucht zu zeigen, daß die Sitten in Italien nicht schlechter wären als anderswo, und unser

13) Ragguaglio dei Costumi, e delle maniere d'Italia, con osservazioni sopra gli sbagli presi da certi Viaggiatori nello scrivere di questo paese.

Verfasser nimmt einen Mittelweg, worauf er die Cicisbeatura stretta wiederhohlend verdammt, die larga aber mit neuen Gründen vertheidigt.

Ich kann dieß Kapitel nicht endigen, ohne denjenigen Dichter zu berühren, der, der gemeinen Meynung nach, in unserm Jahrhunderte dem Herzen den mehrsten Genuß bereitet hat. Metastasio sucht oft den Ausdruck eines naiven und tief gerührten Herzens darzustellen. Es ist ihm zuweilen geglückt; aber doch selten auf eine Art, welche nicht mehr den Witz der Empfindung als ihre Wahrheit verriethe. Höhere Begeisterung ist ihm ganz fremd: Stärke der Leidenschaft drückt er selten glücklich aus, und man hört ihn nur dann mit Vergnügen reden, wenn er die Hingebung eines Herzens darstellt, das zu allem Widerstande unfähig ist.

Neuntes Kapitel.

Denkungsart der heutigen Spanier über Geschlechtsverbindung und Liebe.

Ueber Spanien kann ich nach eigener Erfahrung nicht urtheilen. Hier ist Einiges aus Joseph Towesends Reisen durch dieses Land über die Art, wie dort die engeren Geschlechtsverbindungen behandelt werden.

„Während meines ganzen Aufenthalts in Spanien, sagt dieser Verfasser, hörte ich nie etwas von Eifersucht unter den Gatten, konnte auch nie mit Gewißheit erfahren, ob sich diese Leidenschaft bey ihnen äußere. Doch merkt man an dem Betragen mancher Damen in Gegenwart ihrer Männer sehr deutlich mehr Vorsicht und Zurückhaltung: es sey, daß solches noch von einem Ueberrest feiner Empfindung, aus Gefühl des Schicklichen, oder aus Furcht herrühre."

„Einige sind geschickt genug, ihren Cortejo geheim zu halten: und dieß wird in Spanien nicht schwer, weil die Damen, wenn sie zur Messe gehen, so verkleidet sind, daß es Mühe kostet, sie von einander zu unterscheiden. Ihre Kleidung hat bey dieser Gelegenheit etwas dem Lande Eigenes. Sie ziehen alle die Basquina, oder einen schwarzen seidenen Unterrock an, und hängen die Mantilla um, welche zu einem doppelten Gebrauche, als Mantel und als Schleyer dient, und wenn die Dame will, das Gesicht vollkommen verhüllet."

„Diese Kleidung versteckt sie dergestalt, daß sie völlige Freyheit haben, hinzugehen, wohin sie wollen. Begleitet sie aber ein Bedienter, so ist dieser doch leicht zu gewinnen, und macht gar kein Hinderniß, oder doch nur ein geringes aus. Ueberdem steht das Haus den ganzen Tag offen: der Mann ist gewiß für niemand zu Hause, sehr selten sichtbar, und wenn er es ist, mit allen, die sein Haus besuchen, so wenig bekannt, daß der Liebhaber leicht, ohne bemerkt zu werden, entwischen kann."

„Inzwischen lassen sich die spanischen Damen damit nicht genügen. Ihre Zärtlichkeit ist lebhaft, und sie zeichnen sich durch eine starke und treue Anhänglichkeit aus. Sie gerathen daher in große Verlegenheit, so bald sie ihren Cortejo nicht vor Augen haben. Er darf zu keiner Stunde des Tages fehlen, die Dame mag nun öffentlich erscheinen oder allein, gesund oder krank seyn. Wohin sie gebeten wird, muß man ihn zu ihrer Begleitung mit bitten. Man hat neuere Beyspiele von Damen von hohem Stande, die sich in der Abwesenheit ihres Cortejo Monate lang eingeschlossen gehalten haben, und zwar nicht bloß aus Unmuth, sondern um ihm nicht zu mißfallen. Ist die Dame zu Hause, so sitzt er bey ihr; geht sie aus, so führt er sie; setzt sie sich in einer Assemblee, so wird allemahl ein Stuhl für ihn ledig gelassen. In englischen Tänzen tanzt sie bloß mit ihm. Jede Dame tanzt zwey Menuette auf einem Balle: die erste mit ihrem Cortejo, die andere mit einem Fremden. Tanzt sie mit jenem, und sie ist lebhaft, so merkt man bald das Verhältniß, worin sie mit dem Tänzer steht: sie wird nicht unterlassen, sich so viel Grazie dabey zu geben, als sie nur kann. Tanzt sie hingegen mit letzterm, so verräth sie nicht bloß Gleichgültigkeit, sondern ein verdrießliches Wesen, und scheint auf ihren Mittänzer mit Verachtung herabzusehen."

„So bald eine Dame heirathet, wird sie von allen Seiten von denjenigen geplagt, die sich um die ausgezeichnete Gunst bewerben, ihre Cortejo's zu werden. Dieß dauert so lange, bis sie sich in ihrer Wahl bestimmt hat, worauf sich dann die in ihrer Hoffnung betrogenen Nebenbuhler zurückziehen, oder sich damit begnügen, in Zukunft sogenannte Cortejo's bey der Kohlenpfanne zu werden, und auf nichts Anspruch zu machen, als im Winter um solche herum zu sitzen, und sich mit ihr an den glühenden Kohlen zu wärmen."

„Man hält es für sehr unanständig, veränderlich zu seyn; gleichwohl trifft man unzählige Beyspiele von Damen an, welche ihre Liebhaber oft verändern."

Natürlicher Weise giebt es Stufen bey dergleichen Liebeshändeln. Es läßt sich nicht denken, daß Damen von vorzüglichem Verstande, die sich von den frühesten Jahren an durch eine feine Denkungsart, durch Klugheit und durch eine erhabene Seele ausgezeichnet haben, es so geschwind auf den äußersten Punkt sollten kommen lassen, wo die Leidenschaft über alle Rücksichten der Wohlanständigkeit siegt. Andere kommen desto geschwinder zum Schluß, und einige wechseln so oft, und beweisen sich bey jeder Verbindung so treulos, daß sie die allgemeine Verachtung auf sich ziehen, und zuletzt gar keinen Cortejo finden."

„Ich habe fast nie oder selten Eifersucht bey Ehegatten bemerkt. Dieß kann man aber von den andern Verbündeten nicht sagen, weil beyde Theile gemeiniglich von allerley Verdacht gequält werden. Da sie wissen, daß sie nichts zusammenhält, als das sehr willkührliche Band einer gegenseitigen Zuneigung; so müssen sie zittern, wenn sich jemand nähert, der ihre Einigkeit stören könnte. Sie sind genöthigt, unaufhörlich einer des andern Blicke zu beobachten, und aus Mißtrauen den Reitzen des geselligen Umgangs größtentheils zu entsagen. Auch in größern Gesellsellschaften leben sie gleichsam allein, ziehen sich von allen andern ab, und sind nur auf einander aufmerksam. Der Liebhaber darf sich um keine andere Dame bekümmern, und läßt sich ein Dritter mit der Geliebten in ein Gespräch von wenig Minuten ein, so geräth diese in Verlegenheit und in Furcht, den Cortejo zu beleidigen. Dieß ist auch gemeiniglich der Fall, und wäre sie die erste Herzogin im Reiche, und er ein Offizier außer Diensten, so wird ihre Person unwürdig behandelt. Mir ist sogar von einer Dame versichert worden, daß man sie bey den Haaren im Zimmer herumgeschleppt habe. Wird sie dagegen ihrer Seits beleidigt, so geht auch die Zärtlichste wüthend auf den Beleidiger los, und schlägt ihn braun und blau im Gesicht. Zuweilen wird eine Dame ihrer ersten Wahl überdrüssig, wirft ihre Neigung auf einen andern Gegenstand, und wünscht diesen mit jenem zu vertauschen. Seine Eitelkeit wird aber durch seine Verbindung zu sehr geschmeichelt, als daß er solche aufzugeben bereitwillig seyn sollte. Unter den geringern Ständen giebt dieses zu Ermordungen Anlaß, die in Spanien häufig sind: aber unter Höhern ist der Dolch längst verbannt. Der erste Besitzer behauptet, wenn er anders Muth hat, seinen Platz, und die Dame darf ihm den Abschied nicht geben, aus Furcht, ein Zweykampf könnte für den Liebling ihres Herzens unglücklich ablaufen. Bey diesen Händeln kommt der Ehemann gar nicht in Betrachtung: es ist so gut, als wäre er gar nicht vorhanden."

Zehntes Kapitel.

Trauriger Zustand des Dienstes der Venus Urania in den neuesten Zeiten. Schluß des Werks.

So glaube ich denn die hauptsächlichsten Arten, über Geschlechtsverbindung und Liebe zu denken, und sie zu behandeln, entwickelt zu haben. Aber die wenigsten Menschen haben Charakter in ihren Ideen, oder Styl in ihrem Betragen. Sie folgen einem blinden Instinkt, der eben so veränderlich ist, als verschieden die äußeren Verhältnisse des Gegenwärtigen sind, die ihn allein bestimmen.

Wir sind freyer von Vorurtheilen und Aberglauben als unsere Voraltern; das ist nicht zu läugnen. Die Vernunft hat die Imagination mehr gezügelt: einen strengeren Beweis des Zusammenhangs zwischen Ursach und Wirkung bey den physischen und moralischen Erscheinungen am Menschen gefordert: die Erfahrung mehr zu Rathe gezogen, und das Zweckmäßige in den Regeln unsers geselligen Verkehrs näher bestimmt. Aber hätte man mit dem geistigen Stolze und mit der Schwärmerey zugleich alle Seelenerhebung verdammen; hätte man die Empfindungen des Herzens, das höhere Gefühl der Schönheit aus Eigennutz und körperlichen Trieben herleiten; hätte man endlich mehrere Formen des Umgangs, die einzeln genommen, keinen unmittelbaren Gewinn für die gesellige Selbstheit bringen, aber im Ganzen zur Bewahrung der Sympathie und des Beschauungshanges dienen, unter dem Schein des Ueberflüssigen wegwerfen sollen?

Wenn wir wirklich so weise sind, als wir es zu seyn wähnen; warum verkennen wir die deutliche Abhängigkeit des Wohls unsers vernünftigen Wesens von dem Wohl der vernünftigen Wesen überhaupt; warum entziehen wir uns der Gewalt, welche Ordnung und Angemessenheit selbst über unsere Sinne ausüben; warum sind wir so sehr Feinde unsers Vergnügens, um nicht wenigstens den Schein der Tugend, den Anstand, den Schein des Verstandes, den Witz, zur Würze unsrer Unterhaltungen zu wählen!

Jede philosophische Abhandlung, welche die Liebe aus materiellen Ursachen oder aus Eigennutz erklärt, wird mit Interesse und Glaubenswilligkeit von unserer Trägheit und Sucht, alles aus den auffallendsten Ursachen herzuleiten, aufgenommen. Wir verwechseln das Natürliche mit dem Sinnlichen: das Wahre mit dem leicht zu Fassenden. Wir suchen täglich mehr, uns gegen unsere Nebenmenschen nach den Regeln der Klugheit zu betragen, die so weit schont, als ihrer geschont wird, so viel giebt, als ihr vergolten wird. Jeder sorgt für sich und sein Vergnügen, so weit er es kann, ohne sich durch Unmäßigkeit oder Störung der allgemeinen Ordnung, die ihm zu genießen hilft, um den ferneren Genuß zu bringen.

Freylich ist diese Denkungsart zu allen Zeiten immer herrschend gewesen; aber doch nie mehr als in der gegenwärtigen, worin die Anmaßung unserer Vernunft die Aufwallungen des Instinkts der Sympathie und des Beschauungshanges aus System niederzudrücken, und dagegen die Selbstheit möglichst zu heben sucht.

Es ist vielleicht unmöglich, daß die ungebundenen Liebeshändel, das Hofmachen, die Galanterien, die Cicisbeaturen, nach unserer ganzen geselligen Einrichtung jemahls ganz verbannt werden könnten. Sie sind vielleicht unentbehrlich, um die gesellgen Unterhaltungen zu beleben, und für das entbehrte häusliche Glück in der Ehe, das, allen unsern Verhältnissen nach, nur Wenigen zu Theil werden kann, Schadloshaltung zu gewähren. Aber wer mag es anders als mit Bedauern betrachten, wenn er die Weiber aus den vornehmern Klassen sich selbst durch die Verzärtelung und faden Huldigungen, die sie verlangen, unter den Rang erwachsener Menschen erniedrigen: wenn er den Mann der Dame von Stande, wie bloßen Werkzeugen der Sinnlichkeit und Eitelkeit begegnen sieht: wenn beyde, unbekümmert um ihren Ruf, keine andre Sorge anwenden, als die, gültige Beweise zu einer Ehescheidungsklage, oder die Gelegenheit zu vermeiden, von dem Pöbel mit Koth beworfen zu werden! Und doch ist dieß die Weise, wie die Geschlechtsverbindung in vielen Pallästen der Großen behandelt, und diese dadurch in die Tempel der Guimard, du Thé und anderer berühmter Pariser Freudenmädchen, ja! bey minderem Geschmack und geringerer Abwechselung in den Belustigungen, in wahre Tripots verwandelt werden. Da ist kein Gedanke an wahre Urbanität, welche gewiß in etwas anderm, als in dem äußeren Anstriche konventioneller Eleganz besteht: kein Gedanke an eine Unterhaltung, die dem Herzen, dem Verstande, oder auch nur dem Witze Nahrung gäbe: keine Ahnung einer höheren Bestimmung der Vertraulichkeit unter beyden Geschlechtern, als der, sich körperlich zu vereinigen, und die Zeit unter dem erbärmlichsten Geschwätz und den elendesten Zerstreuungen zu tödten. Ach! wer wünscht bey dem Anblick solcher Verhältnisse, die sich leider! täglich vermehren, nicht die Zeiten Ludewigs des Vierzehnten, oder sogar noch die des Regenten zurück, dessen Orgyen wenigstens durch Witz und Unterhaltungsgaben erheitert wurden!

Möchte dieß Werk vor allen Dingen die ehelige Geschlechtsverbindung und Liebe veredeln und verschönern helfen! Nur sie ist wahrer Vollkommenheit fähig, weil sie unter allen Beziehungen gut erscheinen kann. Aber wo dieß nicht zu erreichen steht, möge es da wenigstens jene ungebundenen Verhältnisse, welche die Gesetze und die Moralität nicht billigen, aber die gute Sitte dulden muß, ihrem innern Gehalte nach bessern, ihrer äußern Form nach schmücken. Mögen Personen, die sich in solchen Lagen befinden, nur so viel daraus lernen, daß keine Geschlechtsverbindung ohne jene Hindernisse und Weigerungen, welche Anstand und Selbstschätzung mit sich führen, ohne jene Reitze, welche der gute Geschmack der feineren Sinnlichkeit allein zu leihen im Stande ist, ich will nicht sagen den weisen, sondern nur den klugen Genießer auf die Dauer befriedigen kann.

Aber ich sehe es zum Voraus: ich werde nur bey Wenigen Gehör finden! Aber auch dann, liebes Buch, gehe hin getrost! Ist auch keiner unter deinen Lesern, bey dem du bessere Begriffe und Entschlüsse über eine der wichtigsten Angelegenheiten unsers Lebens erweckst; so wird sich dein Verfasser dennoch belohnt fühlen: belohnt durch Liebe, durch das Gefühl, nach dem Wohl seiner Mitmenschen aus wahrer Achtung für ihre Würde thätig gestrebt zu haben.

Kurze Uebersicht des Inhalts des dritten Theils.

Zweyte Abtheilung.

Den Arabern und Persern wird ein großer Einfluß auf die Kultur des Abendlandes uberhaupt, und besonders auf diejenige Sitte beygelegt, die wir mit dem Nahmen der Galanterie bezeichnen. Es ist daher wichtig die Denkungsart dieser Völker über Geschlechtsverbindung und Liebe kennen zu lernen.

In den Vorstellungen des Orients sind zwey Perioden zu unterscheiden, von denen die eine vor der näheren Bekanntschaft mit den Schätzen der griechischen Litteratur und dem Aufleben der neuern persischen Poesie, die andre nachher angenommen werden muß. In der ersten, die vom siebenten Jahrhunderte bis zum zehnten dauert, stand die Liebe des Arabers, die gewiß nur sinnliche Zwecke hatte, mit seinem kriegerischen Enthusiasmus in genauer Verbindung. Er sah seine Tapferkeit als ein Mittel, zum Besitz der Schonen zu gelangen, und diesen Besitz als eine Belohnung seiner Tapferkeit an. Eine idealisierende Phantasie und die Füllung des Herzens traten außerdem hinzu, den korperlichen Genuß durch Freuden zu erhöhen, die mehr fur die Seele gehören.

In der zweyten Periode, die mit dem zehnten Jahrhunderte angeht, und bis zum funfzehnten herunter fortdauert, sind die Araber mit den griechischen Philosophen bekannt geworden, und haben Geschmack an den Dichtungen der Perser gefunden. Von nun an wird es für die Vorstellungen beyder Völker charakteristisch, daß sie das Edle in der Liebe in einer Begeisterung suchen, die an Wahnsinn grenzt: und das Schöne ihrer Form in dem abentheuerlichen, bilderreichen oft auch nur spitzfindigen Ausdruck der Empfindungen. Jene Begeisterung stand mit dem orientalischen Mysticismus in genauer Verbindung, und dieser unterscheidet sich darin von dem christlichen, daß er die Sinnlichkeit nicht ausschließt, vielmehr die Besessenheit, worin die Leidenschaft zur Kreatur den Menschen versetzt, als die erste Stufe betrachtet, um zur reinen göttlichen Liebe zu gelangen. Verschiedene ähnliche Wirkungen, welche beyde auf das Herz und die Imagination des Menschen hervorbringen, unterstützten diese Idee.

Von der Rittergalanterie findet man unter den Arabern und Persern nur sehr wenig oder vielmehr gar keine Spuren, wenn man anders nicht die Vereinigung des kriegerischen Muths mit sinnlicher Liebe dafür annehmen will. Ueberhaupt dürfte das Institut der Ritterschaft und ihr Geist schwerlich aus dem Oriente herzuleiten seyn. Was die sogenannte Galanterie der Mauren in Spanien an ähnlichen Gebräuchen zeigt, ist auf die ursprünglichen Besitzungen der Saracenen nicht anwendbar, und weicht auch, besonders in Rücksicht der Huldigung, welche dem schönen Geschlechte öffentlich dargebracht sind, wesentlich ab von der Galanterie, die an christlichen Höfen im vierzehnten und funfzehnten Jahrhunderte gewöhnlich war. —

Inhalt des neunzehnten Buchs.

Im Abendlande zieht, während des Mittelalters, die Galanterie unsre ganze Aufmerksamkeit an sich. Aber es kommt auf eine genaue Bestimmung ihres Begriffs, und der Zeit an, worin sie herrschend geworden ist.

Vor dem zwölften und dreyzehnten Jahrhunderte läßt sich überhaupt nichts Charakteristisches von der Denkungsart des Abendlandes über Geschlechtsverbindung und Liebe angeben. Aus dem Norden ist die Galanterie nicht zu uns herüber gekommen, und von den Arabern haben wir sie auch nicht entlehnt. Sie hat sich im Abendlande, und besonders im südlichen Frankreich von selbst und allmählig aus der herrschenden Denkungsart in allen Dingen überhaupt, aus der Lage der Stände und Geschlechter gegen einander im geselligen Verkehr, und endlich aus dem Ueberreste von klassischer Litteratur, die daselbst nie ganz verloren gegangen ist, entwickelt. Vom zwölften Jahrhunderte an suchten die Menschen der bisherigen Anarchie müde, eine bessere Ordnung in ihre Verhältnisse gegen Kirche, Staat, Sitten und Wissenschaften einzuführen. Dieß Bestreben war aber mit Ueberspannung und Unbehülflichkeit verknüpft, und ihre Folgen zeigten sich in abentheuerlichen Gesinnungen und Thaten, so wie in steifer und unnützer Förmlichkeit.

Nimmt man hinzu, daß die gesellige Kultur sich nur auf die Höfe beschränkte: daß sich dort die Geschlechter nicht anders als bey feyerlichen Gelegenheiten sahen: daß nur verheirathete Frauen vom hohen Stande bey diesen Zusammenkünften erschienen: daß die Vorzüge, welche damahls besonders geschätzt wurden, im kriegerischem Muthe, mit hinschmelzender Humilität gepaart, in Poesie, Musik und Courteoisie, bestanden: und daß endlich bey der Entfernung, worin der Liebhaber zu der Geliebten stand, der sicherste Weg zu ihrem Herzen durch die

Imagination gebahnt wurde; so kann man schon hieraus mit ziemlicher Wahrscheinlichkeit den Gang entwickeln, den die Veredlung und Verschönerung der Geschlechtsverbindung und Liebe hat nehmen müssen.

Zweyerley Hauptarten darüber zu denken, lassen sich ahnden und festsetzen. Beyde verlangten Anhänglichkeit an vornehmen Frauen: beyde suchten durch abentheuerliche Thaten vor ihren Augen zu glänzen: beyde brachten die schmelzendste Empfindsamkeit und die schmachtendste Niederwürfigkeit in den Ausdruck der Leidenschaft: beyde kleideten ihre Huldigungen in diejenige steife Förmlichkeit, welche dem Ritual der Kirche, und dem Ceremoniel bey Höfen und Lehnsinvestituren eigen war; beyde bedienten sich endlich der muntern Kunst, und der Courteoisie zu Schleyern und zu Waffen ihres Angriffs; aber in der Bestimmung des Zwecks, den sie mit diesen Aufwartungen verbanden, gingen sie von einander ab.

Eine willkührliche Enthaltsamkeit von aller Sinnlichkeit, aus der Idee, daß diese den Menschen und die Liebe erniedrige, läßt sich von diesem Zeitalter nicht erwarten. Es verdammte entweder die Geschlechtsliebe, als eine mit der Liebe zu Gott unverträgliche Leidenschaft; oder es verband damit sinnliche Zwecke. Allein wenn unüberwindliche Hindernisse sich der gänzlichen Vereinigung entgegen setzten; so konnte der Liebhaber in dem Bewußtseyn wieder geliebt zu werden, in der Befriedigung seiner Ruhmsucht und Eitelkeit, endlich in der Unterhaltung und Spannung, welche ihm Intrigue und Begeisterung gaben, Schadloshaltung finden, und seine Zufriedenheit mit einem so unkörperlichem Genusse laut verkündigen. Diese

Art von Verbindung nenne ich die ruhmsüchtig geistige Galanterie.

Neben ihr konnte eine gewöhnlichere Veredlung der Geschlechtsverbindungen bestehen. Diese leistete keinesweges auf die körperliche Vereinigung Verzicht, wollte sie aber durch lange Aufwartung, Treue und Verschwiegenheit verdienen. Ich darf diese Art von Verbindungen die anständig sinnliche Galanterie nennen.

Außer diesen beyden Denkungsarten über die Liebe muß man aber auch die zügelloseste Ausgelassenheit bey Befriedigung der Geschlechtssympathie annehmen, besonders in den Verhältnissen mit Weibern von gleichem oder geringerem Stande.

Diese Bemerkungen werden durch die Werke der provenzalischen Dichter unterstützt.

Die Bildung ihrer Ideen und ihres Ausdrucks haben sie den Arabern nur in sehr entfernter Maße zu verdanken, weit mehr dem Tone der aus den Schulen der damahligen Rhetoren und Grammatiker heraus hallte, worin der Geist der griechischen und römischen Litteratur nie ganz erloschen ist.

Man trifft bey ihnen keine Idee von einer willkührlichen und fanatischen Enthaltsamkeit des sinnlichen Genusses an, wohl aber Spuren der ruhmsüchtig geistigen, auch anständig sinnlichen Galanterie: wiewohl diese Verhältnisse noch nicht den Zusammenhang und die Konsistenz einer Sitte erhalten haben, auch den Nahmen der Galanterie noch nicht führen. Die ersten finden bey diesen Dichtern besonders ihren Grund in dem Umstande, daß die verliebten Gedichte an Fürstinnen und andre vornehme Damen gerichtet wurden. Viele der dargestellten Situationen gehören aber bloß in die Dichterwelt, und schwerlich haben die Troubadours häufig in wirklichen Liebesverständnissen mit den Frauenzimmern gestanden, an welche ihre Gedichte gerichtet waren. Neben einer edleren Behandlung der Liebe, zeigen sie den schamlosesten Leichtsinn.

Bey den nördlichen Franzosen ist die anständig sinnliche Galanterie mehr ausgebildet worden, als die ruhmsüchtig geistige. Bey den deutschen Minnesängern findet man mehrere Spuren der letzten, aber nirgends Beweise einer fanatischen Enthaltsamkeit.

Die Romanenschreiber aus dieser Zeit kennen eben so wenig den Nahmen der Galanterie als die Dichter, und ihre Werke athmen weit weniger von ihrem Wesen. Das Alter, worin die Romane verfertigt sind, läßt sich nicht bestimmen. Diese sind aus den Legenden der Heiligen herzuleiten, und haben ursprünglich eine ascetische Tendenz gehabt.

Nach Gründen zu urtheilen, die aus dem Innern dieser Produkte hergenommen sind, ist Turpins Geschichte Carls des Großen eines der ersten. Der Stoff zu den Rittern und Riesen, die in diesem Romane vorkommen, ist aus der Bibel genommen, doch ist dem Verfasser auch die profane Geschichte nicht unbekannt gewesen.

Die Liebe spielt hier gar keine Rolle, und in den übrigen Romanen vom Hofe Carl des Großen nur eine sehr untergeordnete und niedrige. Der Geist der irrenden Ritterschaft, die Gefechte zu Ehren der Damen, die Tourniere, wobey sie den Preis ausgetheilt haben sollten, u. s. w. werden hier vergebens gesucht.

Mehr von diesem Geiste der irrenden Ritterschaft und der Galanterie zeigen die Romane von der Tafelrunde. Sie stellen beynahe lauter Intriguen zwischen Rittern und verheiratheten Königinnen dar; diese Verhältnisse sind jedoch nicht ruhmsüchtig geistig, sondern anständig sinnlich: noch dazu können sie nur nach sehr laxen Begriffen von Anstand so genannt werden. Alle, und besonders Gottfrieds von Monmouth fabelhafte Geschichte von Britanien, zeigen Bekanntschaft mit der alten Litteratur.

Nichts führt uns auf die Nothwendigkeit zurück, den Ursprung des Ritterromans von den Morgenländern herzuleiten; und die Nachbildung bestimmter Muster unter diesen ist höchst unwahrscheinlich. Das was sie mit den Abendländern gemein haben, läßt sich völlig aus einer Bekanntschaft mit den arabischen Mährchen durch Tradition, und aus der Aehnlichkeit der Lage ihrer Kultur und ihrer Verfassung erklären.

In der wirklichen Welt scheinen im zwölften und dreyzehnten Jahrhunderte die Weiber im weitern Verkehr mit den Männern nur wenig öffentliche Verehrung genossen zu haben, und nur selten scheint man der Veredlung der engern Geschlechtsverbindung nach den Grundsätzen, die eben entwickelt sind, nachgestrebt zu haben. Aber ihre Darstellung in Gedichten und Romanen hat gefallen, und in so fern ist der Keim der Galanterie, in der Dichterwelt dieser beyden Jahrhunderte zu suchen.

Inhalt des zwanzigsten Buchs.

Der Zeitraum vom vierzehnten Jahrhunderte an bis ins siebzehnte hinein, hat diejenige Gestalt der Sitten, deren roheste Züge das zwölfte und dreyzehnte angelegt hatte, weiter ausgebildet. Besonders verdankt ihm die Galanterie ihren Nahmen, eine bestimmtere Form, und ihren höchsten Flor. Die nähere Bekanntschaft mit den Werken der Alten, der romantische Hof Eduards des Dritten, die beginnende Ausbildung der Landessprachen unter mehreren Nationen von Europa, das Erscheinen des Petrarka und der spanischen Romane machen hier Epoche. Auffallend zeigt sich der wieder auflebende Geschmack in der Philosophie, in den schönen Künsten, und in den Verhältnissen des geselligen Lebens mit eben den Fehlern behaftet, die wir zur Zeit seines Verfalls unter den Römern und Griechen, nach der Zeit der Antonine bemerkt haben. Er hat sich also einer größeren Reinheit zurückgehend genähert, und strebt in dieser Periode noch nach eingebildetem Adel und falschem Schmuck.

Man sucht gemeiniglich in dem Geiste der Ritterschaft den Grund der mehrsten Erscheinungen, welche die Sitten dieses Zeitalters darbieten. Ein allgemeiner Geist dieser Zunft berittener Krieger hat nie existiert, und wenn er vorhanden gewesen ist, so hat er den excentrischen Idealen nicht geglichen, welche man gemeiniglich dafür ausgiebt. Nur zuweilen und in einzelnen Korporationen der Ritterschaft haben edlere Begriffe von ausgezeichneter Wohlanständigkeit, Folge der zunehmenden Geisteskultur, wiewohl vermischt mit vieler Abentheuerlichkeit und bloßer Konvention, geherrscht; aber ihr Einfluß ist immer nur periodisch und theilweise, besonders auf die Höfe der Großen anzunehmen. Der gesellige Ton hat in dieser Zeit an Politur gewonnen, aber er ist immer noch auf das Verkehr zwischen Menschen berechnet, die sich selten und nur bey feyerlichen Gelegenheiten sehen. Er ist nicht mehr unbehülflich, aber er ist anmaßend und geziert.

Der Zustand der Weiber hat an äußerem Schimmer nicht aber an innerem Wohlseyn gewonnen. Man hat Schmeicheleyen an sie verschwendet, man hat häufig über den

Vorzug ihres Geschlechts vor dem unsrigen gestritten. Aber neben den Anbetern, fanden sich auch Spötter ihres Ansehns: und vieles was zu ihrem Lobe gesagt ist, muß als Redeübung der Rhetoren und Dialektiker betrachtet werden. Ueberhaupt verlieren die Huldigungen, welche dem zärteren Geschlechte dargebracht wurden, sehr viel an innerem Gehalte, wenn wir sie als Zubehör zu einem pomphaften Ceremoniel an Höfen, und besonders bey feyerlichen Gelegenheiten betrachten.

Diese Bemerkungen leiten zu einem richtigen Begriffe von der Denkungsart dieser Periode über Geschlechtsverbindung und Liebe.

Die Philosophen, größtentheils Neuplatoniker und Mystiker, verwarfen im Anfang alle Geschlechtsliebe, als eine schädliche Leidenschaft zur Kreatur, die von der Liebe zu Gott und seinem Reiche abzöge. Späterhin nahmen sie jedoch die Liebe zum Weibe, unter der Bedingung in Schutz, daß die Seele vorzüglich geliebt würde, und daß sie uns zur Tugend anfeure. Von ihnen, und besonders von den Italiänern, geht die Idee aus, daß eine freywillige Enthaltsamkeit vom körperlichem Genuß, die Liebe zum Weibe veredle. Es gab aber andere, welche die Liebe bloß als sinnliche Begierde betrachteten, und nur anriethen, sie durch die Besorgung der Intrigue schmackhafter und dauernder zu machen.

Die Romanenschreiber der Spanier setzten die Veredlung der Liebe in schmelzender Schwärmerey, in gänzlicher und dauernder Aufopferung für den angebeteten Gegenstand: die Verschönerung aber, in dem pomphaften, schwülstigen, gernwitzigen Ausdrucke jener Gesinnungen. Der Einfluß der Mauren wird hierbey sehr anscheinend.

Die Franzosen behandeln in den früheren Produkten dieser Art die Liebe leichter, in den spätern mit eben dem Ernst, aber mit feinerer Lüsternheit wie die Spanier, und gelangen gegen das Ende dieser Periode zu der höchsten sittlichen Veredlung, zu der sich die Leidenschaft der Geschlechtssympathie heben läßt. Allein es fehlt ihnen an dem Gefühle des wahren Wesens der Liebe, und an Geschmack.

Der Italiäner hat sich mit dem bürgerlichen Romane viel beschäftigt, und in der Liebe denjenigen Reitz gesucht, den feinere Sinnlichkeit und Heimlichkeit ihr gewähren.

Engländer und Deutsche sind größtentheils Nachahmer ihrer Nachbaren geblieben. Merkwürdig sind die beyden Bemerkungen: 1) daß der Einfluß der griechischen Erotiker auf die mehrsten Romane dieser Zeit unverkennbar ist: 2) daß neben den Produkten dieser Art, welche die Liebe als ein ernstes Geschäft behandeln, allemahl andere aufgestellt werden können, welche sie mit der größten Ausgelassenheit als ein bloßes Mittel zur Belustigung und zur Befriedigung noch gröberer Triebe schildern.

Unter den italiänischen Dichtern hat Petrarka den größten Einfluß auf die Denkungsart seiner Landesleute und der übrigen Nationen gehabt. Er sah sie anders als Philosoph, anders als Dichter an. In der ersten Eigenschaft verwarf er sie als schädlich: in der letzten war sein System ganz auf den Zustand eines unglücklichen Liebhabers berechnet, der aus dem Zustande einer hinschmelzenden Begeisterung, und aus den Träumen einer lieblichen Phantasie, selbst bey der Trennung von dem vergötterten Gegenstande, den reitzendsten Genuß zu ziehen weiß. Er hat viele Nachfolger in Italien gefunden. Andere Dichter dieses Landes haben aber der Liebe ein fröhlicheres Ansehn gegeben. Doch blieb, besonders gegen das Ende dieser Periode, der Grundsatz herrschend, daß die Seele allein Liebe verdiene, weil sie allein der Gegenliebe fähig sey, und daß sie die Freuden des Körpers gewähren, bewachen, und veredlen müsse. Der Ausdruck dieser Gesinnungen war zur Zeit des Flors der italiänischen Litteratur züchtig in seinem Glanze: späterhin verfiel er in den falschen Pomp und Witz der Spanier.

Eine Schwärmerey die an Wahnsinn gränzt, excentrische Ideale, matter Gernwitz, ungeheure und unverständliche Hyperbole, zeichnen größtentheils die erotischen Gedichte der Spanier aus. Ihr Geschmack hat sich nach und nach allen Nationen mitgetheilt. Selbst die Franzosen haben ihm gehuldigt, wo sie nicht den früheren Italiänern nachahmten; nur im asotischen Tone haben sie etwas Eigenthümliches.

Der Autor findet hier Gelegenheit von den Cours d'amours zu reden, und zu zeigen, daß sie nie über den Rang geselliger Einrichtungen, zur Belustigung, oder litterärischer Gesellschaften gestiegen, und nie Sittengerichte gewesen sind.

Der wichtige Einfluß, den die Liebe auf die schöne Litteratur, und auf die gesellige Unterhaltung überhaupt in diesen Zeiten gehabt hat, ist unverkennbar. Aber nun bleiben die wichtigen Fragen übrig: welchen Einfluß hatte sie auf das handelnde Leben, und was ist am Ende der unterscheidende Charakter der Galanterie, als Sitteninstitut betrachtet?

Der Einfluß der engeren Geschlechtsverbindungen auf das handelnde Leben ist allerdings groß gewesen; aber er ist nur bey Höfen, und auch hier nicht allgemein, nicht in gleicher ununterbrochener Stärke anzunehmen. Vieles davon ist auf Rechnung des Hofceremoniels abzusetzen. Nirgends aber findet man eine sichere Spur, daß der Ausspruch des Weibes über das Ansehn des Mannes in den Augen des Publikums eine vollgültige Entscheidung abgegeben habe: nirgends daß die engeren Verbindungen zwischen den Rittern und Damen darum für edel gehalten worden wären, weil man im Allgemeinen ihre Reinheit von aller Sinnlichkeit vorausgesetzt habe.

Die Hauptzüge der Galanterie liegen in der wahren oder scheinbaren Unterwerfung unter den Willen des schönen Geschlechts: in der lauten Bewunderung seiner Vorzüge und in der öffentlichen Darstellung dieser Gesinnungen unter dem Schutze der guten Sitte, selbst in Fallen wo Moral und Gesetze die Bewerbung um die Gunst eines Frauenzimmers mißbilligen.

Die Galanterie hat erst nach und nach diese charakteristische Form erhalten. Mehrere Ursachen haben zur Gründung und Ausbreitung ihres Ansehns beygetragen. Hauptsächlich aber verdankt sie den Schutz, den ihr die gute Gesellschaft angedeihen ließ, dem Nutzen, den diese daraus für ihre Unterhaltung zog. — Sie hat nach Verschiedenheit des Charakters der Nationen, und ihrer Lagen, verschiedene Modifikationen erhalten müssen. Der Italiäner gab den galanten Verbindungen, die heimlich auf feiner Lüsternheit und dem Triebe nach freyer Beschäftigung beruhten, den äußern Schein einer süßen Empfindsamkeit, zur Erhöhung einer geselligen Muße, und eines kontemplativen Lebens. Der Spanier, der heimlich die Befriedigung einer gröberen Sinnlichkeit und eines geistigen Stolzes suchte, gab jenen Verbindungen äußerlich den Schein einer auf Heldenmuth im Dulden und Handeln beruhenden Leidenschaft. Der versatile Franzose behandelte sie bald wie der Italiäner, bald wie der Spanier, und mischte allemahl viel prahlende Eitelkeit mit ein. Der Engländer ahmte seinen Nachbaren mit etwas Schwerfälligkeit und drückender Anmaßung nach, und dem Deutschen ist außer seiner Steifigkeit und Derbheit wohl schwerlich etwas Eigenthümliches in seiner Galanterie nachzuweisen.

Dieß ist der Inhalt des ein und zwanzigsten Buchs.

Unter Ludwig dem Vierzehnten breitete sich der Begriff der guten Gesellschaft und Sitte auch über die mittleren Stände in Frankreich, besonders in der Stadt Paris aus. Von nun an ward die Courteoisie zur Urbanität, und der Ton in den geselligen Verhältnissen wurde überhaupt, und besonders im Verkehr zwischen beyden Geschlechtern wahrer und natürlicher. Jetzt bekamen auch das Herz und der gute Geschmack immer mehr Antheil an den engeren Geschlechtsverbindungen, oder wenigstens an der Art sie darzustellen. Man unterschied von nun an wahre Zärtlichkeit von Galanterie, und bezeichnete mit diesem letzteren Worte diejenigen Huldigungen, welche dem schönen Geschlechte in ungebundenen Verhältnissen mehr zur Belustigung als im Ernste, mit munterer Laune und glänzendem Witze dargebracht wurden.

Unter dem Regenten riß eine große Sittenlosigkeit ein, und der herrschende Begriff, den man mit der Liebe verband, war der, einer Begierde nach sinnlichem Vergnügen, unterstützt von den Freuden, welche eine feinere Reitzbarkeit, eine feurige Imagination, und ein glänzender Witz ihm geben können. Galanterie hieß von nun an, das konventionelle Benehmen, wodurch die sittenlosen Verbindungen zwischen Personen, die zu der guten Gesellschaft gehören, sich von den Ausschweifungen der schlechten unterscheiden, indem der Schein eines zu leichten Sieges, so wie der einer

Hinaussetzung über Anstand und Selbstachtung vermieden wird.

Inzwischen bestanden neben den leichten und unbeständigen Geschlechtsverbindungen auch andre, die dauernder waren, und unter dem Nahmen, amours platoniques, Interêts oder Liaisons de Societé, Commerces d' habitude u. s. w. bekannt sind. Der Nahme eines ami de la maison ward in das Wörterbuch der guten Gesellschaft aufgenommen.

Die Verbindungen mit den anerkannten Buhlerinnen sind in Frankreich von der guten Sitte nie gebilligt worden. Obgleich diese Weiber einen höhern Grad von Bildung fürs Vergnügen gehabt haben als anderswo, so hat dennoch ihr Umgang den Mann von feinerem Gefühle für Anstand und Geschmack, schwerlich befriedigen können.

Unter den französischen Philosophen, welche die Geschlechtsliebe zum Gegenstande ihres Nachdenkens gewählt haben, verdient Rousseau besonders angeführt zu werden. Er hat nie wahre Herzensliebe empfunden, und keinen wahren Begriff davon gehabt. Er nahm eine doppelte Art von Liebe an: die eine nannte er die natürliche, und verstand darunter theils sinnliche Begierde, theils Häuslichkeitstrieb; die andere hielt er fur eine Folge unserer bürgerlichen Verfassung, und setzte ihr Wesen in der Begeisterung, die aus dem geliebten Gegenstande ein Ideal von Vollkommenheit schafft, und dieses Ideales würdig zu werden strebt.

Die Begriffe der Engländer über die Veredlung der Liebe, welche sie besonders bey den ästhetischen Darstellungen dieser Leidenschaft in Romanen zum Grunde legen, setzen die Lage der Bewerbung eines Biedermannes um das Herz und die Hand eines sittigen Mädchens zum Voraus, das nicht sowohl gegen vollkommene Pflicht und äußere Hindernisse, als gegen seine Weiblichkeit ankämpft, ehe es dem Liebhaber den Besitz seiner Person unter Autorität der Gesetze zusichert. Das schöne Geschlecht erscheint bey ihnen mit einer Verschämtheit, mit einer Zartheit der Empfindungen und zugleich mit einem zurückhaltenden Stolze, die an Schüchternheit, Hinschmelzung und zuweilen an Eigensinn gränzen: das stärkere behandelt die Liebe mehr mit vernünftiger Zärtlichkeit, als mit Leidenschaft.

Deutschland hat wenig Eigenthümliches in seinen Begriffen von der Liebe aufzuzeigen. Die eigentlichen Liebeshändel werden hier selten mit wahrem Adel und mit unverkünstelter Zartheit in den erotischen Produkten der schönen Litteratur, und im gemeinen Leben behandelt. Dagegen können wir darauf stolz seyn, in unsern höhern Ständen mehr glückliche Ehen zu kennen und diese mehr zu schätzen, als vielleicht in jedem andern Lande. Die Dänen nähern sich am mehrsten den Engländern. Von den übrigen nördlichen Nationen, welche der Verfasser nur sehr oberflächlich kennt, weiß er wenig zu sagen.

Die südlichen Völker von Europa haben mehr von der alten Galanterie beybehalten. Die Cicisbeatura der Italiäner, welche der Verfasser selbst zu beobachten Gelegenheit gefunden hat, zieht vorzüglich seine Aufmerksamkeit auf sich. Das Charakteristische in dieser Art von Geschlechtsverbindung zwischen Personen, die kein gesetzliches Band vereinigt, besteht in der Ueberzeugung von ihrer Nothwendigkeit für die Damen, um mit Anstand und einem gewissen Grade von Ansehn in der guten Gesellschaft zu erscheinen.

Diese Sitte ist ein Ueberbleibsel der alten Galanterie, die aber durch den französischen Ton eines freyern Umgangs zwischen beyden Geschlechtern besonders modificiert, und unterstützt von dem Glauben an die Beschränknng der Liebe auf einen bloß geistigen Genuß, die Gestalt einer engeren Vertraulichkeit angenommen hat. Sie verdankt ihre Ausbreitung der Neigung der Südländer überhaupt, zu dem dolce far niente, der besondern Einrichtung geselliger Unterhaltungen bey den Italiänern, und der politischen Verfassung einiger ihrer Staaten.

Ueber den innern Gehalt dieser Verbindungen läßt sich durchaus nichts Allgemeines sagen. Sie kommen immer mehr ab, und der Glaube an ihre Unschuld und Unsträflichkeit wird immer schwächer.

Von der Denkungs- und Behandlungsart der Geschlechtsverbindung und Liebe unter den Spaniern liefert der Verfasser nur wenige Nachrichten, nach dem Zeugnisse eines Reisebeschreibers, und schließt endlich sein Werk mit einem traurigen Ueberblick des Zustandes, worin sich der Dienst der Venus Urania in den neuesten Zeiten befindet, und mit dem aufrichtigen Wunsche, daß sein Buch etwas zur Besserung der Begriffe und Entschlüsse seines Zeitalters beytragen möge. — Inhalt des zwey und zwanzigsten und letzten Buchs.

Verbesserungen zur zweyten Abtheilung des dritten Bandes.

Seite 5 Zeile 5 von unten: gedacht für gehabt.
= 5 = 3 = = gehabt für gedacht.
= 6 = 4 von oben: hinein für ein.
= 7 = 15 = = Abi für Abu.
= 10 in der letzten Zeile der Note: Asiaticae für Arabicae.
= 17 = 2 von oben: und für um.
= 40 = 9 = = muß hinter Verdachte ein (,) gesetzt werden.
= 47 = 1 muß das (,) hinter Tons wegfallen.
= 50 = 11 muß hinter sondern das Wort sogar eingeschaltet werden.
= 55 = 9 von unten: ahnet statt ahndet.
= 83 letzte Zeile der Note: S. 20 für 29.
= 90 = 6 von unten: Montagnagout für Montagnogout.
= 101 = 12 von unten: zuschrieben für zuschieben.
= 103 = 8 von oben: gehören die Nahmen von Granet bis Fiquieras u. a. m. in eine Note, Nr. 44.
= 103 = 14 von oben: eben so die Nahmen Sordel bis Marsan in eine Note Nr. 45.
= 105 = 12 von oben: nach für noch.
= 108 in der vorletzten Zeile der Note: treizieme für troisieme.
= 117 = 7 von unten muß es heißen: Josuas Posaune und Gideons Schwert.
= 124 = 5 von oben: Holzscheit für Holzschnitt.
= 126 = 16 = = Roloaster für Roboaster.
= 126 in der Note 70: Holzscheit für Holzschnitt.
= 128 = 9 von oben: Monmouth für Monmuth.
= 129 = 8 = = muß hinter schrecklich hier ein (,) stehen.
= 130 = 3 von unten: verliebte für geliebte.
= 133 = 13 von oben: le für de.
= 155 = 15. = = und am wenigsten in jedem, den ꝛc.
= 165 in der Note 5: nobilitate für nobititate und Eminentia für Emnientia.

Seite 166 Zeile 10 von oben: muß das (,) hinter Scharfsinn weg.
= 167 in der Note 8: des für de.
= 168 = 15 von oben: im für ei.
= 171 = 12 = = allen für alle.
= 172 = 5 von unten: aber nur durch den, aber nur den.
= 192 in der Note 28: Lelio für Lelis.
= 194 = 12 von oben: Clisson für Clissor.
= 194 = 21 = = sinnliche für heimliche.
= 211 = 4 = = ed für id.
= 211 = 5 = = Sdegni für Idegni.
= 226 = 9 = = Eben so wahr ist es, für: Eben so wahr ist, &c.
= 234 = 5 von unten: schlichen für schlich.
= 241 = 9 von oben: muß das (,) hinter Cours weg.
= 241 = 17 = = muß das (!) ein (?) seyn.
= 251 = 2 von unten in der Note: Prerogatives für Preogatives.
= 257 = 12 von oben: zärtere für zartere.
= 263 = 2 von unten: und dem Beschäftigungstriebe für und Beschäftigungstriebe.
= 268 = 2 und 9 von oben: muß hinter vorigen ein (,) stehen.
= 277 = 4 von unten: Cyrano für Cyruno.
= 278 = 7 von oben: Auffallendste für auffallendste.
= 279 = 10 von oben: dauernderer für dauernder.
= 290 = 20 = = traulichen für traulichem.
= 297 = 7 = = Verzärtelung von Seiten einer für Verzärtelung einer.
= 299 = 10 von unten: Sie gab nichts: sie nahm nur, und noch &c. für: Sie nahm, und gab nichts, und noch &c.
= 305 = 4 = = können für könne.
= 311 letzte Zeile: Vergehungen für Vergehen.
= 329 = 10 von unten: nach für noch.
= 340 = 12 = = wie einem bloßen Werkzeuge für wie bloßen Werkzeugen.
= 346 = 6 von oben: ahnen für ahnden.